Great Streets

THE MIT PRESS   CAMBRIDGE, MASSACHUSETTS   LONDON, ENGLAND

Allan B. Jacobs

[美] 阿兰·B·雅各布斯 著

王又佳 金秋野 译

Great Streets

伟大的街道

中国建筑工业出版社

著作权合同登记图字：01-2007-0884 号

图书在版编目（CIP）数据

伟大的街道／（美）雅各布斯著；王又佳，金秋野译．—北京：中国建筑工
业出版社，2008
ISBN 978-7-112-10460-4

I.伟… II.①雅…②王…③金… III.城市道路－城市规划 IV.TU984.191

中国版本图书馆CIP数据核字（2008）第173244号

本书由美国 MIT 出版社授权我社翻译、出版、发行本书中文版

责任编辑：戚琳琳
责任设计：郑秋菊
责任校对：王　爽　梁珊珊

本项目由"北京未来城市设计高精尖创新中心——城市设计理论方法体系研究"资助，
项目编号 UDC2016010100

伟大的街道

[美] 阿兰·B·雅各布斯　著

　　王又佳　金秋野　译
*
中国建筑工业出版社出版、发行（北京海淀三里河路9号）
各地新华书店、建筑书店经销
北京嘉泰利德公司制版
北京建筑工业印刷厂印刷
*
开本：850×1168毫米　1/16　印张：20½　字数：588千字
2009 年 1 月第一版　2020 年 5 月第八次印刷
定价：69.00 元
ISBN 978-7-112-10460-4
　　　　（28846）

谨以此书献给：

珍妮特（Janet）

马修（Matthew）与莱斯莉（Leslie）

艾米（Amy）与多米尼克（Dominique）

扎迦利（Zachary）与丹尼尔（Daniel）

目 录

---

① Ramblas，兰布拉斯大街，又译作流浪者大街，在本书中统一采用兰布拉斯大街的译法。——译者注

致 谢

自 20 世纪 70 年代中期以来，我的学生们就在本人的研究和写作事业中扮演着重要的角色，这部著作当然也不例外。

这部书的源头可以追溯到 1984 年春，加利福尼亚大学伯克利分校（University of California, Berkeley）的一门课程设计。该设计的题目是位于旧金山的范内斯大道（Van Ness Avenue）上的狭长地带，这一地域的范围从市场街（Market Street）一直延续到海湾地区。在我的印象中，范内斯大道从来都有成为一条美丽街道的潜力，现在也是如此。它理应成为一条能够漫步的林荫道，沿路布置有商店、公寓、办公楼以及电影院和餐厅。在范内斯大道上，市民中心将会是一个重要的节点；与加利福尼亚大街的道路交叉口将会形成另一个节点，而位于其尽端的市政码头也是一个节点。它与市场街的交会处将会是街道重要的起始部分。华美而古老的自动售货机将会恰如其分地安置于街道之中。在旧金山，能让人留连其间的步行街为数甚少，而范内斯大道则无论是在过去还是现在都是为数不多的可以通过改造而焕发活力的街道之一。在课程设计中，我们对学生提出的要求之一，就是要花上一段时间去搜寻并整理一些方法，它们须在其他城市多年来的实践中被证实为切实可用，从而可以为我们提供参考。毫无疑问，我们可以得到一张对我们或许有所帮助的街道清单，但是找寻它们的相关信息，尤其是那些确切的信息，例如它们的宽度、设施布置情况、建筑的位置与高度、树木间距、铺地图案，甚或更多的信息——则是一项难上加难，甚至通常不可能完成的任务。我们大家的记忆与印象，甚至草图和速写，也只能提供微不足道的帮助，与那些通常从高处向下拍摄的、非常规的视角的照片相比，它们或许更有用，但也可能更没有用处。我们无法将尺度加注于我们的记忆之中。可是从另一方面来说，即便我们只能找到少量的信息，它们却相当的有用，虽然不足以令我们复原街道的实际，却可以让我们对街巷生出亲历亲闻的感受，以便了解到不同尺度的街道上可能会发生的行为，并与我们的记忆及平时熟知的街道相互印证比较。即便我们并未真正涉足其间，通过现有的工作环境，也可以做到这一点。学生们建议我应该将这些相关的信息收集起来。这就是写作本书的初衷。

吉尔·本宁赫文（Jill Benninghoven）、特里·鲍特雷（Terry Bottomley）、朱迪斯·切斯（Judith Chess）、帕特·尤班克斯（Pat Eubanks）与迈克尔·弗里德曼（Michael Freedman）都是这项工作起步阶段的项目组的成员，我对他们满怀谢意。在此之后，又有许多课程设计牵涉这项关于街道的研究，讨论也在不断进行。其中还有些学生成为研究助理，整个研究的过程中少不了他们的协助。卡拉·塞德曼（Cara Seiderman）帮助我完成了早期文字部分的工作，并且还完成了最初的职业设计人员的广泛调查，以收集他们关于"最优秀街道"的看法。拉吉夫·巴蒂亚（Rajeev Bhatia）、迈克尔·波兰德（Michael Boland）、彼得·卡洛杰罗（Peter Calogero）、汤姆·福特（Tom Ford）、朱迪·科特尔森（Jodi Ketelsen）、杜尔加·库马（Puja Kummar）、卡尔·麦克西（Carl Maxey）、谢丽尔·帕克（Cheryl Parker）、约丹·罗非（Yodan Rofé）、劳拉·沙贝（Laura Shabe）以及瑞克·威廉姆斯（Rick Williams）都作出了自己贡献，尤其是在地图以及街道平面图的绘制中都贡献了力量。而毕马尔·帕特尔(Bimal Patel)在脑力与体力两方面的帮助则该特别提及并感谢。毕马尔参与本书时间最长，且投入了最多的热情。除却他在脑力与体力上的贡献，如果说有一个人是这本书早期的"职员"，并且自始至终协助完成全部的图片整理编辑工作的话，那么这个人就是毕马尔。彼得·卡洛杰罗在我们进入汇总阶段的时候也参与了工作。克里斯·麦克唐纳德(Chris McDonald)在绘图方面帮了很多的忙，回想起1991年的夏天，我总是觉得很温暖，在准备街道平面的时候，我们都把自己当成了"点画大王"。

除了以上特别提及的学生外，这些年中还有很多其他的学生在我与彼得·波瑟曼(Peter Bosselmann)老师教授的课程［这门课是由唐纳德·阿普尔亚德(Donald Appleyard)老师发起的］中提交了分组研究报告，其中的很多工作都让我们受益良多。

我的同事彼得·波瑟曼从这项工作之初就对我的方法与见解提出了建议和批评，我向他表达我最诚挚的感谢。过去的这些年月里，我们在许多项目中并肩作战，有了他的帮助，这本书无疑更加完善。我们彼此交流，一起进行实地调查，这些经历无一不是格外的深入且格外的愉快，在这样令人难忘的过程中，我们对街道的理解也日甚一日。

本人以往著作的原稿都是由杰克·肯特(Jack Kent)审阅的，这次也不例外。汤姆·埃德拉(Tom Aidala)、唐林·林顿(Donlyn Lyndon)、杰伊·克莱布朗(Jay Claiborne)以及彼得·豪(Peter Hall)也做了审阅的工作，他们都帮了不少忙，我应该对每个人称谢才是。其中唐林与杰伊始终都是这部著作的顾问，理查德·班德(Richard Bender)也是如此。我还曾经花费数小时与杰姆·林纳(Jaime Lerner)讨论优秀街道的话题，特别深入讨论了他所在的城市库里蒂巴(Curitiba)的情形，他的建议充满建设性，对本书有着积极的意义。

皮耶·路易吉·卡西(Pier Luigi Carci)、詹·葛黑尔(Jan Gehl)、毛里乔奥·马切洛尼(Maurizio Marcelloni)、弗朗切斯科·罗西(Francesco Rossi)、卡尔·奥托·施奈德(Carl Otto Schmidt)、朱塞佩·坎普斯·维努蒂(Giuseppi Campos Venuti)以及里卡多·沃勒克(Riccardo Wallach)都曾帮我收集过重要的信息资料，并提出了自己的想法。而洛伦佐·布鲁诺(Lorenzo Bruno)在图纸绘制方面总是能给与我很多有价值的建议。

凯伊·博克(Kaye Bock)在所有书稿的工作中都是我忠实的合作者，并在这些年中提供了很多的建议与帮助。而安妮·麦克尼尔(Anne MacNeil)与艾米·雅各布斯－卡洛斯(Amy Jacobs-Colas)则对于我的终稿提供了强有力的技术支持。

在这部著作的筹备期间，我得到了加利福尼亚大学伯克利分校研究委员会(the Committee on Research of the University of California at Berkeley)、国家艺术捐助基金会(The National Endowment for the Arts)、弗雷什亥克基金会(the Fleishhacker Foundation)以及罗马美国学院(the American Academy in Rome)的资助，他们的友好让我难以忘怀。通过贝娅特丽克丝基金会远程分部(Beatrix Far-rend Fund)，伯克利分校景观建筑学系的全体老师的帮助保证了最终出版物的质量。我要向所有的人表达我的感激之情。

引 论

　　总有一些街道，要比其他街道更不一般：置身其间，你胸中了无挂碍，可以随心所欲地做自己想做的事情。拿巴黎的圣米歇尔大街（Boulevard Saint-Michel）来说，街道两边依次排布着店铺、书摊与咖啡馆，建筑的尺寸大小相若，抬头张望，叶影参差其间，光斑点点跃动。相比之下，它就要比旧金山的市场街（Market Street）令人愉快多了，在市场街，无论你驱车通过还是步行其间，都感觉浑身不自在。在爱丁堡（Edinburgh）的王子街（Princes Street），建筑和商场都位于街道的一侧，视线可以穿过街道，看到公园以及远处小山上的旧城和城堡。这要比伦敦的摄政街（Regent Street）更引人注目，即便后者的建筑风格更加统一，而皮卡迪利广场（Piccadilly Circus）的新月区域也是那么动人。两者皆可看作是了不起的街道。匹兹堡（Pittsburgh）的罗斯林街（Roslyn Place），在一条短径两侧排列着参天大树，树下是古老的红砖房屋，此外没有任何特别的炫耀，可若你漫步其间或有幸住在那里，则会油然感到这里比世界上数不清的城郊居住区街道不知要好上多少倍。沿着康涅狄格州（Connecticut）的梅里百汇（Merritt Parkway）驱车通过，要比在俄亥俄州的收费公路（Ohio Turnpike）令人愉悦得多，这是一条铺着古老的俄亥俄红砖的三车道乡间快速路，当轮胎驶过之时，砖块会发出咯咯轻响，让人感觉铺路石或许有些松动，实际上却异常的扎实。

　　有时候，你总是选择去往某几条街道，你在那里出现的几率比在其他街道要高。你这么做，也许并不仅仅是因为想做的事情总是集中在这几条街道上；或者即便如此，你的生活图景确实总是在某些街道上展开，其起因却不见得一定是出于经济或效率方面的考虑。也许一条特别的街道会开启记忆的闸门，或者给人以同赏心悦目之事不期而遇的渴望，再或者，你在这里漫步，更容易碰见一些熟识的或陌生的人；街道带来了那么多偶然的际遇。我宁愿在慢车道上从城里开车回家也不愿意走高速公路。虽然那条路更长，但那里有更多的事物能引起我的兴趣，能吸引我的目光。从洛克菲勒中心（Rockefeller Center）到中央公园（Central Park）的纽约第五大道（Fifth Avenue）与美国大道（第六大道）相比，在相同的距离上会有更多可看的东西。第五大道已经不复往昔风貌——川普大楼（Trump Tower）的浮华与尺度是没有办法与第五大道上原先那些具有代表性的、精益求精且谦逊优雅的石灰石建筑相媲美的——但是它的围合感更好；且与建筑整体退后的美国大道及其不受欢迎的前广场相比，第五大道上有着更多可看的趣味空间。我们可能会回想起一些街道，在其中感觉如何，它们看上去怎样，可以在街道要做些什么事情，而且还会遐想，如能在那里度过一段时间，该是多么美妙的经历。

　　这是一本关于伟大的街道的书，书中谈到的都是世界上那些最了不起的街道。具体而言，本书所论及的是那些最好的街道的物质属性与设计特征，同时也讨论了街道的范式，例如城市生活的物质环境及街道中的设施，有的堪称伟大，有的则恰恰相反。

本书的写作意图之一，便是搜集整理一些可资比较的、关于最了不起的街道的物质属性方面的信息——平面、横剖面、尺寸、细部、肌理、城市环境——以便给设计者以及城市决策者的工作提供参考。有些人或许希望自己来确定哪一条是最好的街道，而不依赖于他人的判断。在林林总总的现象中，我们大都认为有一部分因素对伟大街道的塑造起到至关重要的作用，而其他那些却有待观察，需要从街道中提取必要的信息来加以分析。如果这些信息能让我们对不同街道的物质属性进行比较并指出彼此之间的异同，那就是有用的信息。本书采取了相当多的措施以达到上述目标，即提供充分的信息，来帮助人们自己作出判断。为此，除了将一系列了不起的街道呈现于读者面前，还提供了很多其他街道的平面与剖面图，这些图纸在本书中都是以相同的比例呈现出来的，以方便比较、加深理解。但是，笔者写作此书的目的并非仅仅意在提供知识与解读，虽然这些也都是非常重要的事。本书最终的目标，是利用手边的这些资料为人们创造未来的伟大街道——那些人们愿意光顾的街道——提供些许帮助。

街道在城市生活中扮演的角色

　　在枝繁叶茂的季节里，夏日午后，走在哥本哈根步行街（Strøget），或巴塞罗那的兰布拉斯大街（Ramblas）、里士满（Richmond）的纪念碑大街，或者是其他那些美好的街道中的任何一处，当然如果是在家的附近就更好了，人们往往会惊叹道："噢，这是一个美好的下午！这是一条伟大的街道！"正是在这种意义上，最好的街道会被人们称为"伟大"。在字典中关于伟大的定义是"尺寸上特别的大，巨大"，或"数量上庞大"，或"尊贵的，重大的"，在本书中，这些概念都不合用，更合适的说法则是"优秀的、历史悠久的、卓越的，在程度、效果等方面都是非凡的，手法非常娴熟的"，或者"通常用作一种赞美性的语汇"。另外，对伟大街道的最恰当的表述是指那些"在特征与品质方面都非常优秀"的街道。[1]

　　街道不仅仅是一种公共设施，也不仅仅是像给排水管或电缆一样的公共设备，尽管这些管线经常能够在街道中找到自己的位置；街道也不仅仅是一种线性的物理空间，不只是允许人流或货流经由通达的途径。或许对于一些公共道路、高速公路、收费道路而言，上述那些功能都是其主要或唯一的目的，但绝大多数街道都不只是为了那个简单的目的而存在。因此，那种纯功能性的街道并不在我们的考察范围之内。交通一直是街道最主要的用途之一。可是，随着街道成为大家可以自由使用的公共资产，它的这一用途日益受到了超乎寻常的关注，尤其是在 20 世纪后半叶，而其他的用途则日渐式微。

　　街道调节着都市社区的形式、结构及舒适度。它们的尺度与布局可以为路人提供遮蔽、调节光线与阴影，相信任何一位游览过菲尼克斯城（Phoenix）与费城（Philadelphia）、博洛尼亚与巴塞罗那或乌代布尔（Udaipur）与昌迪加尔（Chandigarh）的人都会感受到这一点。它们可以有效地将人的注意力与活动集中在一些中心节点、一些角落或街道沿线，或者它们也并不是简单地将人们的注意力集中在任何一个特定的地方。例如在罗马，从人民广场（Piazza del Popolo）出发的三条街道中位于中央的科索（Via del Corso）大街，就仅仅是为了突出城市的中心，而没有任何其他的目的。而位于旧金山的市场街、数以百计的遍布美国众多小城市中的主要街道以及圣彼得堡（St. Petersburg）的涅夫斯基大道（Nevsky Prospekt）也都是如此。

街道以一种最基本的方式为人们提供了户外活动的场所。许多生活在都市中的人没有或不需要封闭的私人花园，或者他们也无法快捷地到达郊外以及公园，对于这些都市人来说，街道也就成为一种户外活动的场所；一种人们不在室内时可以停留的户外环境。此外，街道也是社交与商业活动的空间。置身其间，你可以与人会晤——这也是我们之所以依恋城市环境的基本原因。那些真正不喜欢与其他人交往，甚至不希望见到任何陌生人的人们，他们应该有权利远离城市，或者居住在城市中那些远离街道的地方。街道是一种运动：人们四处观望、穿行其间，因此街道更是一种人的运动：那些擦肩而过的人们的脸孔和身形，那些变化的姿态与装扮，都在不间断地运动着。你可以举目向前，也可以左顾右盼，看看那些走在周围的路人，或者什么都不看，只是随意地让自己的目光停留在那些能够引起你注意的目标上，但每当你意识到有人出现，也就能够获得惬意的感觉。你可以站在某个地方，也可以坐下来去欣赏街头的一幕幕场景，街上的风景并不总是令人愉悦，也并不总是充满着微笑或是相互问候着的人们，还有那些手牵着手的情侣。街上还会有瘸子，还会有乞讨者，还会有变态的人，但这些人都会像情侣一样使人驻足片刻：他们能引发我们的思索。每一个人都可以在街道上行走。因此，站在街道上，看着其中川流不息的行人，就有可能遇到其他的人，那些你已经认识或新近结识的人。了解了一条街道的节奏，就会知道谁或许会出现在街道上，或者说在街道上某个特定的地点，在某个特定的时间段内谁会出现；知道在那里可以见到谁，或者可以避开谁。你大概会认为，在街道中的相遇是偶然而短暂的，但这也足以让人心满意足了。罗马的艾仁纽拉大街（Via Arenula）并不是一条特别精致的街道，但在其中行走，可以听到从身旁驶过的巴士上传来的"你好，阿兰（Allan）"这样的招呼声，我认出那是毛里齐奥（Maurizio）在喊我，所以向他招手，他在车窗内挥舞着手臂，这些都让我倍感温暖，让我感受到自己是属于比自身更大的一个世界。街道不仅仅是看人的地方，也是被人观看的场所。城市之所以存在，在很大程度上是因为社交，而街道即便不能说是唯一的，也会是非常主要的社交场所。同时，街道也是一个可以享受独处，获得私密感的空间。置身其中，人们可以探究它昔日的风采，想像它未来的面貌。街道是一个可以让人心游神驰的地方，或许为街道上的某些事物所触动，或许这种触动是来自心灵内部的某种东西，非常的个人化。在街道中行走，人们能够一次又一次揭开自己内心的世界，街道就是这样的一个场所。

有些街道存在的目的是为了交换商品与服务，街道是个生意场。这样的街道就是一种公共生活的橱窗，用以展示社会所提供的诱人商品。零售商提供这些商品，展示它们，依据许可范围向外、向街道扩展展示空间，使自己的商品能被街道上的行人看到。而逛街的人则不住观看、比较、盘算、与同伴商量，继而最终决定要不要进入卖场，要不要离开公众领域所带来的匿名优势与保护感，而进入私人交易领域。

街道也是一个政治空间。居住在榆树大街（Elm Street）上的人们就会讨论行政分区或即将到来的国家主权变更问题，而在中央大街（Main Street）上，7 月 4 日国庆（the Fourth of July）游行会与反核示威同步进行，政治庆典在其中上演。马歇尔·伯曼（Marshall Berman）在其大作《一切坚固的东西都烟消云散了》（*All That Is Solid Melts into Air*）中曾经谈及过涅夫斯基大道（Nevsky Prospekt），他这样评价道："政府可以监视街道，但是它无法促成该地区的活动与人之间互动的发生。因此当涅夫斯基大道以一种自由区域的姿态出现时，各种社会与政治力量则会自发性地展开……在转瞬之间，彼得斯堡人就可以在街道上感受到政治冲突的气息。这些街道也就成了政治空间。"在这些论述之后，马歇尔·伯曼就将街道定义为个人生活与政治生活的交汇之处。[2] 无论是作为激发想像或交换看法与愿望的会面场所，还是作为游行示威或表达公众意志的舞台，公共街道都是一个特别的政治空间，它最难于掌控，就像广场与城市的公共空间一样，都能够表达出人们最珍贵的理想。而侦探小说则告诉人们，间谍们最喜欢在街道或公园中接头，也就不足为奇了。在购物中心中散布非主流的理念殊非易事，在其中进行公开演说则难上加难。为了避免我们忽视街道作为政治场所的重要性，我们可以借助于最新的电子通信手段，去回忆 20 世纪 80 年代末期发生在东欧的示威、抗议与游行：它们大多发生在公共场所，尤其经常发生在街道上。

城市中的人们理解街道的象征性、仪式性、社会性以及政治性等方方面面的角色，他们眼中的街道绝不仅仅是活动与进出的场所。通常，如果他们知道将来的规划构想，就会抵制拓宽街道或开挖新路，特别是那些意味着动迁，或造成社区交通量增加的措施都会遭到反对。他们反对在自己的街区中设置大量的快速交通。而在另一方面，那些改进现有街道，使其变成特殊的、"伟大的"场所的建议则会获得投票者一致的、完全的赞同，他们愿意用自己上交的税款去实现这一愿望。1967 年在旧金山，超过三分之二的投票人都赞同花费 2450 万美元将市场街塑造成一条伟大的街道，要知道那在当时可是一笔大得吓人的投资。政府没有收购或变更土地所有权，也没有建造新建筑，他们所做的只是将街道变得更加美丽。设计的初衷是使街道能够容纳庆典游行的队伍。随着时间的推移，整个城市都会承认市场街是一条伟大的街道。其他的城市也是如此。芝加哥、丹佛（Denver）、明尼阿波利斯（Minneapolis）、圣克鲁斯（Santa Cruz）、萨克拉门托（Sacramento）、托莱多（Toledo）、艾奥瓦城（Iowa）等等，这些数以百计的大大小小的城市也只是到了不久之前才开始关心起主要街道的设计问题。

有一段时间，街道是城市建设关注的焦点——在此，我们谈论的是街道而不是单体建筑。比如说，假如要为博洛尼亚大街添加一条柱廊，人们可以提出很多理由来反对。但是随着时间的流逝，它却成为城市中最有特点的一道风景，从而获得大家的喜爱与理解，同时也提高了街道本身的可居住性。在这样的街道上，就很难完整看到大多数建筑的立面。所以说，是街道、而不是独栋的建筑在发挥影响力。在 19 世纪末，法国人醉心于将街道作为城市设计的焦点，并且制定了一套严格的建筑规章制度，以确保城市整体的协调感，这些规范的影响时至今日仍随处可见。虽然这些街道的整治工作所取得的成果在很大程度上是因为贫民的迁徙（并不是所有的街道都是这样做的），但法国许多最美丽的街道却都产生于那个时期。这些街道的设计师完成了他们的心愿。与此相应，到了 20 世纪的后半叶，私人建筑的雕琢或"修饰"获得了更多的关注，设计者与业主的独特风格也都开始体现在单体建筑上。

　　毋庸置疑，在城市生活中，街道被赋予了多重角色，而且街道也需要用去大量的城市土地。在美国，一个城市中 25% 到 35% 的已开发土地都属于公共道路设施，而占其中绝大部分的就是街道。这个比例在欧洲的城市中或许会有很大的差异，但是量还是很大。街道几乎都是公共的：它属于公众，而且当我们谈论公共领域时，我们大都是在讨论街道。比这个话题谈论得更多的则是关于街道的变化。街道一直都在被不断地修修补补：道路的边缘被改变，使得人行道变窄（这种情况比较少见）或变宽，它们被重新铺砌，重设街灯，被挖掘开来以更新水管系统、下水道设施或者电缆，而后再被重新铺砌一新。沿着街道两侧的建筑在发生变化，随之也改变了街道的面貌。街道上发生的每一次变化都会带来改善街道品质的机会。如果我们可以不断开发并设计街道，使它们变得美丽，具有场所精神，使它们成为具有公共社区感，且对于城市与居民区中所有的人来说都是有魅力的公共空间，那么我们就相当于直接成功地设计好了三分之一的城市，同时也会对城市中其他的地块产生非常良好的影响。

关注于那些有形的、可设计的街道品质

　　在都市背景中找寻那些对于街道布局最有利或者最为重要的具体特征，你很快就必然会面对一个问题。大家通常会认为，设计师可以掌控的都是些具体的设计手法，而这对于街道成为伟大的或美好的场所来说，都不是不可或缺的或至关重要的因素；你也必须面对这样的现实，即这样的断言通常很难被证实。诚然，有些人认同在街道或城市环境中几乎所有的东西的有形设计与街道的好坏几乎都没有多大关系，而那些社会的与经济的特征则是关键的变量。或许事实的确如此，但是这种说法回避了问题的所在。街道仍然是布置与设计的结果，而且至少非设计者与设计者一样都会关心街道的形式，也会一样关注街道的社会经济发展。

　　人的活动与场所的物理特征之间的相互作用，与街道能否成为伟大的街道之间有着很大的关系。很难，或者说不可能将两者分开来考虑，也几乎没有人尝试做这样的事。由于人们的活动，街道会展示出来一定物质特征，而对于这些特征描述则更是少之又少。正如伯曼（Berman）所揭示的那样，果戈里（Gogol）在"涅夫斯基大道"上所采用的华丽词藻描述了这条街道的韵律、活动、幻想、神秘、诱惑与危险，但却很少描写街道本身的物质属性。伯曼帮助我们将街道放置于城市环境之中进行考察，还为我们提供了一些重要的细节，例如街道的长度、在其中可以看到的一些建筑、从桥上看到的景物以及永远都处于视觉焦点的海军部尖塔（Admiralty Tower）。他向我们阐释了街道本身与更广阔的城市生活以及现代主义图景之间的关系。[3] 这已经是我们目前所能找到的最敏锐的分析了，但即便熟读此书，我们对街道本身仍然所知寥寥，例如街道有多宽，两侧的建筑有多高，街道中是否植有树木，在长长的街道沿线哪里是最新开发的部分；如果两者之间确有关联，那么这些因素和其中发生的人类活动之间会有怎样的关系，跟这条街道的独特记忆之间又会有怎

样关系。卡尔·修斯克（Carl Schorske）在他的著作《维也纳的环城大道》（*Vienna Ringstrasse*）中，对于维也纳的这段历史进行了阐释，他将其与 19 世纪末社会政治的变迁联系起来，将其与以历史核心为起点的城市扩张联系起来，与街道沿线的建筑属性联系起来，而其中地标性建筑的设计与这段历史的联系则是他阐释的重点。[4]在西特（Sitte）[①]与瓦格纳（Wagner）之间的意识形态的冲突代表了现代主义思潮的初露端倪，笔者以此来阐释世纪末的诸多特征，但是在其中仍然没有尝试寻找街道的使用以及人类的日常活动与其细部设计之间的关联。

有一项针对职业设计者的调查，旨在发现在他们的职业生涯中对那些塑造伟大街道的物质因素的看法。建筑师多尔夫·斯奈布利（Dolf Schnedli）在强调其中设计难度的同时，回避了针对这个问题的确切回答。他这样写道：

> 最伟大的街道存在于我们的心中——在这条街道中我也许……碰巧遇到你正在与苏格拉底（Socrates）[②]讨论问题，或者可以等待帕拉斯·雅典娜（Pallas Athena）[③]来指引我，步入哪个咖啡店中，碰巧看到正在跟柯布西耶（Corbusier）[④]讨论问题的萨特（Sartre）[⑤]，在什么地方我又可以找到跟福克纳（Faulkner）[⑥]一起喝啤酒的梅尔维尔（Melville）[⑦]，等等，诸如此类。

他接着写道：

> 一条好的城市街道永远都是在某种语境中才能具有良好效果的。它的美好可以发生变化——如果希特勒（Hitler）在统治一座城市，那么其中所有的街道都是坏的……在一个美丽的场所中品尝食物是美好的，但是如果食物很糟糕的话，那么我宁愿去一个丑陋的地方去吃可口的东西。当然我希望能够在美好的地方品尝美食。但糟糕的服务将会毁掉所有的这些美感。因此最理想的情形是——美好的食物、美好的空间、优质的服务以及意气相投的同伴。这样我们的美好心情才能够延续下去。[5]

那么，对于斯奈布利来说，空间或场所的品质本身似乎远没有其他因素更具决定意义，这些因素包括政治系统、食物品质、服务质量，等等。这么说似乎有道理，但仍然回避了实质性的问题。那就是无论在食物好吃与不好吃的场所里，究竟是什么元素构成了美好的空间？或许有人在 20 世纪三四十年代之间会拒绝去柏林的库弗斯坦达姆大街（Kurfürstendamm）以及其他令人不愉快的街道，那是因为他们嫌恶或许在街道上会遇到的人，但是这会抹去他们在这条街道中留下全部的记忆与美

[①] 这里是指美国建筑师卡米洛·西特（Camilio Sitte），在《城市与广场》一书中他曾对广场的尺度进行了一系列定量的分析。——译者注

[②] 苏格拉底（公元前 469 年—前 399 年）是古希腊著名的哲学家。——译者注

[③] 帕拉斯·雅典娜是希腊神话中的智慧女神，也司职战争。——译者注

[④] 勒·柯布西耶 (1887 年 10 月 6 日—1965 年 8 月 27 日)，原名 Charles Edouard Jeannert-Gris，现代建筑大师，是 20 世纪最重要的建筑师之一，现代建筑运动的激进分子和主将。——译者注

[⑤] 让·保罗·萨特（Jean Paul Sartre, 1905—1980 年）。法国 20 世纪最重要的哲学家之一，法国存在主义的主要代表人物。他也是优秀的文学家、戏剧家、评论家和社会活动家。——译者注

[⑥] 威廉·福克纳（William Faulkner, 1897—1962 年），美国著名作家，曾获 1949 年诺贝尔文学奖。——译者注

[⑦] 这里是指让－皮埃尔·梅尔维尔（Jean-Pierre Melville），法国著名导演，独立电影开创者之一，是世界影坛最负盛名的黑色电影大师。代表作有《血环》等。——译者注

好的时光么？固然，这是一个复杂的问题，而政治的、经济的以及社会的现实，个人的记忆、印象、愿望，阳光是否明媚，个人的价值观以及那一瞬间的感触都会是人们认为一个地方优于另一个地方的最具决定性的因素。即便是斯奈布利，也像其他人一样，在一开始的时候也不愿意说明是什么因素造就了伟大的街道，实际上，就相当于说"因情况而异"，到最后才说出最好的组合是——"美好的食物、优质的服务、意气相投的同伴"——构成了"美好的空间"的组成元素。无论周边的环境如何，这些都是参与塑造美好空间的必要条件，这才是问题关键之所在。

即便我们假设街道的物理特征并不是决定街道好坏的关键因素，设计师仍然会竭尽所能去设计与安排每一个细节，以使得街道变得更美好，使得自己最终的设计与其他的布置方式相比能够更加令人愉悦振奋或吸引路人，或者更能够实现理想中的价值。当设计师面临着要决定街道的宽度、人行道的尺寸、街道中是否要栽植树木或布置座椅，并且要将它们放置于何处，以及其他诸如此类的思量时，任何反对或者认为这些思考都无关紧要的说法都是站不住脚的。即使这些因素真的无关紧要，与之相关的种种可能情况将会直接影响到街道的品质，使之成为无法回避的问题。那么，最终，设计师到底是该决定在什么地方栽植树木呢，还是该决定是否真的需要栽植树木呢？这显然是问题的关键。人们去一些街道的频率以及对一些街道的喜爱要远远超过其他的街道，这并不是没有原因的。物质空间的好坏、人们在其中活动的方式，以及空间是否能给人带来内心的平安，这三者几乎同样重要。这样一来，我们就需要回过头来讨论街道的设计。

伟大街道的标准

综上所述，要准确地指出是哪些物质属性使得一些街道优于其他街道，并不是那么容易的事情。在现实中，不同的人对于这个问题会有不同的回答，因此，要为街道优越之处的判定提出合理的、切实可行的标准是非常重要的。伟大的街道应该满足什么样的标准呢？

首先且最为重要的是，一条伟大的街道必须有助于邻里关系的形成：它应该能够促进人们的交谊与互动，共同实现那些他们不能独自实现的目标。因此，那些面向所有人开放、容易找寻并且易于到达的街道，将会比不具备这些特征的街道要更优秀些。在最优秀的街道中，你可以看到其他的人，可以与他人会晤；这些人涵盖了所有的类型，不仅仅是同一个社会阶级、一种肤色或一个年龄阶段的人会出现在这条街道上。这个标准在各种不同的地理尺度上都能适用，大到城市，小到社区，这样就揭示了伟大的街道在类型上的可能性。在一个比较小的地理区域，令人信服的说法是在与街道同样大小的区域中，而不是一座城市的范围内，伟大的街道、健全的社区将会是人们活动的中心。一条伟大的街道应该是人们最想去的地方，人们愿意在其中打发时间、生活、娱乐、工作，与此同时伟大的街道对于城市形象的塑造应该有显著的作用。街道是一个场所，它将人们聚集在一起，并为人们的活动提供了环境与背景。

一条伟大的街道在物理环境上应该是舒适与安全的。在炎炎夏日，伟大的街道与其他的街道相比，应该有着更多的清凉与更多的遮蔽，为置身其中的人们带来更多的愉悦感。在这样的街道中，不能有突如其来的横风为患于建筑群。街道中也许会有很多的人，却不会多到难于行走的程度；街道不能给行人带来约束感。人身的安全是另外一个重点所在，它能够引发许多问题；但在这方面，涉及的问题都是基本层面的。例如，在街道中人们应该不用去担心撞上小汽车或卡车，不用担心在人行道上被绊倒，也不用担心街道中有什么物体是不安全的。至于潜伏的人身攻击威胁或强盗跟路贼？不，这些问题不在考虑之列：不建议砍伐树木，或仅仅种植矮小的树木来提防不良分子的滋扰，也不用禁止那些可以令盗贼藏匿其间的隐蔽入口。足够的光线可在任意时段确保行人看清道路与他人，而坡道与台阶的设置比较而言则更有助于残疾人与老人的舒适与安全；但是却没有哪种街道的整治措施可以避免不良分子厕身其间。

最好的街道会鼓励大众共同参与。人们会主动停下脚步来相互交谈，或者会坐下来四处观看，成为街道上所提供的一切活动的被动式参与者。街道中也可能会有游行庆典。在过去15年以上的时间中，巴西的库里蒂巴（Curitiba）的主要街道上，每逢周六的早晨都会在路面上铺设很长、很长的纸，每隔一米的距离用木棍压住，这样就创造出数以百计的独立的白纸画卷。来到这里的孩子都会得到画笔与颜料，他们在白纸上作画，父母与朋友们则在一旁观看。这项活动没有任何社会与经济地位的要求，只要有愿望就可以参加。对街道日常生活的参与还反映在街道两侧房屋（包括住宅与商铺）业主给街道添加东西的才能，无论其行为是个人的或是集体性的，添加东西都会成为街道的组成部分。人们通过这种方式对街道作出贡献，其形式可以是招牌，可以是花草，可以是遮阳篷，可以是色彩，甚至可以是对建筑本身的改造。与参与活动相伴产生的是居民对于街道的责任感，其中还包括对街道的维护工作。

最好的街道能够深深印在人们的脑海。民众对它们会有深刻、持久的美好印象。回想一座城市，包括自己所居住的城市，脑海中浮现的或许是某条特定的街道，并且很想去那里转转；如果有这种情况发生，这种街道就可说是令人难忘的。

最后一点，真正的伟大街道是有代表性的：它是某种类型的典范；它能够代表其他的街道；它是最了不起的。为了满足上述几点，伟大的街道的组织必定是美好的、巧妙的。

确定最好的街道的标准是我们的一项目标。而知道这种街道什么时候会出现则是另外一件事情。虽然评判通常都会比较困难，但"舒适"这项标准相较于其他的因素来说，还是更容易具体化一些。尽管如此，这个问题本身还是很有意义的。为了获得答案，我们要对这一目标进行持续不断的探索，无论是标准本身还是满足这些标准的品质，这两方面都需要我们坚持不懈的努力。这就意味着，需要依靠来自其他人的、专家的，以及街道使用者的判断和观点，而且还要将街道进行比较，以期尽可能地接近实际情形。最终，从根本上来说，虽然已经有了大量的体验与判断为基础，要理解最好的街道的最好的品质所在，还是要容纳一些非客观的因素。

体验与评判

在这些类似的努力中，我们经常可以看到主观随意的判断。无论是解释难于界定的标准，还是从头开始设立这些标准，以及对于任何指定街道的体验，从方方面面来说，人们的观点往往都各不相同。为什么是街道而不是集市或者广场，成为社区塑造中最重要的关键因素呢？或者，"我在兰布拉斯大街上被抢劫了——那么它怎么会是伟大的？"街道因为什么而伟大？因为哪里而伟大？而又在什么时期是伟大的呢？所有的这些问题都会在某种程度上使我们的结论变得模糊不清。我经常在询问他人："对于您来说，世界上最伟大（或者最好的）街道是哪一条？"人们对于这个问题的回答通常是："最伟大或者最好是因为什么？"每一个人都根据自己的喜好来理解这个问题，但要提醒读者的是，这里重要的关注点是城市及城市里最好的街道。在城市中，有各种不同类型的街道：生活型的、购物型的、办公型的、步行或车行的、娱乐休闲型的以及用于任何类型的其他活动与交往的街道。这样就可以弄清楚居住型的伟大街道在物质特征上与购物型的街道是否有明显的差别。至于"何时？"这个问题，可以这样说，在一个黑暗、寒冷、多雨的春日的星期六夜晚走出位于罗马坎切莱里亚（Cancelleria）广场上的音乐厅，沿着朱伯纳里大街（Via dei Giubbonari）前行，绕过路旁违章停放的车辆，穿过地面上大大小小的水坑，避开在这条街道上不经常能遇到的行驶车辆，路旁商铺装饰着栅格的橱窗已经熄了灯，这样的街道并不十分令人舒服，也不是其他街道所模仿的榜样。那么你为什么不在其他任何时候再来看一次这条街道？当你的思绪随着它的形态及其方位的转变而发生变化，你欣赏着它的开端与收束，欣赏街道中形形色色的建筑，随着你的脚步所有的这些元素都有机会展示出自己美好的一面，甚至可以让你忘却黑暗与阴雨。

"但是你曾经见过某某街道么？"这是一个最不容易回答的问题，因为没有人会尽自己所能去了解世界上全部的街道。去读马歇尔·伯曼（Marshall Berman）关于涅夫斯基大道的描述，追溯其中的原型，就会令人想亲自去看一看它。除非这条街道是伟大的街道，要不然怎么会有人将它描写得如此美丽？深谙此道的朋友告诉我，那确实是一条伟大的街道。但若说亲眼目睹，甚至将全世界的伟大街道统统看个遍，本来就是天方夜谭。因此，那些我从未去参观过的伟大街道，在本书中没有提及。

最后要说的是，还要容忍那些主观武断的结论。对于街道中专业人士与普通人群进行的长期调查，以尽可能多的调查视角来检验各种假想，核实文献，听取学院机构的建议，并且通过地图、田野调查与测绘尽可能多地收集相关信息，这些手段都可以帮助我们减少主观臆断的成分。尽管如此，主观的成分仍会存在。

伟大街道的配置

每一条街道都有自己的配置，它们存在于街道的肌理中或街区当中，在更加精细的尺度上，则存在于建筑之间与场所当中。或许一条街道与周边其他街道的差别就在于尺度、方向、形式以及在街道上出现的建筑的特征与规模，我们正是依靠这些因素来区分各条街道，也正是这些因素使得每一条街道都变得与众不同。

或许独一无二的地理区位对于一些最好的街道来说是关键性的影响因素。那么，去熟悉这些街道的配置就是一件非常重要的事。而且我们发现配置本身也同样重要。它们之间存在着很大的差异，无论是在模式、尺度及其街区的形式与其占用的空间方面，还是在相对的复杂性方面，街道的配置都各不相同。例如，在那些有自己特征的街道中，街道的配置就会随着时间而发生变化。波士顿市区街道的模式在 1900 年代晚期与 1800 年代晚期就有着显著的不同。而整个区域中的建筑与空间模式的变化则同样引人注目。城市配置，无论是在街道与街区的尺度上还是在建筑与空间的尺度上，都同样是对人们生活的一种配置。正如那些个性鲜明的街道一样，它们有助于促进与阻止邻里社区的形成，能够为人们之间的相互交往提供相对的便利，它们方便易达，是区域的中心。所以对于城市具体设施配置的讨论是本书重要的组成部分之一。街道与街区的模式同一条单独的街道相同，或多或少都是可以测量的；城市的缔造者、改变者、设计者与修补者都应该知道这些数据，应该知道那些伟大街道的配置，还应该知道它们之间的相互关系。

伟大的街道充满神奇的力量。我们被吸引到那些最好的街道上，不是因为我们必须去那里，而是因为我们希望去那里。最好的街道既是令人欢欣的，又是实际可用的。它们充满趣味，并且向所有的人开放。它们包容陌生人的相逢，也包容着熟人间的偶遇。它们既是一个社区的象征，也是社区历史的象征；它们代表着一段公共的记忆。它们既是一个用以躲避世事的场所，也是一个浪漫传奇的所在；既是一个表演的舞台，也是一个梦想的空间。在伟大的街道上我们可以自由幻想，去想像那些或许从未发生事情，去想像那些希望发生但或许又永远不可能发生的事情。

本书的研究旨在探寻那些物质因素，那些促使城市的街道空间成为奇迹发生场所的物质因素。在这项研究中，首先，我们在第一部分着眼于一些特定的伟大街道，着眼于同一类型中最优秀的那些街道，尝试理解是什么因素使得他们成为伟大的街道。沿着这条线索，我们将转而考虑一些曾经的伟大街道，并且探究是什么原因使它们发生了改变。接下来，鉴于仅仅少数的街道实例并不能够体现学生、专业人士或外行的设计者们在设计或改造街道时所需要的全部信息，本书的第二部分将会系统讨论并提出一个街道元素的概要。所有这些街道的平面与横剖面都是以相同的比例绘制的，以方便读者进行图形上的比较。本书内容还包括这些街道的实地记录以及尽可能多的可资比较的数据。第三部分介绍街道与街区的模式，表达形式为以平方英里为单位的地图以及城市建筑与空间布局的平面图，每种图纸的比例都将尽量便于读者进行比较。在本书的第四部分，我们将会探求某些可能的答案：依据对伟大街道以及不是那么伟大的街道的研究，依据街道与街区的模式，我们期望能够指出那些关于最有希望营造出伟大街道的物质的与可设计的因素。在本书的最后部分，笔者将会指出，一名街道的设计者必须对此一问题保持开放的态度：不可预计的因素总是存在的。

第一部分　　　　　　**伟大的街道**

罗斯林街

第1章　　我们曾经居住过的伟大街道

罗斯林街（Roslyn Place），匹兹堡

只要一踏入罗斯林街，你就会立刻感受到，自己确实身处在一个场所之中，这是一个特殊的场所、一个优美的场所、一个安全的场所、一个宜人的场所、一个令你想定居下来的场所。但首先，你一定要看到它，并且知道它在哪里，如果你是沿着埃尔斯沃思大街（Ellsworth Avenue）——紧邻范艾肯林荫大道（Van Aiken Boulevard）东侧的一条街道——步行的话，自然就不会错过它。你的目光会被这条街道所吸引。与其他的街道相比，它是如此的与众不同，令你渴望驻足，渴望步入这条街道，并一探究竟。人们看到它后的第一反应往往都是这样。在周六或周日的午后，不时会有漫步的情侣按响门铃，并告诉应门的人，他们只是碰巧经过这里，被街道与房屋所吸引，想知道是否房子的内部与它的外观一样漂亮（"我们很喜欢它"这是一贯的答案），它们是私人拥有的么（"是的"），有哪栋在出售（"目前没有"），这些房子是否经常会被买卖（"偶尔"），那么如果哪一户要出售的话，能否告知我呢？

罗斯林街小巧玲珑，建筑景观的布局使其成为一个围合的空间。从罗斯林街的起点开始，穿过铁门前的柱廊——你或许注意到了它，或许根本没有看到——到达街道的尽头，是4幢两层半高、红砖、木装饰、坡屋顶的联排住宅，罗斯林街从头到尾大约是 250 英尺长[①]。在其他 9 个紧密组织在一起的建筑组团中，还有 14 户住宅，沿着狭窄的街道与人行道分布。每一户住宅都拥有一个小小的前庭院。可以将这个由设计师构想出来的空间看作是一个 65 英尺乘以 250 英尺的"户外房间"。这个房间的墙面就是红砖的建筑。顶棚是由每一户门前巨大的无花果枝干以及天空共同形成的。依照这个类比，两栋建筑之间通往后庭院的小空间则可以看作窗户与门扇。建筑都是同样的高度，虽然一眼望过去它们彼此类似，但实际上却有 5 种不同的建筑形式。

罗斯林街道是一条边界清晰、尺度亲切的街道，它的建筑结构实体在外观上是相似的。但是它给予我们的感受远不止如此。它是一条令人身心皆感舒适的街道。最美的景致是在春天、夏天和秋天，无花果树枝叶繁茂，阳光透过葱茏的树叶投下斑斑驳驳的光影。当你最需要阴凉的时候，这条街道就会是凉爽的。在冬天，如果出太阳的话，阳光每天一定都会穿过掉光了叶子的树枝光临这条街道，至少会照耀在某一个区域上。

---

① 1 英尺 = 0.305 米。——编者注

罗斯林街，匹兹堡：平面图与剖面图

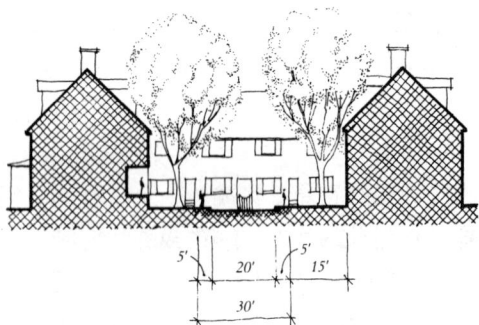

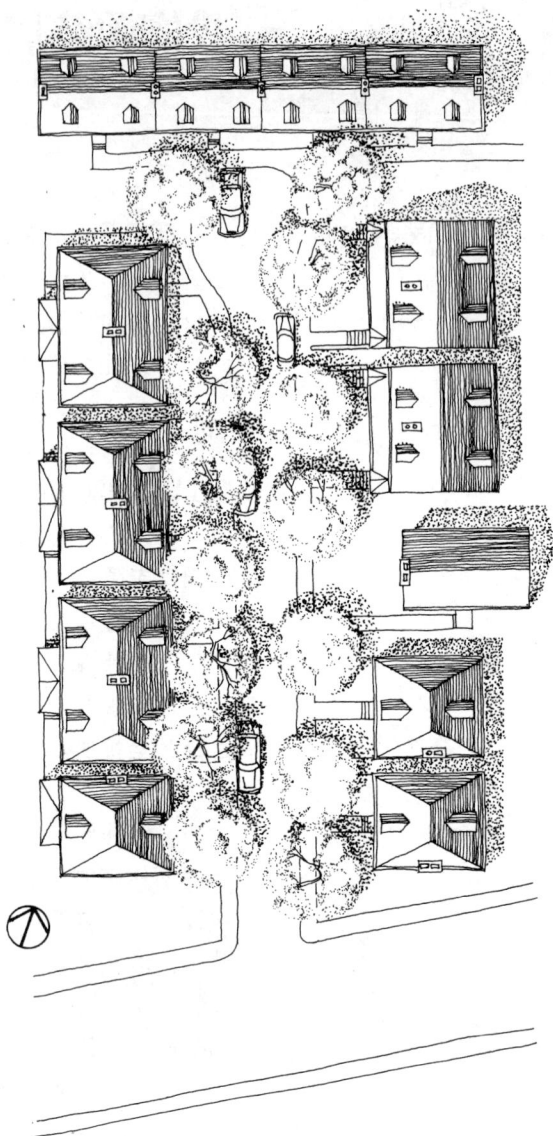

大致比例：1″=50′ 或 1∶600

狭窄、围合与私密的空间特征给罗斯林街带来了安全的感觉。街道的两侧没有车库，汽车只能够停在街巷上，仅在中央留下了一条狭窄的机动车道。在这样的街道上，人们是不能够快速行驶的。小孩子，即便是很小的孩子跑到外面的街道上或者去找其他的孩子玩，父母们也不会感到担心，是那种身为父母的人所能感受到的最安全的状态。"留在我们的街道上"是所有的小孩子要记住的事情。在一个冬日周末的清晨，父母们还没有起床，而对于艾美（Amy）这个6岁的孩子来说，与邻居苏茜（Susie）一起在街道的中央玩雪橇也不会有任何问题。有许多窗子面向街道，而即便当时所有的百叶窗都被拉下来了，孩子们也会知道窗子的后面有人，就在不远的地方。

假如你很容易碰到其他的人，而且你几乎不可能避免这种状况的时候，就很容易与他们结识。在这里，所有的距离都很短。从一户住宅的窗户或门到街道对面的人行道只有 45 英尺，而从街道中心的房屋到街道两端的尽头大约也不过 120 英尺；在这个距离上，能够轻易辨识出他人的脸孔。站在街道的一端望过去，即便是面部特征比较模糊，人的样子、体态以及肢体的动作还都是可辨识的。更为重要的是，在这个小小的空间中，有 18 扇供人们进出的门，所以人们总会彼此擦肩而过，每一个人都知道其他人居住的所在。他们见面至少会说声"你好"，当然通常交流的不止这些。而且窗子也会吸引人们的注意力，尤其是当有人在离门活动的时候。大多数通向后庭院的步道都是合用的，所以每个人或多或少会与自己邻居发生联系。停车空间非常紧凑，所以在这方面也会与邻居不期而遇。人们彼此结识、谈话、交流，正是这条街道自身的属性促成了社区的形成。

在一个春天的周六的早晨，化学家伊齐·柯亨（Izzy Cohen）对着退休的屠夫大叫大喊，因为他昨天晚上占用了两个停车位，这样他的车就停在了伊齐通常泊车的地方。屠夫回应着他；两个人一起在他们住宅之间通往街道的小路上跑来跑去。从高于街道的门廊上，可以清楚地看到这一幕。冲突好像随时就要来临，如果不是发生在这一次，那么也一定会发生在下一次——如果真的会有那么一次的话。喊叫声终究会停止，稍后，邻居们会三三两两地小范围地私下里议论究竟发生了什么事，为什么会这样。伊齐过后一定会向每一位邻居解释事情的来龙去脉。而屠夫则会一言不发。他是一个少言寡语的人。如果你想在这条街道上与他人保持隔绝的话也是可能的，但是比起正常的社会交往来说，这种情况则难于实现得多。在这个清晨，有些人将要打扫步道，还有些人要整理花园，人们将会在街道上走来走去。或许稍后人们会相约在一起喝咖啡，或者分享午餐后的甜点。在某一时刻，或许是在接近中午的时候，或许是在下午，克利·斯泰纳（Curly Steiner）家的某个孩子，或者是克利本人，会出来修他们家那辆体型庞大、颜色漆黑的古老的凯迪拉克，就像过去的 3 年来他们一贯做的那样。神奇的是，这辆车在大多数的时候都能够启动。

罗斯林街的午后常常笼罩在一片安详的宁静气氛中。或许会有一些小孩子在街道上玩耍或交谈，但孩子们的父母则更愿意呆在屋子里，或者在小巧的后庭院中独自消磨时光。平日里，街道上会有一些人在活动。当人们下班回到家之后，或许会在傍晚时分出来吹吹风，但是到了晚上，这条街将会十分安静。

时至今日，想要再建造一条罗斯林这样的街道殊非易事。法规与主管部门将不会允许这种事情的发生。罗斯林街的主路上没有离街泊车，街道又过于狭窄（在这样的街道上，你怎样才能将消防车开到街道的尽头呢？），房子之间的距离也太小（山墙之间只有 3 到 4 英寸的缝隙），所以山墙上的窗子贴得太近了，没有私密性，生活的经济性、安全性以及合理的品质这三项要求都无法满足。但是，这些问题在现实中却是积极的因素。没有离街泊车意味着没有路缘石与车行道来打断街道或步道的连续性，没有面无表情的车库门来削弱建筑的光彩。同时，没有离街停车意味着要将车停在户外，街道也就因此而活跃了起来，甚至还会不声不响地使街道变得有些许的复杂。这也是狭窄的街道所发挥的作用。人们在罗斯林街上不用担心车子或车速的问题。消防车可以开到街道的中央区域，虽然它不能够开到街道的底端，但是因为街道很短，消防水带可以到达任何必要的地点去灭火。而至于住宅间距过近的问题，则被住宅之间的狭窄步道成功地解决了，这种步道的功用甚至还远不止如此：

罗斯林街上的住宅

通过它们，你可以直接从屋前走到屋后，而不用穿行整个建筑，这也给收垃圾的人提供了方便。自然，在朝向这些步道的山墙面上都开有窗户，但是邻居们都很懂得尊重他人的隐私，很少向对面的窗子内张望，而且这些窗子还保证了房间内的对流与通风。如果没有这些窗户，通风就很难实现了(这些房间都很少需要空气调节装置)。

我们可以发现，这种空间布局中存在一种紧凑的布局，这种紧凑是一种留有足够的健康空间，并能保证有品质的生活的紧凑。所有的这些小尺度与紧凑的布局有助于形成一种高密度，这种高密度在美国大多数的城市，在类型相似的住宅开发（需要提醒大家的是，这条街道上的住宅都是独立户型）中都已经大大地超过了许可的范围：在每英亩^①的总面积上可建 14 户住宅（在总面积中还包含街道）。这里的高密度就意味着在周围的环境中充满了人。高密度意味着这个区域可以依赖公共交通；意味着在步行的范围内小规模的商店能够长期存在，而事实也正是如此，在距此一个街区的地方，在胡桃街（Walnut Street）上就有一间商店；学校同样也可以离住宅很近。简而言之，高密度就意味着社区的成型，或者至少说意味着社区成型的可能性。

罗斯林街还有一些其他的特别之处。街道上铺着木砖，这并不是一种现代的街面铺装材料。木砖在冬天会变得很滑，而且历时良久，其表面已经变得凸凹不平。有时，市政机关的办公人员，在想到要改善公共设施的时候，都决定要重新铺设这条街道。居民们都成功地拒绝了诱惑：人们一旦居住在这里，就会知道这是一条伟大的街道。

随着时间的流逝，25 或 30 年之后的今天，虽然街道中已经物是人非，罗斯林街环境特征的变化却是相当的小。住宅看上去仍跟旧日一样的风貌。在街道一侧，一些住宅的前门廊与建筑主体连接到了一起，除此之外再无变化。克利·斯泰纳老了一些，关注着街道上的变化。他说这里已经不再有小孩子了。他的妻子波蒂（Birdy）说，他们已经不再像以前那样在街道的端头举办街区派对了。克利（Curly）^②没有卷曲的头发，而且他从来就没有过，他说伊齐认为他是这条街上的领袖，他一直在担当着这个角色。伊齐在他的家里回忆起所有的事，他记得居住在每一间房子里的每一个人，而且连他们什么时候居住在那里他也如数家珍。伊齐的妻子夏洛特（Charlotte）为街道完成了一项使命。她回忆起大约是 5 年前她和居民们是怎样说服市政部门用木砖重新铺设街道，又是怎样说服他们宣布这条街道是本市的地标性街道的。她说，最有说服力的情节是，他们告诉市政办公人员：75 年以来这条街道是第一次被重新铺装。走到街道上，在雅各布斯（Jacobs）曾经居住过的住宅前，一对不是这里居民的年轻夫妇，他们走走停停、四处观看并且相互交谈，他们计划着搬到这里来住，并且想像着那将会是一幅多么美好的图景。

---

① 1 英亩 = 0.405 公顷。——编著注
② Curly 的中文含义是卷曲的。——译者注

第2章

至今尚存的中世纪伟大街道

朱伯纳里大街（Via dei Giubbonari），罗马

步行街（Strøget），哥本哈根

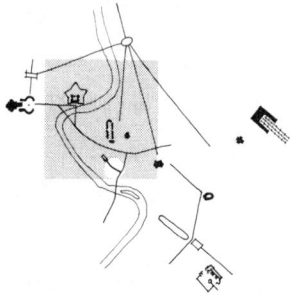

朱伯纳里大街：街道与建筑的肌理

罗马的朱伯纳里大街早在远古时代就已经存在了。最初，这条街道是内衣加工与销售的中心，并因此而闻名于世，那时候的主要产品是紧身上衣。时至今日，大多数的商店仍然在出售服装，虽然不再有紧身上衣了，但是在这里还是有很多其他的东西可以购买。在街道的两端，是喇叭口形的道路拓宽部分，这种形状有利于将人们吸引过来，令你选择这条街道而不是其他的街道。朱伯纳里大街不是很长，不足1000英尺，即300米，但是当你在其中漫步之时，不会感觉到它很短，因为它呈现出曲线形状，并且在向中央行进的过程中，街道的宽度在不断地变窄，因此站在街道的一端看不到它的尽头。街道形状本身并不会告诉你它通往何方，但你同样还是会被它所导引。在鸟瞰的视角上，这条街是一条清晰的、呈曲线的箭头形状，它一方面反映了街道的平面形式，与此同时，这种空间上的角度关系和退进的透视效果让行人不自觉地受到导引，超过了地面景物对行人所能起到的导引作用。

位于哥本哈根的步行街也是一条古老的街道。它由四条街道一字排开而形成。哥本哈根步行街要比朱伯纳里大街长得多，大约3500英尺长，换算成米制是1000多米，它位于整个城市的中央。或许可以说它是哥本哈根城真正的中央大街，但是，哥本哈根步行街在许多的物质特征方面都与朱伯纳里大街非常相似。

大致比例：1″＝400′或1：4800

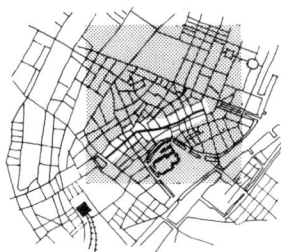

哥本哈根的步行街：街道与建筑的肌理

大致比例：1″=400′或1：4800

　　这两条街道是它所代表的街道类型的最佳诠释，这种街道类型包括以下特征：古老、历史悠久，这种中世纪街道总是或多或少的有些弯曲，相对狭窄，带有某种神秘感。如此感受绝大程度上可以归因为紧密的空间配置、街道上相对高耸的建筑以及望不到尽头的街景。那么这两条街道又在哪方面能够优于人们通常所能够见到的街道呢？类似的街道数以百计，多数都分布在欧洲，虽然在美国东部的波士顿和其他城市也曾经有过大量的类似街道；但是这两条街道仍然是这种空间类型的街道的最佳代表。

　　一旦置身于朱伯纳里大街，就会被其喇叭口形的膨大的街口部分所吸引，你会想走进去看看它究竟通向哪里，甚至即便你已经知道答案，还会想走近它，去体验那些即将出现在你周遭的一切。街道上有许多建筑，而入口甚至要更多，位于街道地面标高上的几乎都是连续的商店橱窗。这里的建筑都有坚实的石材外墙，并未采用薄薄的石材饰面挂在结构柱之间的那种做法。玻璃与其窗格厚度的明显对比，明确地显示出墙体的厚实与建筑的坚固。建筑与商店的进深都很大，这一特征从窗子上就能够看出来。它们究竟有多深？那里会有些什么？这是一点点引人入胜的神秘感，等待着人们去发掘。总之，这里有许多窗户，有的开，有的合，开合完全取决于当天的时段与太阳的方位。在这两条街道上，大多数的建筑都是普普通通的，但是它们却让你无法忽略掉它们的存在：建筑拥有坚挺、结实的结构，3到5层高，它们限定了街道的界面。建筑的高度或许会变化，但是却没有那种生硬突变，而且因为建筑的高度要大于街道的宽度，尤其是到了街道的中央，

朱伯纳里大街街景

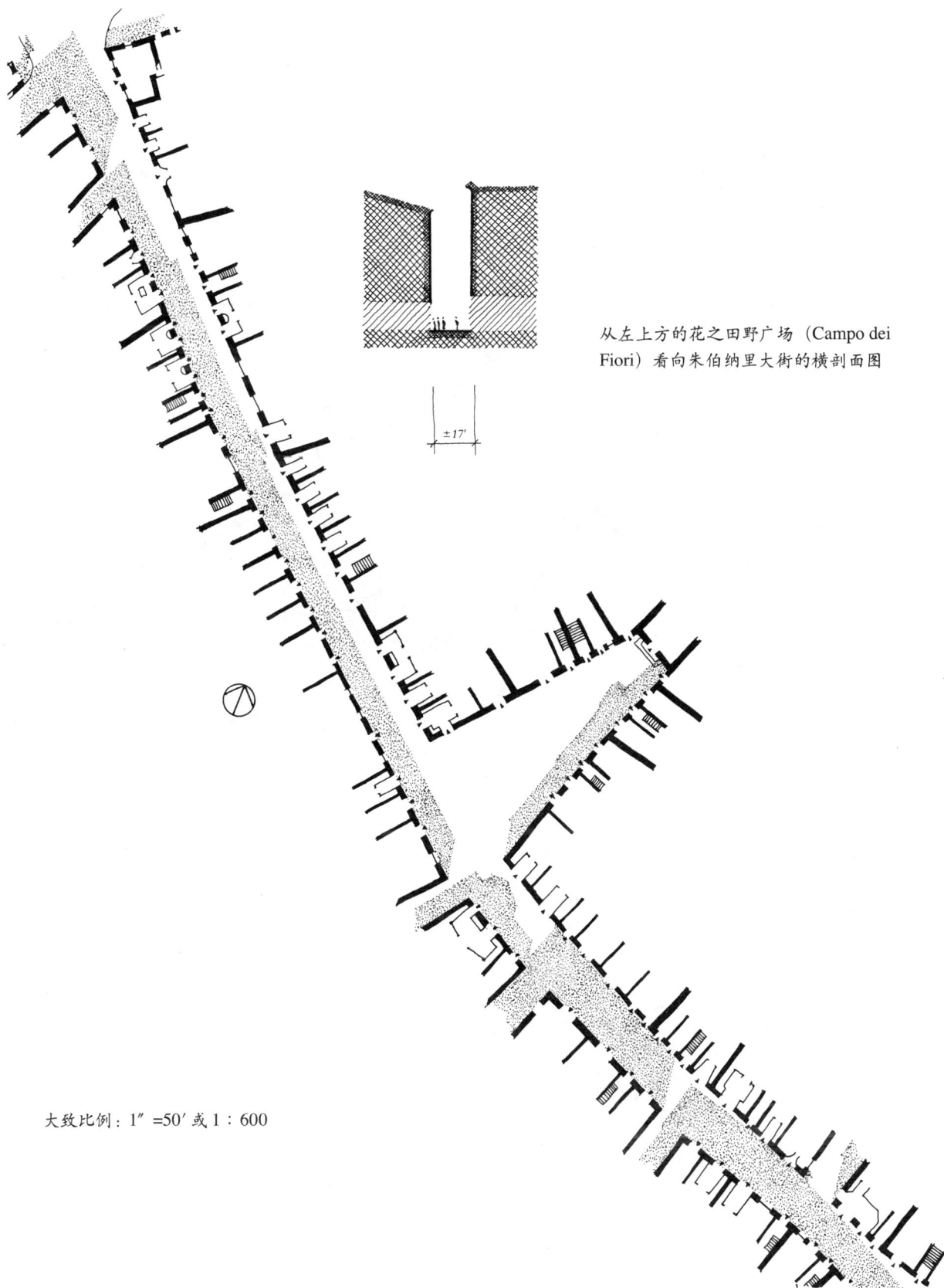

从左上方的花之田野广场（Campo dei Fiori）看向朱伯纳里大街的横剖面图

±17'

大致比例：1″=50′ 或 1 : 600

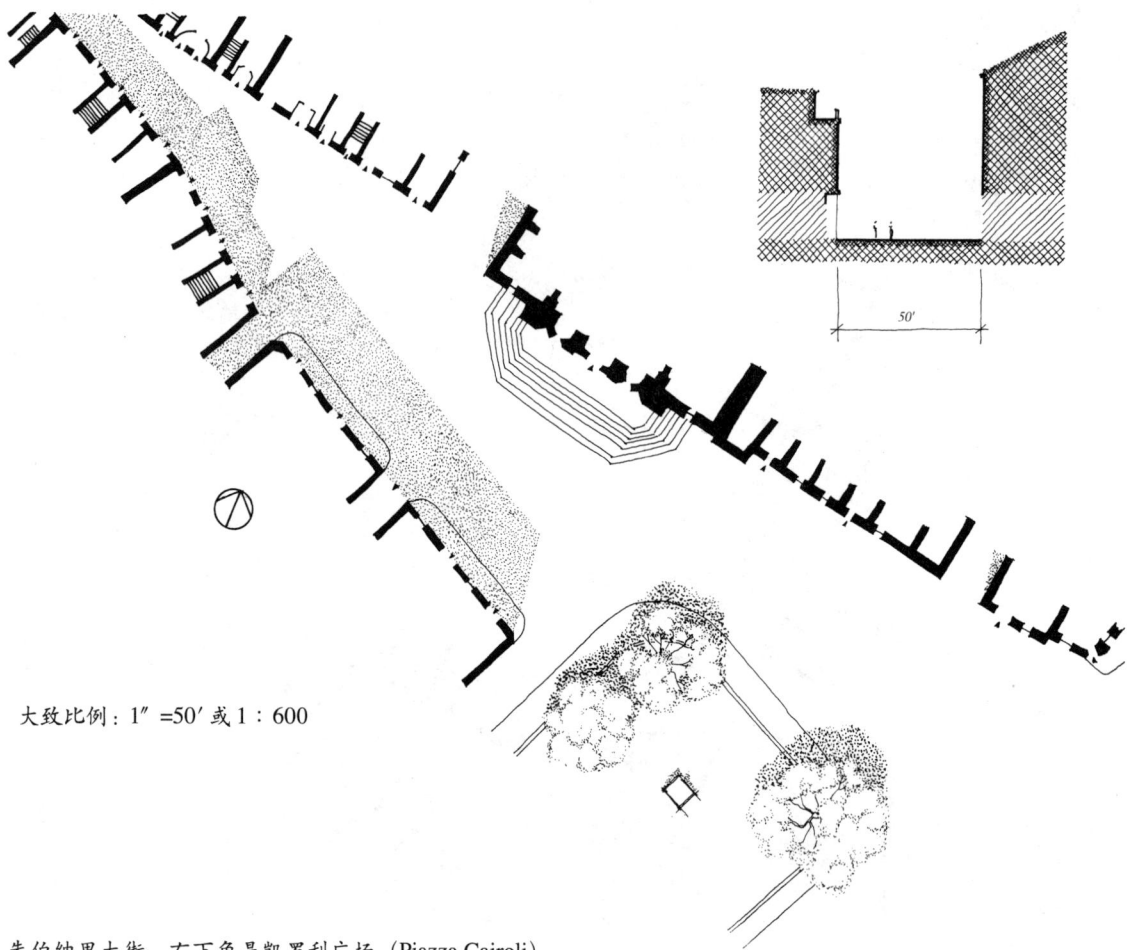

大致比例：1″=50′或1：600

朱伯纳里大街，右下角是凯罗利广场（Piazza Cairoli）

从花之田野广场看向朱伯纳里大街

Largo del Librari on Via dei Giubbonari

建筑的高度已经达到了 60 英尺，而与此相对照的街道的宽度只有 16 英尺。在这里，有一种强烈的垂直感，尤其在一个建筑结束而另一个建筑开始的地方会产生垂直的线条，那种垂直的感觉就会更加强烈。在朱伯纳里大街的街面上，最典型的建筑有 62 英尺（即 19 米）高，而且每隔 15 英尺（即 4.8 米）的距离上，就会有一个入口。哥本哈根步行街上建筑的平均长度是 47 英尺（约 14 米），建筑入口出现的频率与朱伯纳里大街相仿。

虽然这两条街道上建筑的立面从建筑学的角度来讲是比较普通的，但是它们同样都有非常丰富的细部处理：百叶、窗台、檐口、门窗框、标识、灯具、落水管、百叶扣件，等等。阳光在这些建筑的细部与表面上游走，给街面带来了不断变化的光影关系。

入口——朱伯纳里大街

朱伯纳里大街中段附近有一个小广场，这个广场空间联系着很多的小型店铺，还有不少通往楼上公寓的入口。除此之外，这里还有一座非常小的教堂，它的尺寸与这个广场空间的大小相得益彰。这里是整条街道最狭窄的地方，从这个视点望过去，可以同时看到街道的两个端头，一侧是花之田野广场，而另一侧是凯罗利广场。

哥本哈根步行街中也有开敞的驻留空间，在它长长的行进途中，分布着一系列的广场或席位，每一个广场都标志着四条古老街道中某一条的起点或终点。朱伯纳里大街只有一个连续的空间，而且距离很短。与之相比，哥本哈根步行街上的广场群在街道中的地位则要重要许多。这是一些可以停留、可以坐下来歇息的场所，置身其中，可以享受到更多的阳光，它们是狭窄街道中的休止符。人们会在这些地方聚集，这些人不仅仅是观光客，还会包含本地人。坐席是为了正式或非正式的娱乐表演而搭建的临时设施，这种表演往往会持续很长的时间。街道中所有的广场都各不相同，但是其中总是不乏餐馆、咖啡店，也会有小吃摊或其他引人驻足的设施。喇叭口形状的高桥广场（Højbro Plads）是整个城市的中心区域，在那里似乎总是有很多的人。位于哥本哈根步行街上的圣灵教堂（Helligåndskirke），其侧院中有一道围栏，给路人提供了更多可以坐下来休息的场所，走到这里，人们可以坐下来，面向街道、背靠围栏，欣赏街道景致。在围栏背后是一排古树，它们的枝丫都伸展到了街道上。沿着座椅一线，有许多国际象棋的玩家在相互较量，也许兴之所至，不期而遇的路人也会被吸引过来，加入到一场低对抗性的竞赛中来。这里还是一个玩吉他或长笛的好地方。与朱伯纳里大街相比较，在哥本哈根步行街中各处都分布着一些交谊休闲活动。而且，当你在哥本哈根步行街上行走，哪怕只有一会儿的工夫，街面上也会有一系列非常有趣的事物来吸引你的注意力。

这两条街道都会令人感到舒适。它们狭窄的空间以及沿街道两侧建筑物的特征都具有防风的作用。在炎热的夏日，朱伯纳里大街会让人尤感舒适。如果这两条街道在冬天能够得到更多的阳光，它们将会更加了不起。

这两条街道吸引着每一个人，虽然并不是在所有的时段，但是一天中的大多数时间里这两条街道上都是人头攒动。街道将人们汇集到了一起，这里包括所有类型的人。在其周边区域中，这两条街道都扮演着脊柱或中央结构要素，即枢纽的角色，而且都有着强烈的开始与结束的意象。因为哥本哈根步行街要更长一些，服务于更加广阔的区域，因此对于整个城市来说，具有更加核心的地位。步行街从市政厅一直延续到纽翰运河（Nyhavn Canal）岸边的国王新广场（Kongens Nytorv），对于那些慕名而来的形形色色的人们来说，它给人留下深刻印象。由西向东，商店的分布似乎有一个梯度，甚至或许就连人流也是如此，从市政厅附近的一些低价位的商店延续到运河附近，那里的

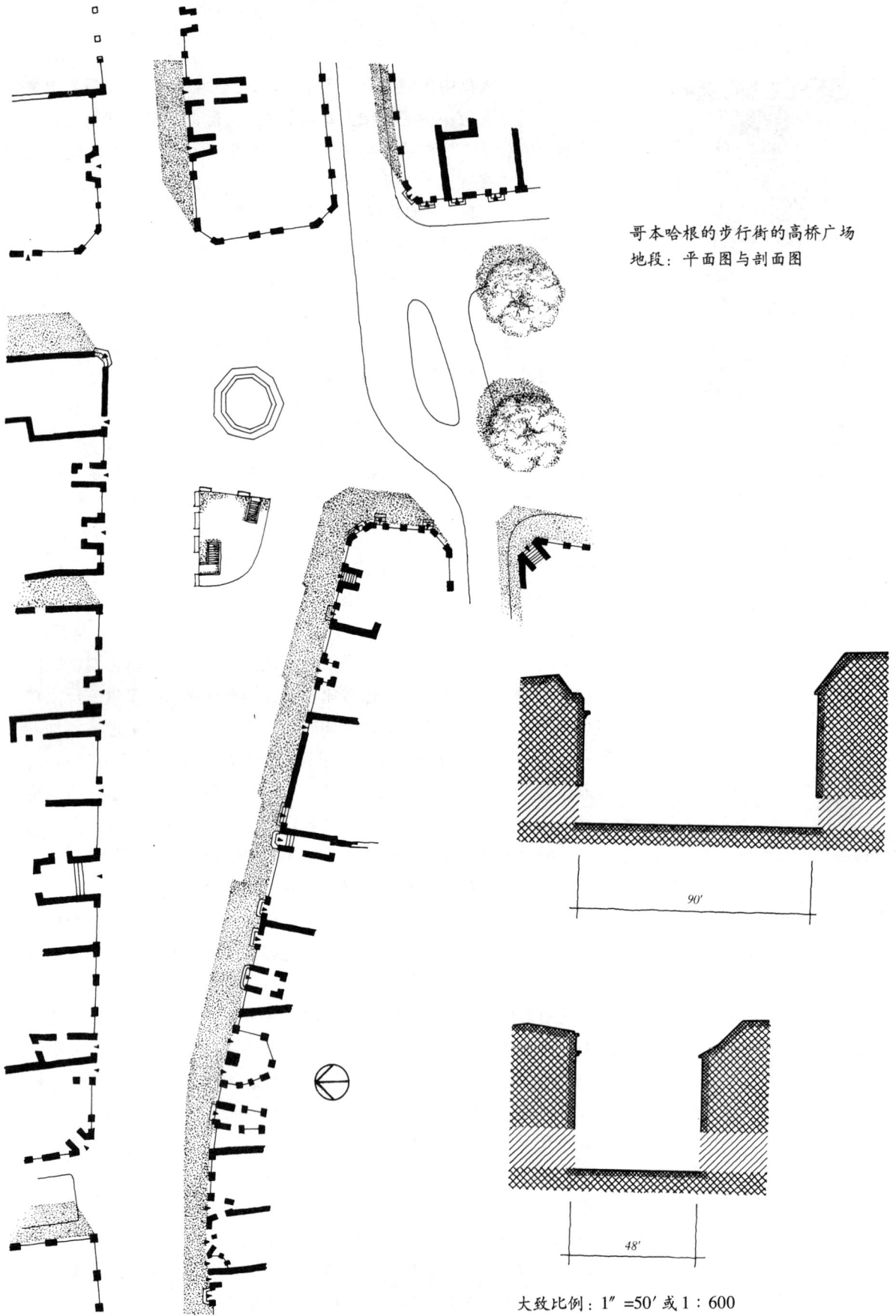

哥本哈根的步行街的高桥广场
地段：平面图与剖面图

90'

48'

大致比例：1″=50′或1：600

哥本哈根的步行街的高桥广场地段

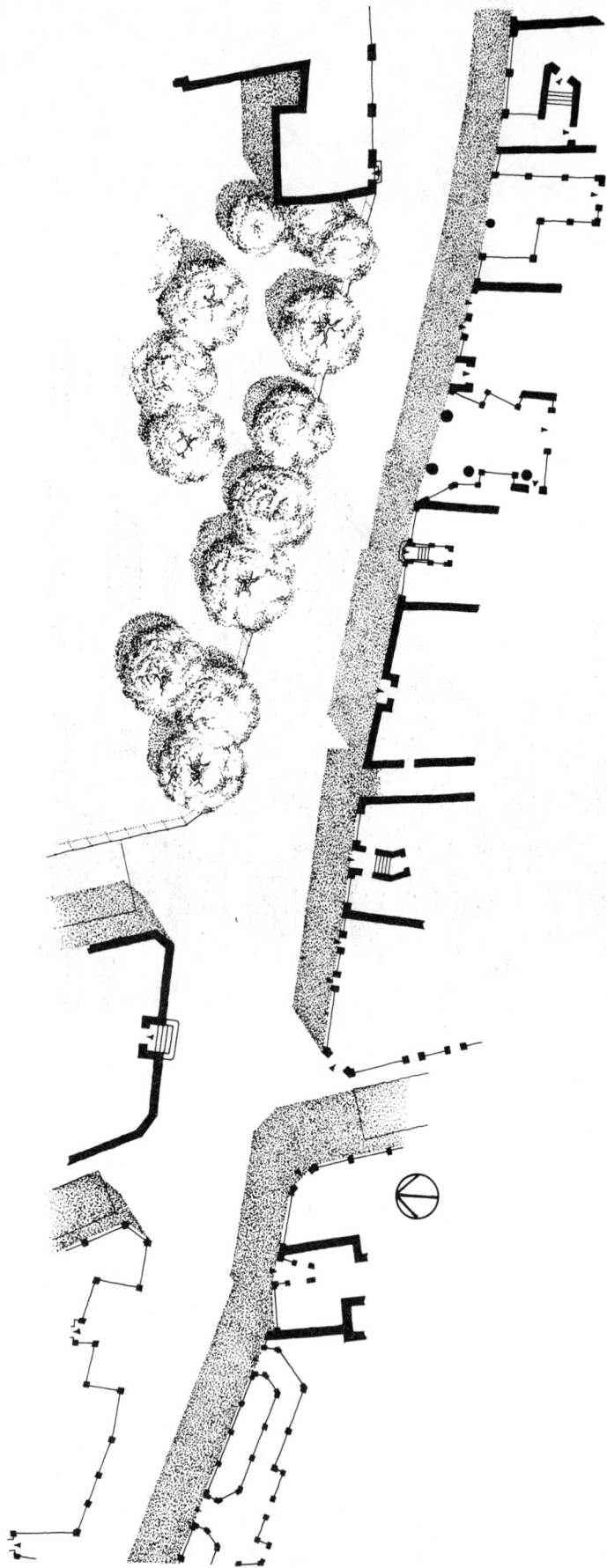

哥本哈根的步行街的圣灵教堂地段:
平面图与断面图

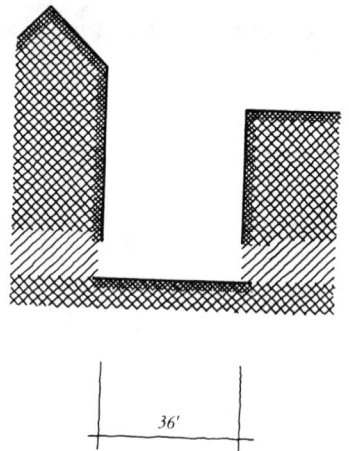

36'

大致比例: 1″ =50′ 或 1∶600

哥本哈根的步行街的圣灵教堂地段

哥本哈根的步行街的沿街景观

商店则充满了新款式、高价位的商品。人们彼此混杂在一起，甚至即便他们并不是出于社交的目的选择了这里，仍不可避免地看到彼此，并同在一处，至少在某种程度上是这样。

在这些街道上，时光有着自己的步调与节奏。朱伯纳里大街的清晨，比方说早晨6：30或7：00，第一个声响或第一个活动总是来自花之田野广场上的集市。开市的喧闹声来自每天早晨都摆设出来的市场摊位，来自向货摊行进的大车，来自早起的购物者。橱窗上的百叶都被打开了，酒吧或食品店（alimentari）的一些门和窗户的隔栅也打开了，它们大多是金属质感的。街道上的人并不多。有人步行去位于艾仁纽拉大街（Via Arenula）上的汽车站，有些人去往集市，还有一些人是来喝早茶的。此刻是这条街道在一天当中惟一允许机动车辆通行的时段，但是没有哪个司机会真正将其作为一个经常可以通行的线路。与哥本哈根步行街的情况相类似，朱伯纳里大街上没有那种将行人与机动车隔离开来的路缘石。整个街道的铺面都是鹅卵石。而在哥本哈根步行街上，主要的铺路材料则是混凝土。哥本哈根步行街上最早开门的总是面包房与咖啡馆，老主顾们一大早就走进来，开始度过他们一天的美好时光。店门外的街道上，小型货运卡车为商店送来了货物，并为过一会才能开张的那些小吃摊送来了食物。

在上午10时左右，朱伯纳里大街中就挤满了人。商店已经全部开张，总数会超过60家。喇叭口形的开阔街口，在朝向艾伦纽拉大街的一侧已经停满了车，人们在汽车之间往来穿梭、进出街道。虽然这里十分拥挤，但置身其中，人们几乎可以随心所欲地采取任何步速行进，当然那种真正飞快速度是不可能的。偶尔也会有轻型摩托车打断人们行进的步伐。一些人会在中途停下来读读报纸，报纸就张贴在街道中行政总部办公楼的外面。相识的人经由此处，彼此看到了对方，都会停下来聊上一阵。这里有许多的年轻人与观光客。老年的妇女会在集市中人流最高峰的时候在这里走来走去。街上的女人总是要比男人多些。声音在建筑之间回响，绝大多数都来自人们的交谈。楼上的百叶窗很可能是打开的，或许会有女人在窗前出现，向楼下的街道投下匆匆的一瞥。

在下午1点钟以后，人群开始散去，商店也开始合上了大门。百叶与大门隔栅的声音再次在街道中响起，与清晨的那一次不同，这一次是被关上。街道上几乎空无一人。过了1：30，有人会飞快地冲进集市，来寻找那些仍旧营业的货摊，肉店似乎永远都是最晚关门的。在午餐时段或午餐过后街上偶尔还会有情侣经过。酒吧仍然开放，但是过了下午2点，酒吧中也不再繁忙。集市关闭了；货摊被收拾起来，装到了手推车上，街道上开始出现一些手推车在移动，那是货摊的主人在将其推到仓库，存放过夜。安宁的气氛开始笼罩在中央广场上空。而哥本哈根步行街即使是在正午时分也不会放慢它的节奏。如果说两条街道有什么不同的话，那就是哥本哈根步行街上的活动要更多，而且要延续到很晚的时候。

下午晚些时候，朱伯纳里大街上的商店会再一次开放，也会出现一天当中第二次人头攒动的景象，这一次的人要比第一次更多。在街道剖面最狭窄的地方，人们通常会摩肩接踵，这里只有16英尺宽，而且人流量与哥本哈根步行街基本相同，但空间却狭窄得多。人们行进的速度很慢，即便想快走也快不起来。大街上的声音是由许多人的交谈汇织而成的，人声鼎沸。这就是下午的晚些时候，或者说是傍晚漫步时的街头景象。如果你在一个地方呆的时间足够长，你或许会发现同一个人有两三次从身旁经过；显然他是在购物，但同时他也在与朋友会面、聊天和闲逛。一部车子错误地驶进了艾伦纽拉大街，缓慢地蠕动着。在街道的另一端，在花之田野广场上，小簇的人群在聚会与闲谈。一些小孩子正在踢着足球。有好多人都是举家来到这里。过了晚上7：30以后，街道上的商铺就再一次地打烊了，而餐馆与冰激凌店（gelateria）以及广场上的小型电影院与街道上的酒吧则要开到很晚的时候，在它们都关门之后，朱伯纳里大街才会真正平静下来。而在遥远的北方，在哥本哈根，人们会在哥本哈根步行街上呆到更晚，夏日尤其如此。他们三五成群地聚集在一起，或者彼此交谈，或者驻足欣赏街头表演，街头艺术家们知道这个时候在高桥广场上还会有人。

午夜时分，在朱伯纳里大街上或许已经空无一人了。百叶窗深锁，里面没有一丝光亮。街道上只留下深灰与黑色交织的阴影。惟有物质的轮廓被保留了下来；依次退进的建筑界面向街道的终点延伸，从广场上透过的些许光亮，让你知道身处何方。偶尔会出现在鹅卵石上行走的声音，或者那是一对情侣，或者是一位孤独的旅人。会有一两次出现摩托车驶过碾压道路的声音。在晚上，这里仍然是一个令人愉快的地方，虽然不像白天的时候那样美好，但是那些细节仍能让人流连忘返。在这样的一条街道上，或许就是同样的街景之下，四个世纪以前本韦努托·切利尼（Benvenuto Cellini）① 曾在匆匆忙忙地赶回家，或从其中逃脱出去，为了安全起见，或许会在街道的转角处躲避一阵。在今天已经不再需要躲躲藏藏了，但是，就像哥本哈根大街的中央广场一样，这里仍然不失为最佳的散步场所。

---

① 本韦努托·切利尼（1500—1571年），意大利雕塑家、金银工艺师、作家和大众情人。他是文艺复兴时期艺术中的风格主义的代表人物。而他写的回忆录《切利尼自传》也闻名世界。他的作家的称呼主要因本书而得。书中描写了他一生的曲折经历与痛苦历程。法国作曲家柏辽兹（Hector Berlioz）依据其自传于1838年创作的三幕歌剧就叫做《本韦努托·切利尼》。又名《金匠切利尼》，这部歌剧描述了金匠本韦努托·切利尼与教皇财务大臣巴尔杜奇（Balducci）的女儿泰蕾莎（Teresa）的爱情故事与惊险历程。——译者注

第3章　　　　　　气势恢宏的伟大街道

格拉西亚大道（Paseo de
Gracia），巴塞罗那

米拉博林荫大道（Cours
Mirabeau），普罗旺斯
地区的艾克斯 (Aix-en-
Provence)

蒙田大道（Avenue Mont-
aigne），巴黎

圣米歇尔大街 (Boulevard
Saint-Michel），巴黎

在城市的建造与重建过程中，街道都很少成为设计者关注的焦点：这里所说的街道不是指城市尺度上的街道模式或是整个区域的总体布局，而是指街道本身的功能、形态，其中包括街道的尺寸、所有元素的细节设计及其在特定城市文脉中的地位。在 20 世纪中期直至末尾，高速路的设计就都没有经过这些步骤，关注的重点只是车辆的快速通行，因此将车道从街道的功能中剥离了出来，甚至还割裂了车道与周围的城市肌理的关系。与这种做法相反，在 19 世纪后半叶到 20 世纪初，法国就曾经历了一段特别的时期。在那个时候，街道本身的细部设计与沿街建筑的细部设计受到了几乎同等程度的关注，甚至在某种程度上，街道的受重视程度还要超过建筑。之所以会如此，一个主要的目的就是美化城市，就是要表明在自由竞争资本主义迅猛发展的年代，民众在城市建造中首屈一指的地位，公民的主权涵盖一切公共领域，其中当然包括街道的主要构成要素。公众利益是超过所有私人利益与开发收益的。除此之外，还有其他几个目的：例如希望通过中世纪的街道系统运送乘客与货物，那些街道在当日已经变得不可思议的拥堵；希望促进交流；希望在街道上添加必要的卫生设施管线及其他地下基础设施建设；希望开发拥挤不堪的居民区（quartiers），包括那些酝酿社会不安的场所。林荫大道虽然早已存在，但却是当时最基本的街道模式，因此在当时和其后的一段时间里设计并建造了许多伟大的街道。这并不奇怪，好的设计预期收获了好的效果。

林荫大道绝不仅仅是一条宽敞的街道。林荫大道通过对宏伟庄严的气氛的强调，唤醒了对尺度与形式的追求。1927 年，美国的城市规划者给林荫大道下的定义是，"一条宽敞的街道，其布局方式富于装饰，手法郑重，特别是道路中设有停车空间。"[1] 在韦氏（Webster）字典中将林荫大道称作"一条宽阔的、经过美化的大道。"[2] 弗朗索瓦·路耶（François Loyer）的定义则更关注问题的本质、更切中要害。他解释道，这些宽敞的街道"并不是一条单独的道路，而是三条具有明显区别的通道——两条人行道以及车行道本身——它们彼此之间由树列分隔开来。"[3] 在街道的设计中，有无限多种变化的可能性。林荫大道诸多重要的功能中，有一个功能是为整个城市提供结构框架以及为大众提供理解这个城市的平台。通常它都会是一条具有纪念意义的大道，连接着城市中一系列重要的地点，这些地点通常表现为一系列大型的建筑物和公共空间。罗马城 16 世纪的街道模式被大量采用，其手法在很大程度上被夸大了。林荫大道通常标志着一个区域或邻里街区的边界，而非中心区，并且凭借其自身的声望，它们成为人们出行的目标所在，甚至已经变成大家的主要目的地。最初的时候，这些街道出现在居住区中间，接下来则是出现在商业区与购物街，但无论是何种形式，它们总是一种可供步行的特殊场所。林荫大道的源头可以追溯到很久以前，追溯到那些很古老的地方，从古罗马尤利乌斯二世（Julius Ⅱ）教皇在位期间的高密度城市道路，例如当时的朱鲁亚路（Via Giulia）与佩塔路（Via di Ripetta），一直到巴黎的城市与乡村交界处、以及防卫城墙拆除后改建的道路，从中都可以找到林荫大道的影子。[4] 而香榭丽舍大街（Champs-Elysées）这条恢宏的林荫大道的鼻祖，早在 1667 年就已经出现了。

　　将宏伟的林荫大道建造得华丽非常，特别是像在巴黎已经实现的那些公共建筑项目中那样，其理念遭到一部分人的强烈谴责。在人们长久生活的地方，不管空间多么局促、卫生条件多么简陋，也不要管房屋是否年久失修，那里毕竟是人们的家园、人们生活的场所、他们的房屋、他们的邻里，这些维系生活的要素，如今统统都要被拆除，它们与地域的联系是如此的紧密，这样做真的是合乎情理的吗？19 世纪末巴黎的重建规划经历了 20 世纪初的城市美化运动后，就与第二次世界大战后美国的城市复兴规划非常相近了，两者的关联表现在理念上以及城市更新中大量的政府干预活动方面，表现在经济推动方面，表现在大众对房地产业的巨额投资以获取私人利益方面，表现在公共运作的项目方面，表现在建筑师构思的城市设计以及以这些项目为基础的观念进步方面，另外与此相伴产生的还有城市贫民区的复兴与迁移。虽然如此，林荫大道的理念与实现都并不依赖于那些政府性规划的执行，当时的政府性规划是一种要拆除早期的城市结构并驱逐当地的居民的方案。在美国，无论是奥斯曼（Haussmann）大街的整饬计划，还是其他一些城市复兴项目都没有创造出最好的林荫大道，甚至连创造出最好街道的可能性都很微乎其微。虽然林荫大道与社会非正义性之间千丝万缕的联系并不是其建成的必要条件，但是林荫大道确实能够暗示阶级的存在，并且因此成为衡量区域间不平衡发展的指标。

　　林荫大道教会我们许多事情，它教给我们的不仅仅是特定类型街道的设计，还有街道设计的普遍原则。它们是最初的、最早出现的公共场所，除了车辆通行与货物运输的功能以外，林荫大道就是为了人而设计的。在大尺度上，它们或许是作为区域的边界，或许是两个地区之间的联系，或者是将整个城市联结成为一个整体，但是从小的局部来看，林荫大道却能够给人带来最亲切的感受，它们是日常城市生活的组成部分，或者是某种特别的目的地：它们是城市娱乐场所的所在，是散步的场所，是可以舒适漫步的地方。

　　我们曾经描述的林荫大道，没有哪条能够代表其他所有的街道。这不是一件容易的事。香榭丽舍大街，在这些气势恢宏的林荫大道中间无疑是最负盛名的，或许它是世界上最著名的街道了，但是从 20 世纪 90 年代早期开始，它就不再具有往日的辉煌了。无论如何，香榭丽舍大街只是街道类型中的一种，而我们还有众多其他类型的街道。以下所述的四条甄选出来的街道中，每一条都代表了一种不同的街道类型，每一个都有与众不同的物质环境特征以及与众不同的横剖面形式。每一条街道都会教给我们不同的东西。毋庸置疑，在此会有一些重要的林荫大道被遗漏了，但接下来要提及的四条街道却无疑是气势恢宏的伟大街道的代表作。

格拉西亚大道

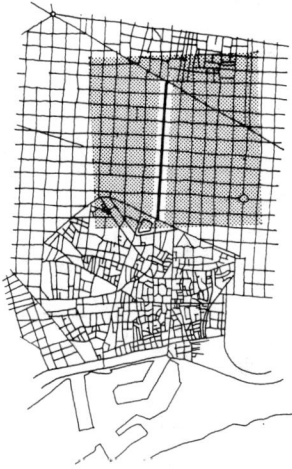

位于巴塞罗那的格拉西亚大道,横剖面大约有200英尺,即61米宽,仅比香榭丽舍大街窄了30英尺,其长度粗略估计大约有1英里,即1.6公里,从加泰罗尼亚广场(Plaça de Catalunya)一直延续到刚过狄亚格纳尔大街(Avenida do Diagonal)的位置。人们期望在林荫大道所见到的一切东西,格拉西亚大道差不多都拥有了,人们期望伟大街道所到的一切,它几乎都做到了。它的设计充分反映并发扬了地中海沿岸的居民喜爱在公共场所活动的传统,每当夜幕降临,这种活动会尤其丰富。在巴塞罗那漫长的历史中,较早出现的兰布拉斯大街(Ramblas)也是如此。

从一开始,格拉西亚大道就位于城市的中心,很显然它被定义为这座不断成长的城市中的主要街道,城市的增长将围绕古老的哥特地区(Gothic Quarter)展开,而不会破坏它。这条街道沿着东南—西北方向的缓坡向上绵延到山顶,它的开始与结束一清二楚,但却并不过分夸张:加泰罗尼亚广场是巴塞罗那的中央广场,而过了狄亚格纳尔大街后,街道的横剖面开始变窄,变得不那么宏伟了,在那里伫立着一座纪念碑。格拉西亚大道与旧城区有着清晰的联系,广场为格拉西亚大道与更古老的城市主街兰布拉斯大街之间的联系提供了过渡空间。而在西北方向上,城市肌理在视觉与物质环境方面延续着林荫大道的质感,再往远处则是第二次世界大战后城市扩张的痕迹。视线所及,远方的小山与丘陵成为从格拉西亚大道向外所能够看到的视觉终点。格拉西亚大道中央有6条车行道,其中5条是同一方向的,第6条车道是相反方向的公共汽车线路,大约有58到60英尺宽,即17.6到18.3米的宽度,它们能以非常快的速度将大量穿过城市的交通输送到城市中心或中心以外的主要目的地。地下快速交通在这条林荫大道下穿行,强调了它在这座城市中中央主路的地位。对于汽车用户来说,在格拉西亚大道之下还有一层线性的停车空间。其中街区的长度相对较短,为360到380英尺,即110到116米,而且与其他所有的19世纪晚期的城市发展模式相同[5],街区的转角与街道都是斜交的,因此在每个道路交叉口上都呈现出向街道敞开的友好态势,而在转角两侧是居民住宅。除狄亚格纳尔大街以外,在格拉西亚大道1英里的路线中还与两条主要的街道相交叉,这些部分也成为道路沿线的视觉焦点。

在中央车行道两侧70英尺宽的范围内是丰富多彩、最富于趣味的空间。从中央的快速路到36英尺(10.9米)宽的人行道直至其旁边的建筑,通行的速度一步一步逐级变缓。首先,在靠近中央快速路的是16英尺,即4.8米宽的绿化带,种植着大面积的树木,树的间距是24英尺,其高度与四至五层的高楼几乎相等。树木偏向中央车行道的一侧。紧邻中央绿化带的是18英尺(5.5米)宽的本地交通车行道,其速度较缓慢,也可用于停车。这条通道与中央绿化带一起形成了一个慢速区,服务于汽车与行人,其间充满多种多样的设计与规划,以满

格拉西亚大道:
平面图与剖面图

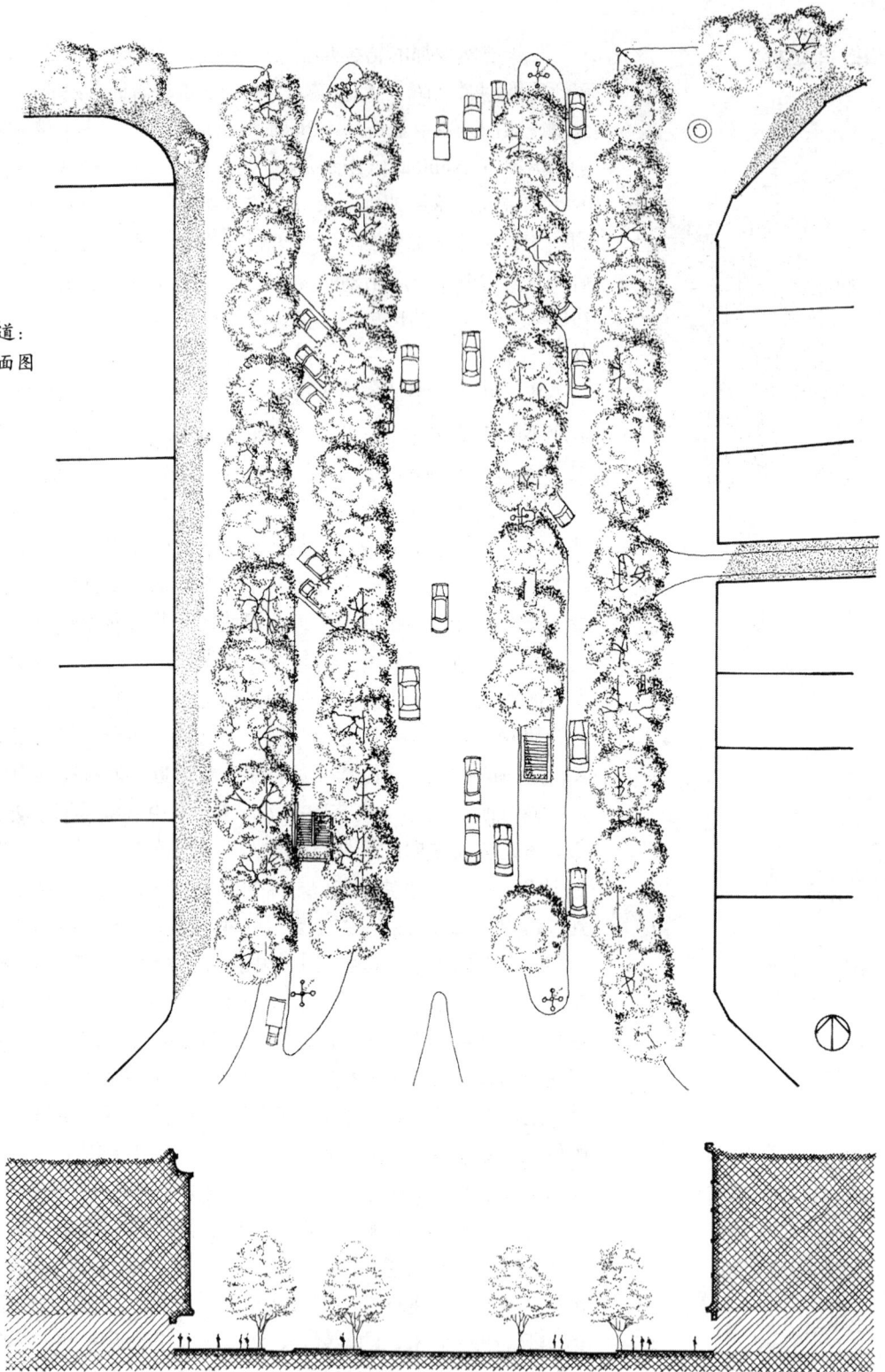

大致比例: 1″ =50′ 或 1 : 600

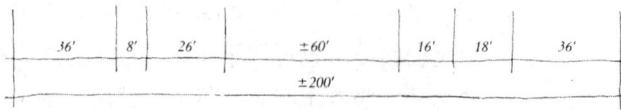

| 36′ | 8′ | 26′ | ±60′ | 16′ | 18′ | 36′ |

±200′

格拉西亚大道的沿街景观

格拉西亚大道

高迪（Gaudí）设计的彩砖铺地纹样

足需求的变化并适应环境因素的多样：倾斜或平行停车，地铁入口，通往地下停车场的上下坡道，景观设计，灯光照明以及休息空间等等，各种可能性情况被考虑在内。只有树列及其间隔距离、灯具的位置（也是靠近中央路缘石的地方），以及人行道的路缘石属于不可变动的因素。

　　人行道设计的出发点非常简单。它的宽度有 36 英尺，因此能够轻易地为大量人群提供活动空间。沿着人行道的路缘石还有另外一排树木，这排树木的种植间距比起中央绿化带要宽一些，树木的中心到中心大约有 27 英尺。其枝干大约伸出 15 英尺，而在它们延伸得最长的地方几乎可以与中央绿化带一道形成一条连续华盖。在格拉西亚大道沿线一共有 4 条由高大树木形成的绿化带。与其他街道相交的十字路口处，绿化带都暂时中断，但尽可能限制在最小。人行道的铺地非常精美，到处都镶嵌着独特的铺地砖，使得整条街道的设计让人感到真正的与众不同。铺地纹样采用高迪（Gaudí）设计的六边形地砖，彼此连接组成奇妙的三维图案，每一处都形成了各种窝漩或植物叶片的形式，共同形成了一幅更大面积的图案。铺地砖是一种柔和的蓝灰色，在阳光下闪烁发光，被打湿后看起来是蓝绿色。铺地赏心悦目，甚至让人感到能在其上行走是一种殊荣。在我们谈及街道两旁的建筑之前，还要补充说明一下人行道以及本地交通车行道的细部设计情况。在那里，至少有四种不同形式的灯具。第一种是高杆灯，颇具现代感，它具有几乎可以说是世界通用的"眼镜蛇灯"（Cobra head）的外观，安装在纤细的灯柱之上；这些灯具被漆成橄榄绿色，以弱化它们在视野中的地位。这些高杆灯主要为中央的快速路提供照明，在这里就不再赘言了。接下来要提及的是一种较古老、经典、独立且具有适度装饰的灯具，安装在铸铁灯座上，灯座大约有 12 到 14 英尺高。这种灯之间的间距并不固定，通常的间距是 60 英尺，但是有时候它们之间的距离也可以靠近到只有 33 英尺。这种灯具被安装在靠近人行道一侧的树列之间，发出微弱的光芒，在晚间为街头行人提供照明。为了将每个街道转角标示出来，在十字路口的 4 个街角及中央绿化带中，都有更加华丽的、由 5 盏灯组成的灯具，这种灯的设计采用了世纪之交的装饰风格。夜幕降临，朝街上望过去，商店的灯光从室内溢出，移动的汽车的前灯与尾灯发出转瞬即逝的光芒，树木投下浓黑的阴影，而那些由 5 盏灯所组成的街角灯具在变幻的光影中最光彩夺目，正是它们标志出了街道的走向。在此，有一种灯具具有特别的趣味，需要专门为读者介绍。它同样是由高迪设计，呈现出一种卷曲的、充满植物纹案、错综复杂的风格，它由钢铁铸成，沿着街道中央绿化带的路缘石排列。这些灯具上挂着两盏灯：一盏挂得高高的，以服务与往来车辆，另一盏挂得较低，以服务于街上行人。这种灯具与形式优美且以陶土砖饰面的长椅组合在一起。沿着人行道，通常也还会有一些座椅，这些座椅都是面向人行道或散步道摆放的。最后要说明的是，人行道沿线的许多街角上都点缀着高迪设计的环形长椅，在其中央是生长茂盛的树木，有时也会是花卉。这条公共街道被各种细节装点得丰富多彩。

　　建筑及其附属的商店将格拉西亚大道勾勒并界定出来，使这条街道成为一个统一的整体：大街上有许多建筑，它们都有复杂的外观和丰富的细部，尽管设计手法如此丰富，彼此间仍会相互尊重，并兼顾街道的整体效果。除此以外，建筑本身几乎都可说是相当完美。建筑的高度即便不同也十分接近。老一些的建筑有 5 到 7 层高，与新建的 8 层建筑在高度上相似。位于街角的建筑，尤其是位于两个主要的道路交叉口上的建筑，或许会更高一些。在一个街区的沿街面上通常有 6 栋建筑，其长度从 30 到 129 英尺不等，即在 9 到 36.5 米之间变化，但是 40 到 60 英尺（12 到 18.3 米）的尺寸则是最常见的。这些建筑大多数都设计得极其精美，虽然并不是每一栋建筑都采用了新艺术风格，但多数的建筑都是如此。在这条街上有安东尼·高迪（Antonio Gaudí）最著名的两个代表作，米拉公寓（Casa Milá）与巴特尤之家（Batlló

格拉西亚大道上的凸窗

House）。而普伊居·依·卡塔尔法尔契（Puig i Cadafalch）设计的阿马特耶之家（Casa Amatller）也在这里。格拉西亚大道上的建筑有一个显著的特征，即在许多建筑的上层都有尺度很大的凸窗，这些凸窗向人行道的悬挑可达 5 英尺，即 1.5 米。它们的细节丰富生动，这些大窗户就像是闪烁在街道上的一双双眼睛。各位不妨想像自己就站在这样的一扇窗子后面，向下观看，欣赏街道上的美景。

在人行道标高的层面上，除了所有的那些公共走道设施以外，商店以及商店里的陈设已经成为街道的有机组成部分之一。这些商店的橱窗中出售各式各样的商品，柜台提供各种各样的服务，但其中的大多数或许都是服饰店或餐馆，这些橱窗洁净得闪闪发光，将橱窗外购物者的目光吸引进底层店铺，使得底层店铺也成为公共步道的组成部分。在格拉西亚大道上也有大量人流聚集的地方，就是那些著名的电影院。而商店的规模却通常不大，最多贯通一两栋建筑，而无论是商店还是私人住户的入口，它们之间最典型的间距则要小于 25 英尺。

宽阔的人行道及其沿线的附属设施都是为了满足人们行走、漫步或休息的功能

米拉公寓

而设计的。大量的人群也就是按着这种设计进行活动。同时,因为人行道的宽度很大,所以在其沿线可以安放一排临时设施,从街道的一端直至另一端,都可以服务于某种特殊的用途,例如书展之类的,而这样仍能留有充足的空间,让很多人舒适地穿行其间。不管是在平常的日子里,还是在某次特别的活动中间,格拉西亚大道都会是一个美好的场所,在其中可以散步,可以停留,也可以跟朋友会面。这条街道很宽。站在一侧人行道的中央,人们或许无法辨认出另一侧人行道上行人的面孔,这个距离间隔大概有 170 英尺,倘若是站在中央绿化带上还有可能看清道路对面的情况。但是它依然不乏整体感,而不是两条或三条分隔开来的交通线并行在一处。在巴塞罗那的中心城区,四条绿化带、灯具、长椅、铺地、高度相似的建筑、街道两侧的相似印象以及它的优雅的整体感,所有的这些特征都在格拉西亚大道中实现了统一,使之成为一处不同寻常的场所。

米拉博林荫大道

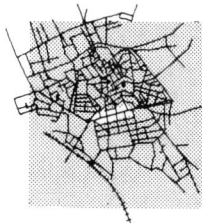

不论生活在法国普罗旺斯地区艾克斯的居民，还是到那里旅行的游客，都会对米拉博林荫大道记忆犹新。它是该市最重要的公共空间，同时也是一条伟大的街道。

米拉博林荫大道是一条相对平坦、东西走向的街道，大约有1/4英里（约430米）长。一个巨大的圆环区域标志着这条街道的起点，它官方名字是戴高乐将军广场（Place Général de Gaulle），但通常大家所熟知或经常称呼的名字则是圆形广场（Place de la Rotonde）。这个广场的中央部分有一座华美隆重的雕塑喷泉。街道的终点是符宾广场（Place Forbin）其中的荷内王雕像喷泉（Fontaine du Roi René）[①]更加庄重，非常引人注目。位于圆形广场一侧街道入口上的雕像完成于1883年，但是街道本身则要更加古老，早在1649年官方就已经批准兴建这条街道了。米拉博林荫大道位于中世纪城区的南侧边缘；该地区在19世纪依据中世纪的街道规划图纸重建，它就像一座神奇的谜宫，通道蜿蜒曲折。在另一侧，米拉博林荫大道成为一片毫不呆板且富于现代气息的新城区的边界线：棋盘式的方格网街道覆盖了这片区

米拉博林荫大道

---

① 荷内王是艾克斯城历史上文化艺术的保护神。——译者注

域，其面积约是老城区的一半。街道的尺度与设计本身就足以说明它在艾克斯城中的地位。笔直的、1/4 英里的街道在大多数的城市中或许都并不算长，但是在艾克斯就显得很长了。街道的宽度大约是 150 英尺，接近 48 米，在这样的一个小城市中已经是非常宽敞的空间了。它与艾克斯城中一切空间的尺度都形成了鲜明的对比。同时，也很难说出米拉博林荫大道是通往何处的，至少它与人们关于林荫大道的那些常见观念相左：它不是主要的交通空间，不是城市中从一个主要场所到达另一个主要场所的通道，也不是环城公路。更确切地说，它只是穿过了符宾广场、向各个不同的方向发散出去，接下来又再度与环形林荫大道的圆周连接到了一处。但这些表面现象并不正确，米拉博林荫大道似乎只是为了自己而建，就像所有的集市、广场、公园以及公共建筑那样，是以其自身的美好散发出独特的魅力，展现出迷人风貌的。

米拉博林荫大道的行进路线是由两个小型喷泉标示出来的，如果从第二个小喷泉开始丈量的话，街道的横剖面有 150 英尺宽。实际上，横剖面的宽度处在持续不断的变化中，在街道的起点，圆形广场处，街道的宽度大约是 135 英尺，即 41 米，而行进至荷内王（Roi René）雕像处，其宽度则增长到 153 英尺，即 46 米了。中央的车行道与其两侧的人行道在逐渐地变宽或变窄，人行道也从缩进逐渐变成突出于街道的形式。这条街有两个特别之处：其一是这种宽度上的渐变，使得街道在透视的角度上呈现出等宽的效果；其二是街道面向一个巨大的圆环广场敞开，形成一个封闭的尽端。究竟两者哪一个特征更具戏剧效果是很难完全说清楚的。街道尽端处的开敞空间对那一侧非常紧密的城市肌理而言，是非常有益的补偿。中央车行道的宽度也在不断变化，从 45 英尺增长到 57 英尺（13.7 到 17.4 米），可以毫无困难地容纳四条车道。车行速度缓慢；街道的长度较短而且在街道的中央沿着街道行进的方向上还有两个小型的喷泉。街道两侧对称的人行道占据了剩余的公共空间。但有时，在街道的某一段会出现靠近街道边缘的车行通道，有 18 英尺宽，紧贴建筑——在街道中有一个街区就保持着这种格局，它只存在于街道的一侧，而在另一侧，只有路缘石以及不同的铺地图案在揭示其昔日的面貌——但时至今日这种道路已经不再

米拉博林荫大道：剖面图

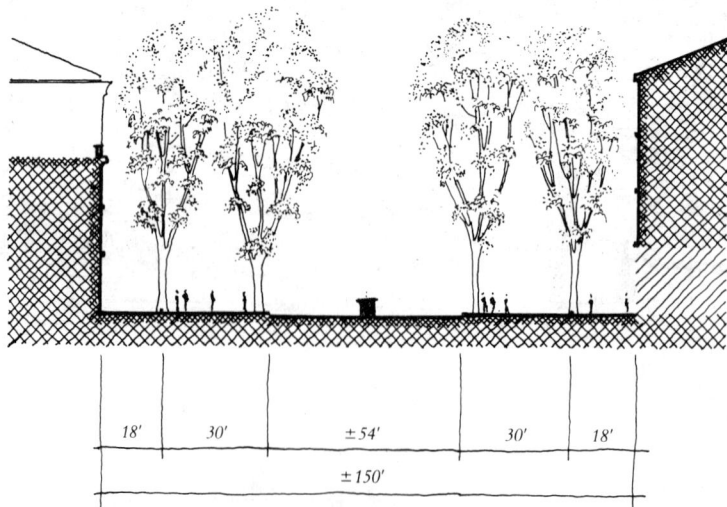

18'	30'	± 54'	30'	18'

± 150'

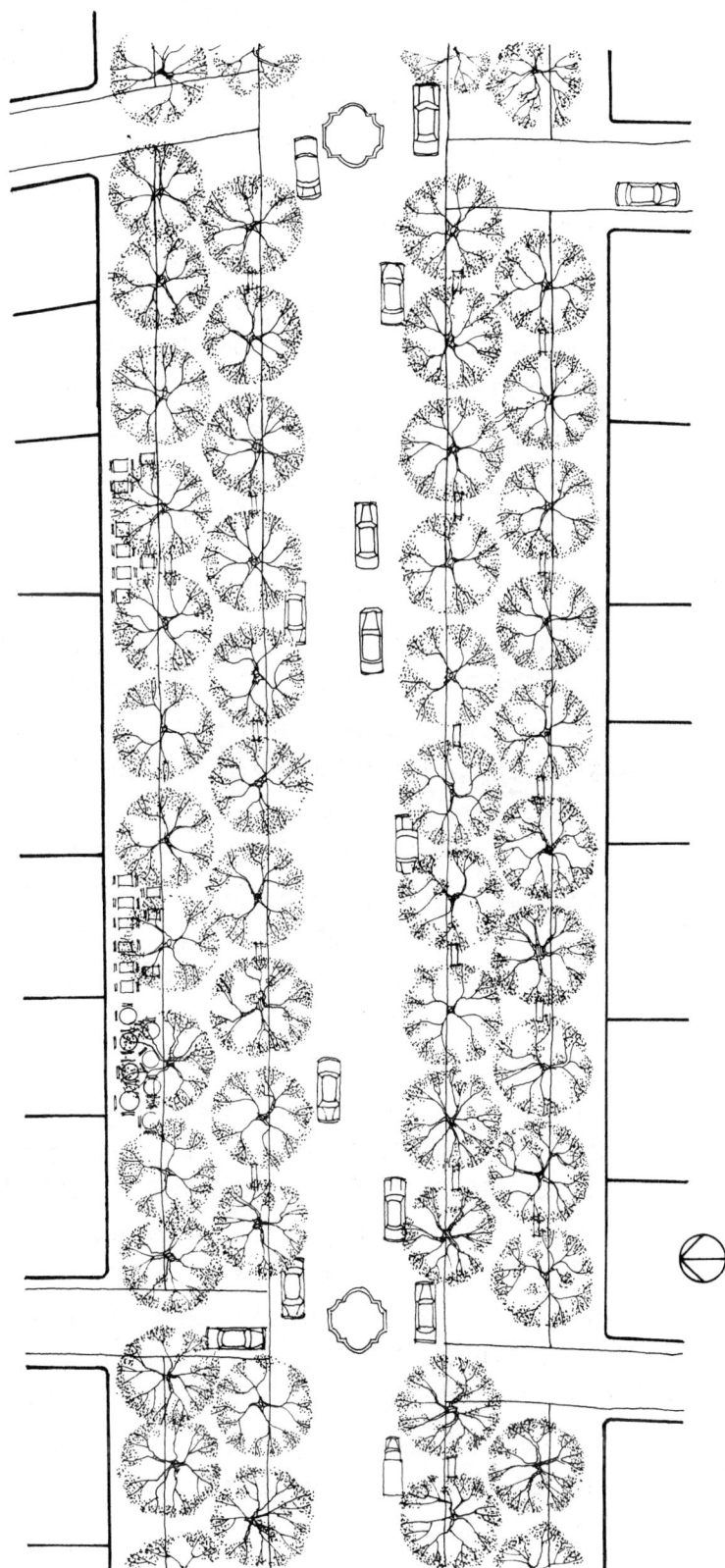

米拉博林荫大道：平面图

大致比例：1″ =50′ 或 1：600

是这条街上的主要设计元素了。建筑排列成线形，限定出街道的公共空间。它们大多是 4 至 5 层，大约 48 到 60 英尺高，可是有一些只有 3 层。大酒店（Grand Hotel）是街上最高的建筑，大约有 70 英尺高。建筑的大小与设计都不尽相同，但却能彼此互补。街道上的宅邸是从 17 世纪开始建造的。浅棕色、浅黄色的石材或涂料一直都是这条街上流行的建筑材料与色彩。街灯之间的距离彼此不同，小至 50 英尺，大到 90 英尺，位置靠近路缘石。接下来要说明的是行道树。正是这些树木，而不是其他的街道要素，使得米拉博林荫大道成为真正的米拉博林荫大道。

这条道路的每一侧都种植有两排行道树，一排是在车行道的边缘，另一排位于距离沿街建筑 18 英尺的位置上。每棵树的种植区域大约是 2 平方米，彼此间距大约是 30 到 33 英尺，交错排列。两排树之间的距离大约是 27 英尺。这些树木都很高大，树冠与沿街建筑的檐口平齐，甚至有些还会超过建筑物的高度。大部分的树木是 50 到 60 英尺高，有的则达到了 70 英尺，即 15 到 21 米左右。它们的主干经过修剪，不会彼此纠缠，但是在夏日树叶仍能交叠在一起，为道路提供遮阳。树木分叉的起始位置很高，通常距离地面都会超过 20 英尺。这些树木给街道带来了迷人的风景，树影斑驳，赏心悦目。大面积摇曳的光影，树叶、树干以及枝条形状的阴影洒落在车行道上，也洒落在人行道上。同时，树木枝叶也在建筑的垂直立面上与树干上投下由明暗关系所构成的深浅不一的图案，一些地方处于阴影里，而另外一些地方则照耀在阳光下。当某株树木死掉的时候，会挑选另一株相当的树木来取代它的位置，这棵树对于米拉博林荫大道来说或许只是一株幼苗，但是对于其他不那么知名的街道而言，就已经是参天大树了。

沿着米拉博林荫大道漫步，即便是在和煦春日，在所有的树木都被修剪之后，行走其间仍然能够欣赏到大块的阳光与阴影交织的光影。人们来了又走，在中央车行道上过往的车辆也是如此。树干就像是排列整齐的圆柱，行走其间就仿佛置身于高大的、带有装饰顶棚的拱廊中一样。街道的北侧排布着一系列的餐馆、书店、商店与公寓店铺。典型的建筑立面长约 35 到 60 英尺。每栋建筑有三到四个商铺的入口或私人公寓的走道。餐馆普遍拥有室外就餐区域，它们一直延伸到第一排行道树的位置，有的甚至还超过了这一范围。旧城区部分有 5 条小街与米拉博林荫大道相交，但观察者却很难注意到它们的存在：它们毫无特色，乏善可陈。即便是位于道路交叉口的小型喷泉也不会将人们的瞬间注意力吸引到那些相交的小街上，而只会让人们注意到喷泉自身以及主要街道。人们或许会停下来，看看橱窗里的商品，买一本书或一张卡片。究其原因，或许不是有所需求，而只是希望在街道上磨蹭一会，不愿很快走完全程。在向东行进的过程中，街道会逐渐变暗，然而到了庄重的荷内王雕像前的时候，空间就更加封闭了。回过头来，走在街道南侧的阴影里，商店就要少一些了，许多建筑的一层根本没有公共服务性质的商业设施。银行与少数小型的时装店都在街道的这一侧，其商品样式不凡且颇有流行风范，另外这里还有一家精致的法式蛋糕店。在行道树之间设有长椅。不清楚究竟是为什么，你会有这样一种感受，即如果你自带了食物，或者在街道的北侧或其他地方买了些食物带在身上，或者你只是想坐下来休息一下，没有必要坐在餐桌前消费的话，那么你会选择街道的南侧。靠近街道的起点，在入口雕塑与环形广场附近，那里空间又再度明亮了起来。

米拉博林荫大道

第3章 气势恢宏的伟大街道   47

这次散步没有花掉太多的时间。人们走了一遍以后，很容易就能找到说服自己再走一遍的理由。

蒙田大道 _____

蒙田大道并不是为所有人建造的街道，而且远非如此。它的建筑形象及其使用功能都可以反映出财富、权力、流行的尖端以及金钱装饰出的精美：这里充斥着最华贵的旅馆、知名设计师的时装店、外国政府的办公楼（并非第三世界国家的）与私家汽车司机。当然蒙田大道也并非天生如此尊贵。在 1672 年这条街道还只是一条乡村小径，从 1770 年开始，它才被大致设计成目前的面貌，早期这里是一个集会的场所，是品牌"Bals"的所在地。街道较暗，这是因为其中有两排高大的榆树。[6] 这条长度很短却气势宏伟的林荫大道中有很多经验值得设计师好好揣摩，而这跟财富和权力之类没什么关系。蒙田大道告诉我们，当置身于一个宽度相对狭窄的公共街道空间中时，能创造出一条多么优美的街道，并满足不同的功能需要。这些经验是放诸四海而皆准的。

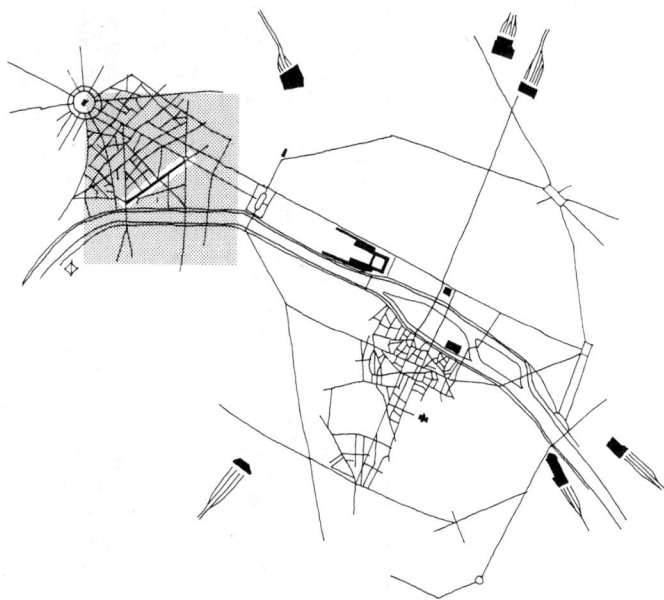

蒙田大道开始于香榭丽舍大街的环岛（Rond-Point），而终点则位于乔治五世大道（Avenue George V）与运河的交汇处，其长度大约是 2000 英尺，即 615 米。在这样的一段距离中，街道的一侧与四条街道相交，而在另一侧连接着两条街道，其中有一条街道与蒙田大道的两侧都是相交的。从剖面上看，蒙田大道就像一条迷你版的香榭丽舍大街，或者说更像是格拉西亚大道（Paseo de Gracia），它拥有这两条街道所有重要的组成部分。蒙田大道的宽度大约只是格拉西亚大道

蒙田大道：平面图

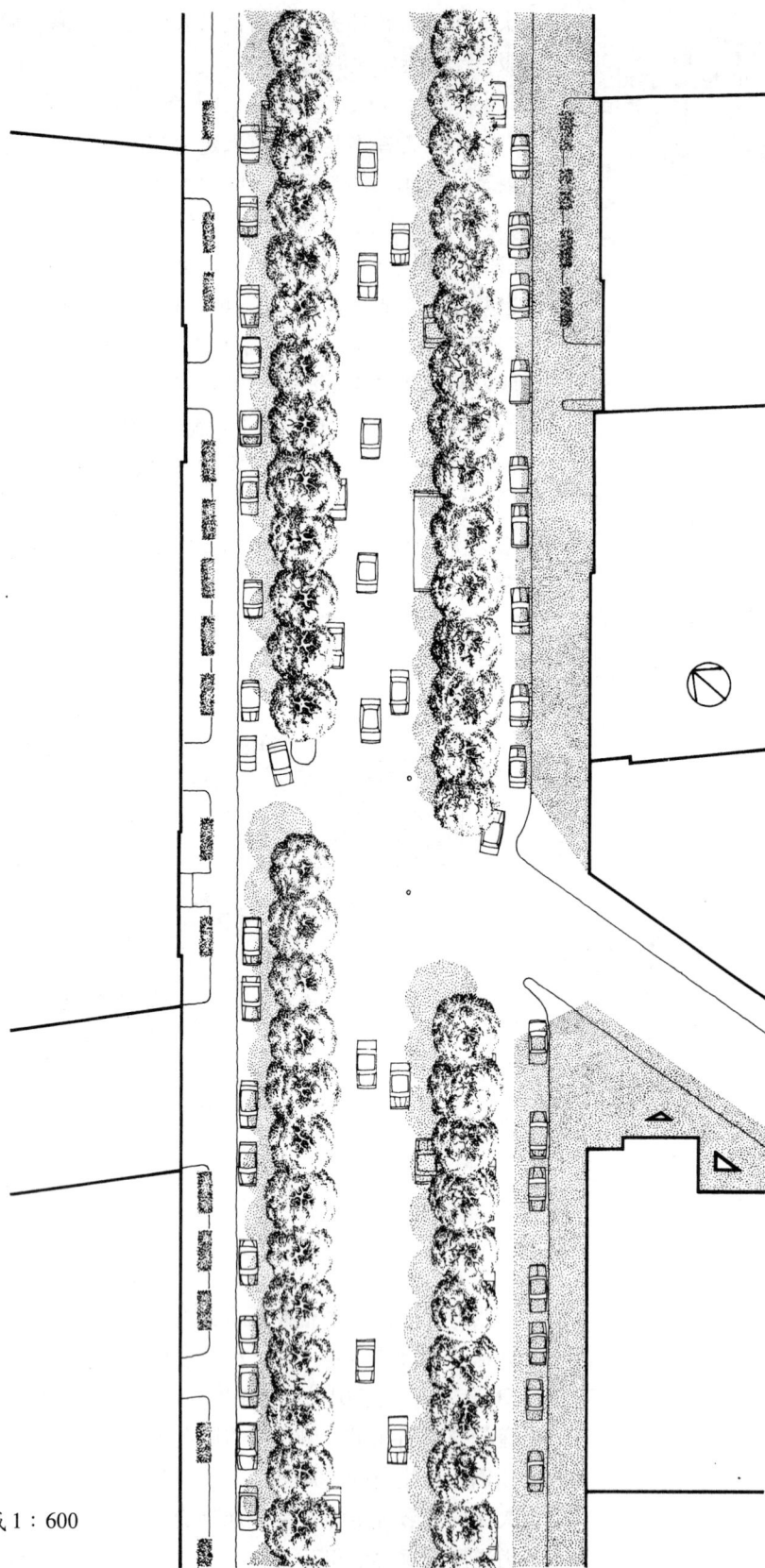

大致比例：1″ =50′ 或 1 : 600

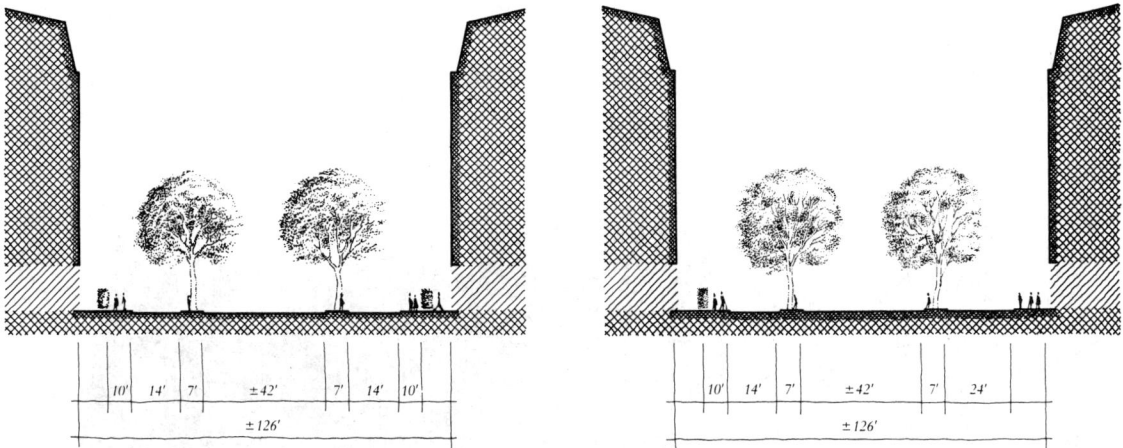

蒙田大道：剖面图

的一半。公共交通空间的总体宽度大约是 104 英尺，即 32 米。在街道的两侧，建筑界面之前，还另外各有 7 英尺（2.1 米）的建筑退后距离。沿街建筑的高度相同。在这个空间中，中央车行道的宽度只有 42 英尺，即 12.8 米，但仍设计了四条车道，其中三条是同一个方向的，另一条方向相反，是公共汽车与出租车的专用道。车行道接下来就是绿化带，只有 6 到 7 英尺宽，密植着栗子树，树干中心到中心的间距大约是 18 到 20 英尺，即 6 米，其间还会不时地出现休息长椅与公共汽车站。这里的空间非常狭窄，但似乎每一样元素都在各司其职。最为重要的是，树木的间距很近，它们的枝干在空中汇集在一起，形成了一道虽然透明但却是真正有隔绝作用的藩篱，这道藩篱由有生命的柱子所组成，将人行区域与机动车道路分离开来。这并不是说，汽车被排除在其余的公共道路空间之外：接下来 14 英尺（4.3 米）的空间是一条狭窄的车行通道，包含着一条行车道与一条停车道。但是快速行驶在这条道上是不被允许的。车辆与行人混合在一起。在这个空间中可以遛狗，可以寻找停车位，也可以搭载某位朋友。这条路只容忍步行的速度。再接下来的 10 英尺（3 米）是人行道，人行道的一侧是矮篱笆，标志着建筑前 7 英尺宽的绿化带或铺地区域的边缘。对于其中一个街区来说，入口的道路旁边设置有两个车位，7 英尺宽的建筑退后区域就被用作了人行道。无论以上两种情况中的哪一种，通常都是在入口通道变窄的区域内，蒙田大道都表现得非常紧凑——"紧凑"与"林荫大道"这两个互相抵触的概念在此很好地整合在一起——它同时具有亲切、对称和优雅的特点。蒙田大道的环境品质与财富地位毫无关系，纯粹是设计并建造出来的人工环境。

　　蒙田大道的道路交叉口与格拉西亚大道以及大多数的采用此类基本设计手法的林荫大道同样，都是值得我们关注的对象。这些街道的设计与建造年代，或者是先于汽车的出现，或者是在道路上仅有少量汽车的时候。许多道路或许是由工程师来进行设计的，但却没有交通工程师的参与。许多术语，例如"转向交通量调查"（turning movement）、"交织长度"（weaving distances）、"车道通行能力"（lane capacities）、"冲突点"（conflict Points）、"服务水准"（levels of service）等等，在当时还没有被发明出来，

蒙田大道的沿街景观

更不用说将交通当作一门学问来加以设计了。没有人知道在这种类型的道路交叉口上，有如此之多的转弯的可能性，车辆转进或转出林荫大道都会造成危险、减速或拥堵：有太多的司机尝试着在这个有限的空间中去做太多的动作，这样就阻断了彼此的通行道路，行人的通行状况不用说就可想而知了。在今天，交通设计师们每想到这种地方就会毛骨悚然，它们不会再允许类似的情况出现，并且开始尝试处理已经存在的问题。那么为什么这种道路交叉口在蒙田大道、在格拉西亚大道以及其他的林荫大道上被保留了下来呢，更为重要的是，它们为什么还能正常使用呢？[7]

我们有必要在这样的一个道路交叉口上站上一到两个小时，去观察它的运转情况。那么你就会弄清楚司机与行人各种各样的行为模式了。首先，对于蒙田大道来说，因为街道中央的主要交通流线是去往同一个方向，这一点成了非常有利的因素，它大大减少了车辆的动作。其次还有其他的规则、管制与时控信号灯用来将交通冲突发生的概率降至最低。然而，最为重要的是，这里时刻处于运转状态。司机与行人并不是傻瓜。他们深知来到道路交叉口时，会面临多种可能的情况：例如，当他们正想离开某条街道时，其他的人却想进入；当他们想直行的时候会有其他人想转弯；而在他们想转弯的时候也许会有某位行人在横过街道；有些人甚至会后退，只是因为他们走错了路，或者有人会违规转弯。而知道了这些可能会发生的情况，车辆与行人都会采取相应的措施：他们的行进会非常的小心、缓慢。总之，他们能够适应这些状况，一切问题都可以迎刃而解。自然，交通车辆是可以偶尔慢速行驶的，在街道的入口处，司机们总是要减速慢行，尤其是在道路交叉口上，速度就更慢了。会有哪个道路工程师或外行人认为这里正在堵车么？但是这不是堵车又是什么呢？事实上，在这些辅路或大多数的道路交叉口上是没有必要，甚至也没有人希望快速行驶的。在这里，速度的控制应该更加谨慎。在中央车道上速度已经足够快了：虽然没有高速路的速度，但已经够用了。如果行人能够彻底理解蒙田大道的设计的要点，很好地执行它并很好的保持它，那么所有的这些情况都会是小事一桩，还会有人急于离开这里么？答案是不会。因为这里是一个非常令人愉快、非常文明有礼的场所。

圣米歇尔大街_____

　　是什么成就了巴黎的圣米歇尔大街，是那里的灯光、那里的商店、那里的咖啡馆。自然的光线滤过树的枝头洒落在圣米歇尔大街上，底层商业设施的透明橱窗友好地朝路人发出邀请，沿着人行道摆放的货架与餐桌上陈列着各种商品，吸引着人们的目光。同时，即便是在阳光明媚的清晨，商店与咖啡厅里仍然会点亮白炽灯或霓虹灯，这与树木投下的浓密阴影形成了鲜明的对比。在林荫大道的两侧具有纪念意义的公寓住宅没有多少，在圣米歇尔广场上则尤其如此，因为在长达数月的时间里，都几乎很难看到这些公寓，它们被树木给遮挡住了。伯尼尼（Bernini）纪念墙喷泉，在其起始点的位置上也很难被观赏到，那里极少有阳光；卢森堡花园（Luxembourg Garden）中的美好的广场与其空间效果一样令人印象深刻，那里也都很少有阳光莅临。所以更准确地说，是灯光与店铺造就了伟大的圣米歇尔大街。

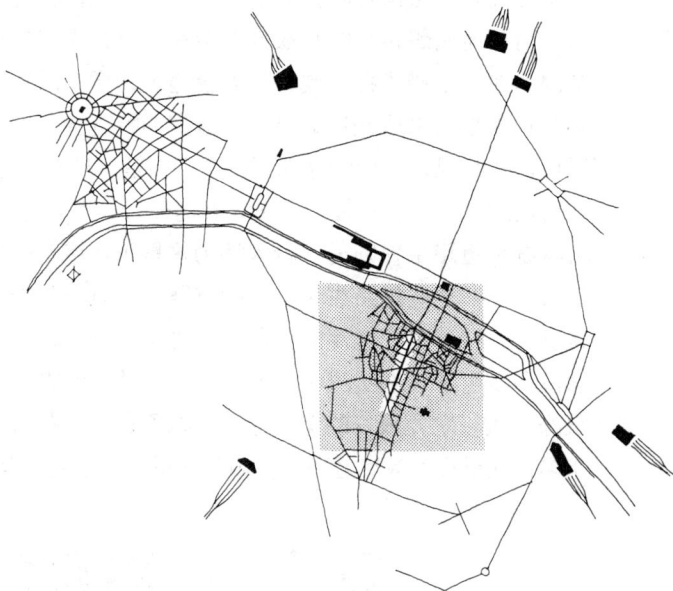

　　圣米歇尔大街大约有 100 英尺宽（30 米），南北走向。它最有魅力的一段行程是从塞纳（Seine）河畔的圣米歇尔广场到卢森堡花园，距离大约有 2500 英尺，约合半公里。这与 1852 年兴建的瑟巴斯托波大道（Boulevard Sébastopol）以及其他同时代的林荫大道宽度相同。[8] 中央的车行道中有三条是同一个方向的，有时是四条，另外有一条公共汽车线路，驶向相反的方向，车行道大约有 50 英尺（14 米）宽。人行道的宽度非常充分，要接近 25 英尺，即 7.6 米。道路两旁是浅色的建筑物，包括底层在内，统一都是 5 层高，顶部还加有阁楼层。

　　人行道只需要留有很少的步行空间，其中的各种元素都被最大程度的利用了。人行道上挤满了各种公共与半公共的设施：如电话亭、

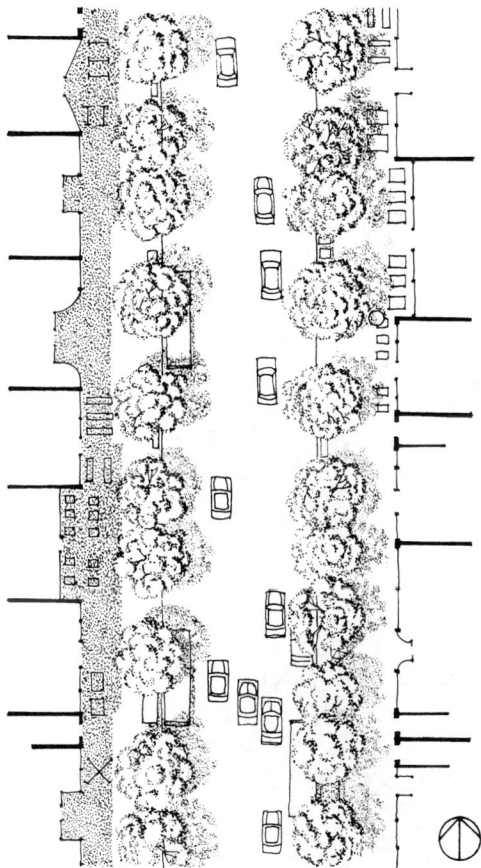

圣米歇尔大街：平面图与剖面图

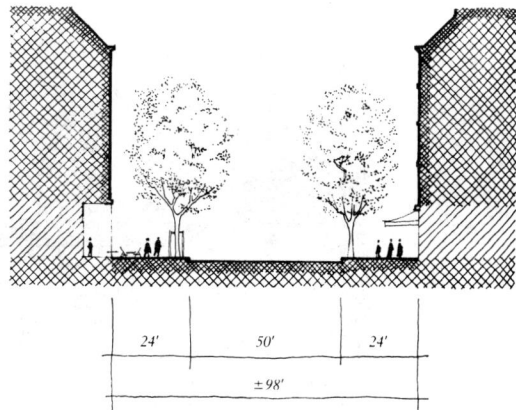

大致比例：1″ =50′ 或 1：600

长椅、公共汽车站、时装货架、书摊、咖啡店的桌椅、灯杆、大树，以及许多许多的人，在很长的一段街道上都设有不易移动的金属护栏，来控制人流，推想起来，大概是为了防止人们涌入车行道或横穿马路吧，这些行为在这里都不被允许。

我们从树木开始谈起吧。圣米歇尔大街上栽植着无处不在的伦敦悬铃木，树间隔大约是 30 英尺（9.5 米），树型高大且枝繁叶茂。树木生长到 17 英尺以上的高度后，才会由主干上生出分蘖，而在头顶的天空上则布满了浓密的树叶。树冠投下大面积的阴影，与明亮的阳光形成了鲜明的对比，或许由浅色的建筑立面反射阳光所产生的对比则要更加明显。人们会留意到清晨或午后傍晚时分闪耀在店铺内的灯光。白日里看到人工照明，会让人感到出乎意外，它与幽暗的阴影区域形成了强烈对比，其实这明显是经营者为突出店面的形象而设置的。室

圣米歇尔大街

圣米歇尔大街的沿街景观

外的路灯与商店的霓虹灯招牌都——点亮，街道在太阳落山之前就能够给人带来一种夜晚的感觉，这也是十分奇异的景象。

这一段人行道就好像是一段充满魅力的障碍赛跑道。在街面上，无论选择以什么样的步速行进，人群、咖啡店的餐桌椅，或新或旧的电话亭总会环绕在你的周围。引人注目的事物与上述障碍物是等量齐观的，甚至还要更多：书籍摆在商店前的桌子上，鞋子、运动衫、夹克、女装、衬衫摆在货架上出售，或者也放在同样的桌椅上。它们都能吸引人们的目光，使人放慢脚步去观察、去审视、去盘算、记住某种商品、去比较价格，或许最终你会买下它。白天的圣米歇尔大街上是很难快速行走的。人们的注意力都被吸引到了街道上。经过那些角落的时候，通常都很难集中注意力，或者说在大多数的情况下都是这样的。街角上有一座规模很大的咖啡馆的圣日耳曼大道（Boulevard Saint-Germain），就远没有圣米歇尔大街引人注目。

信步向卢森堡花园走去，在街道的右侧，会途经一座具有悠久历史的校园建筑，它有一面墙面向圣米歇尔大街，是索邦（Sorbonne）大学的一部分。墙面上紧闭的大门让人感到很久以来它似乎就一向是这副面貌。高大沉重的铁格栅窗周围环绕着一种阴郁、滞重的气氛。建筑物的墙面，颜色很浅，但是感觉却是沉甸甸的。这种类型的墙面如果出现在其他的街道上，就会很快的将人们对它的美好印象破坏殆尽，位于圣日耳曼大道南侧的教育建筑就伴随着一种无声的黑暗感，不受阳光的眷顾。但在这里，至少在一天中阳光最明媚的时候，环境一片光亮，光与影变幻出魔法般的图案，边缘清晰，瞬息万变。这个平庸的，甚至可以说是毫无活力的立面开始充满了生机。

　　冬天的那几个月阳光很少，日照时间短，太阳高度角低，照进街道的光线更容易被建筑遮挡。但是树木已经落光了叶子，对所有的阳光都毫无遮挡。它们的枝条在天空中交织出美丽的纹理。街道不再那么明亮，也不再那么生动。但是即便是在雨天或融雪中艰难行走，圣米歇尔大街的店铺依旧会灯火通明，而且如果天气允许，还会摆出货架，出售商品。无论如何，圣米歇尔大街都依然会是个好去处，尤其是在巴黎，因为转过街角，你就能看到春天。

第 4 章 　　　　　　　　**作为伟大街道而存在的大运河**

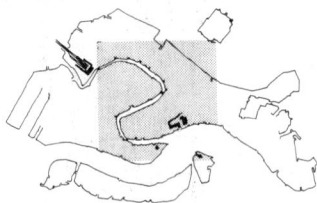

　　一旦大运河被看作是一条街道，人们将会很容易地意识到那是一条伟大的街道。正如这个世界上所有的街道一样，运河代表着整个城市。对于威尼斯来说，运河与圣马可广场（Piazza San Marco）同样重要。只要一说出"大运河"这个单词，你就可以想像出自己置身于大运河之上，置身于威尼斯的景象。运河能唤起一种永恒感，人们的想像可以在其中栖居；可以想像平静的水面与陆地，想像海洋的力量，想像贡朵拉（gondola），想像神秘的事物，想像浪漫、服装、剧院、幻觉、颓废、狭窄蜿蜒的甬道以及阳台上的天竺葵，想像当日的乡愁、幻想与悲哀，让人陷入沉沉思绪。甚至即使你还从未到过那里，你也会从卡纳列托（Canaletto）、瓜尔迪（Guardi）、透纳（Turner）、惠斯勒（Whistler）、萨特（Sargent）还有其他数不清的画家与诗人那里知道它，更不用说电影的宣传作用了。反对它的人将会告诉你这座城市与它的大运河都正在消逝中，随着水位的上涨与陆地的下沉，这座城市无论是在经济方面还是在物质环境方面都在衰退，但是完全了解威尼斯的人都知道它最终会从困境中走出来。

　　几乎所有的大运河都是公共交通线路，是从一个地方到达另一个地方的通道。它的宽度在最窄的地方有 150 英尺，即 45 米，例如在里亚尔托①桥（Rialto Bridge）处就是如此，而在运河的起始点，海关（Dogana）附近，河道的宽度则可以达到 452 英尺（138 米）。在大多数的区段内，运河的宽度大约都是 190 到 200 英尺。作为这座水道交错的城市的一部分，大运河将威尼斯的建筑、街区与居民彼此联系在了一起。它是威尼斯最主要的街道。当然，世界上还有许多其他的水街与运河，在阿姆斯特丹、哥本哈根、曼谷、圣彼得堡以及威尼斯城内的其他区域都有许多运河，但是却没有一处能像大运河这样引人注目。

　　大运河自身的物质环境特征使得它成为一条伟大的街道，成为我们学习借鉴的蓝本。并不是因为那些目光所及的人群使得大运河成为你想去的地方，除了从火车站到圣马可广场之间有五段距离很短的路程外，运河两岸就再也没有其他的步行空间了。同样的，店铺以及运河前方的聚会场所也不会令你心向往之，因为它们的数量也少得可怜，而且相互间隔的距离很远。这里的商业活动寥寥，运河两岸的建筑中也没有像圣米歇尔大街那样连续的底层公共空间。可以说，所有的这

---

① 威尼斯德里亚尔托岛是城市的商业中心。它是 rialto（市场交易所）一词的词源。
　　——译者注

些要素这里都没有，但大运河自身的物质环境属性就足以让人过目难忘了。在大运河上，那些可变化的风景，例如人群或商业活动，相较于其他的街道来说显得并不那么重要，这是因为在运河上，这些可变的景致相对较少，因此人们的关注对象就自然而然地转移到两岸的设计与建筑上来了。大运河所教授给我们的最宝贵的经验就是运动与灯光，其他的特质都是由这两点衍生出来的。不过，我们首先要做的事是穿过大运河，去看看它是怎样构成的。

你看到并理解的东西越多，你学到的经验也就越多。陌生的目光所带来的清澈感悟，会随着时间的流逝以及对某地熟悉感的提升，而日渐暗淡与浑浊。随着时间的推移，一些琐碎的细枝末节都会让人对以往的结论产生怀疑。对一个地方物质环境特征的理解是渐进的，是分阶段的，某一阶段的理解有时会与早先的认识相抵触。最初的想法或许会被抛弃掉，有些想法会被修正，有些则会被保留下来。向大运河学习的过程中，也会遇到同样的问题。

水面平整如镜，通常泛着明快的橄榄绿，调入天蓝的颜色。清晨时分，蓝色、绿色、黄色都会在水面上跳跃，水天一色，让人们很难分辨出天空在哪里消失，水波从何处泛起。在威尼斯的清晨，画家会来捕捉空气的质感，有时候建筑物与其周围空气的笔触差别不大，只是色彩会更浓重些，或许在其中还会加上几笔品红。在这种时候，会有一道道淡淡的水平线条浮现在水面上，暗示出建筑倒影的位置。建筑通常都采用明快的颜色，富于细节，当阳光冲破黎明的薄雾倾泻而下的时候，清晰的建筑面貌就会展现在人们眼前。虽然沿岸线排列着的建筑其高度并不相同，但是给人的第一印象却是非常相似的。每一栋建筑都有自己独立的入口，入口的形式通常十分简单；门前会有石制的码头，从中伸出几步台阶，一直延伸到水面之上，柱子上系着一些船只，想来是为了防止船只的相互碰撞或者撞到建筑。窗与阳台的设计通常都

十分复杂。在水面的高度上，除了开窗，在立面上还有许多其他的洞口，或许是船只的进入口，又或许是已经不再使用的古老的次入口。巨大的、微微倾斜的屋顶上铺着相同的瓦片，瓦的颜色是接近于大红的品红。一栋接着一栋的建筑限定了运河的形状，它们是运河的边界；它们从水里生长出来。

除了少数的几个地方外，在大运河上的活动都以船只为主体，而不是以人为主体。人们虽然也会在船上活动，但是却是船只本身在水中以一定速度行进。无论是水上汽艇（Vaporetti）还是水上巴士，这两种运河上最大、最醒目的水上运输设施都是为人服务的，但它们却不是出现最频繁的交通工具。确切地说，运河似乎更像是一条服务性的街道，在其上运送着货物、食物、补给与垃圾。船只通常行使得很慢，通常会沿指定的航线行驶，但也会有例外的情况发生。运河上不允许快速行驶。船只缓缓驶过，水波的荡漾是温和的：不会拍打到建筑物上，不会拍打到系在岸边的贡朵拉上，甚至在自己船舷边所产生的水波也会不大。运河上的汽艇会不停地从一站驶向另一站，这就意味着会从河的一侧驶到河的另一侧；在这个过程中需要加倍小心。轮渡（traghetto）是一种本地的贡朵拉形式的渡船，它也一次又一次地横渡运河，垂直于河岸线行驶，其上有一到两名舵手，而乘客则集中地站立在船体的中央位置；在它的行进过程中，掌舵人同样也要非常小心才是。人们悠然划起桨来，缓慢而富于节奏。

运河上总会有一侧是阳光明媚的，尤其是在冬天，无论阳光洒在哪一侧，人们的目光总会为明亮的街景所吸引。经常会发生这样的事，尤其是在炎热的夏日，当阴影不可避免地投下来的时候，我们的目光常常就会转移到那些有阳光照耀的建筑立面上了。沿着运河行驶，如果没有什么参照物能够使我们知道船只的主要行进的方向，那么阳光的照射规律或许能帮我们，阳光会首先照在运河这一侧，接下来又照在运河另一侧。从圣马可广场到火车站区间的运河共有五段，每一段的方向都是彼此不相同的，所以建筑物的朝向也各不相同；不同方向的立面，意味着不同的观察角度。我们感觉到了变化，并且知道在这里方向感会发生错乱。要知道，从地图上来看，运河的形状是一个反"S"形，蜿蜒地穿过整个威尼斯城，但是在其中的感受却不是这样的。除了在里亚尔托岛以及里奥·德拉·弗雷斯凯达（Rio della Frescada）岛附近以外，曲线的感觉都很平缓，因此在感觉上，一个又一个的转弯没有实际上那么突兀。故而，我们需要依靠地标来帮助辨明方向，所幸的是在运河的两岸有许多的标志物。

让我们将目光重新投向建筑。有一栋建筑的整个立面都贴着马赛克，在视野中非常突出，但此类建筑仅此一座。其他公寓立面上点缀着别具一格的威尼斯窗与阳台，其装饰十分繁复，非常引人注目。窗子本身就具有一种神秘感。其上装饰着石刻的圆环、拱券、尖券、双曲线、纤细而精致的装饰柱，这些装饰通常都是白色，有些也会是粉红色，其间夹杂着灰色或黑色的条纹。建筑的墙面通常装饰以一层或多层精美的石材贴面。立面上敞开的部分比窗子还要多。立面上无数细小的变化，要比文艺复兴时期佛罗伦萨与罗马的建筑立面上的变化不知丰富多少倍。窗子后面还有一层百叶窗，与窗子的开启扇结合在一起，连接方式多种多样。这些百叶窗同样非常复杂，它们能够遮蔽或引入阳光，也可以改变阳光的入射角度。百叶之后的窗扇可有可无，它们的面积通常都很小，采用着色的含铅玻璃，表面凸凹不平，是一种在木框中镶嵌着彩色的威尼斯玻璃的窗户。在所有这些结构之外，有的窗子里还有一层棉布或织物，有些是卷动式的，有些是平拉式的。另外还有开敞的阳台、栏杆扶手、檐口、烟囱以及其他丰富的、难以尽数的立面细节，所有的一切都各具姿态，文艺复兴与巴洛克的建筑风格与威尼斯早期的哥特式（Gothic）与拜占庭（Byzantine）风格几乎等量齐观，共同汇集在街道上，让沿街立面散发出眩目的光彩，尤其是在阳光的照耀下，会产生瞬息万变的光影效果。

Toward Salute from Accademia

运河两岸的建筑都非常古老，如何保护这些古建是一件棘手的事，对于那些高耸的豪华宅邸来说尤其如此。许多建筑已经空置良久，或已濒于人去楼空。这里弥散着一种荒弃的气息，就连这一区段的大运河也给人以同样的感受。凭感觉，我们猜想那些窗子的背后已经没有多少人在生活了，如果有人还在那里，他们怎么会不站在窗边欣赏运河景致呢。建筑物及其入口也不再有欢迎的态势。这些确实是建筑的正立面和主入口，大多数都有着轩昂的气派。贝伦森（Berenson）曾经这样描写威尼斯的建筑：即便是在狭窄的河道上，建筑的外立面也都经过用心的设计，并能够依方案认真地实现。最终，丰富的效果丝毫不逊色于那些从很远的地方、从更大的运河上或者是从公共性更强的道路上所能目睹并欣赏的建筑。他认为这是从前的那个时代所普遍持有的价值观念作用的结果。他解释道，业主与设计师都不知道怎样才能以不同的方式来设计房屋，在不太明显的地方减少建成建筑的装饰效果，对于他们来说是不可能的，也就是说"没有哪位建筑师、建造者与雕刻匠能够做到不够完美。"[9]尽管如此，在那些有背街的地方，建筑的正立面与背立面还是有所区别的，正立面通常十分威严、令人肃然起敬。你不能未经通报姓名就随随便便地走上台阶，按响门铃。假如你孤身一人来此洽谈生意，独自站在入口前石质的环水平台上，可以预见结果不会十分乐观，尤其是在不知道自己是否受欢迎的情况下。或许可以让船夫等等，等到你被邀请进入宅邸时，再让他离开。否则如果你想碰了钉子接着去下一栋宅邸，也就办不到了。在小船中上上下下，就算一个人将这个动作练习得相当优雅，它也不会是航程中令人愉快的一部分。虽然是步行，但是如果了解周围的情况的话，后门或许更适于通行，但是后门终究是后门，不会像前门那样，无论是因为环境还是因为设计，前门多多少少都会有一点拒人于千里之外的气度。

如果说大运河两岸的私人宅邸还不足以成为地标的话，还有许许多多其他的建筑物可以充当这一角色。大运河上有三座桥，每一座都不同于其他两座，每一座都在以自己的方式吸引着众人的目光。另外，大运河还联系着一些重要的场所：位于罗马广场（Piazzale Roma）上的停车场与汽车总站，它们可以说是最不能让人愉快的地标了；安宁、平静又富于现代感的火车站，圣卢恰（Santa Lucia）；中央集市；著名的教堂，安康圣母教堂（Santa Maria della Salute）；以及不那么有名的教堂——圣耶利米教堂（San Geremia），它标志着坎纳雷吉奥运河（Canal di Cannaregio）的入口；海关（Dogana）；另外当然还有作为城市客厅的圣马可广场。这些地标帮助你找到行进的方向；你可以将它们放在空间与时间中来加以判断。除了运河两岸那些退后的、蜿蜒曲折的建筑立面以外，偶尔出现在眼前的耸立高塔也能够标示出河水的流向。

在运河的沿岸，有四站是比较重要的——圣马可广场、学院美术馆（Accademia）、里亚尔托岛以及威尼斯火车站。所有的这些地方都容纳众多的活动、充满快节奏及大量的人流。其中圣马可广场是威尼斯城最主要的中心。似乎整个城市的一切都从这里开始，到这里结束。至少，这里象征着海上旅程的终点与陆地生活的起点。同时，这里还是大运河的起点。圣马可广场及其附属小广场（Piazzetta）还是其他主要的城市广场尺度的参照标准，它比起通常观念中的广场要小一些，但却与其周围环境以及整个威尼斯城紧密与小巧的尺度形成了强烈的对比。宽阔的步行道在长方向上穿过了整个圣马可湾（Bacino di San Marco），在刚过小广场的位置上结束，而这里又是大运河的起点，在这个起点与终点汇聚的地方，既可以看到大海，也可以看到充满神秘感的运河与城市所构成的都市景观。后三站，因为它们都位于运河沿岸，影响也就更大。在这三个地方都设有桥梁，运河流经这里的时候也会变窄。或许与运河沿岸的其他场所相比，这三个地方的人并不比其他各处为多，因为这里并没有更多的船只；但是它们的空间安排都更加紧凑，因而就有更多的停靠站、更多服务

圣马可广场：
建筑的肌理

大致比例：1″ =400′或 1：4800

船只和贡朵拉等候游客。简而言之，那里有些拥挤，但却更加的令人热闹。在学院美术馆与里亚尔托岛附近则更是如此，因为至少在一个方向上，大运河刚经过桥梁就开始转弯了，因此就给这些活动发生的场所带来了更强烈的围合感。在这些地方，人们的行进速度或许会更加缓慢，但给人带来的感受与印象则相应会更加强烈。

火车站附近的区域往赤脚桥（Ponte degli Scalzi）东侧、里亚尔托岛两岸和在圣马可广场，只有在上述这些地方，行人才能沿着大运河散步。与总共 2 英里（3.2 公里）长的路程相比显得非常之短。运河沿岸还有许多其他的地方可以驻足，大众可以从那里接近水岸。它们是人群聚会的场所，也是乘船前往其他地方的码头，纵使这些地方小之又小，却还是会留在人们的记忆深处。

大运河的里亚
尔托桥部分：
剖面图

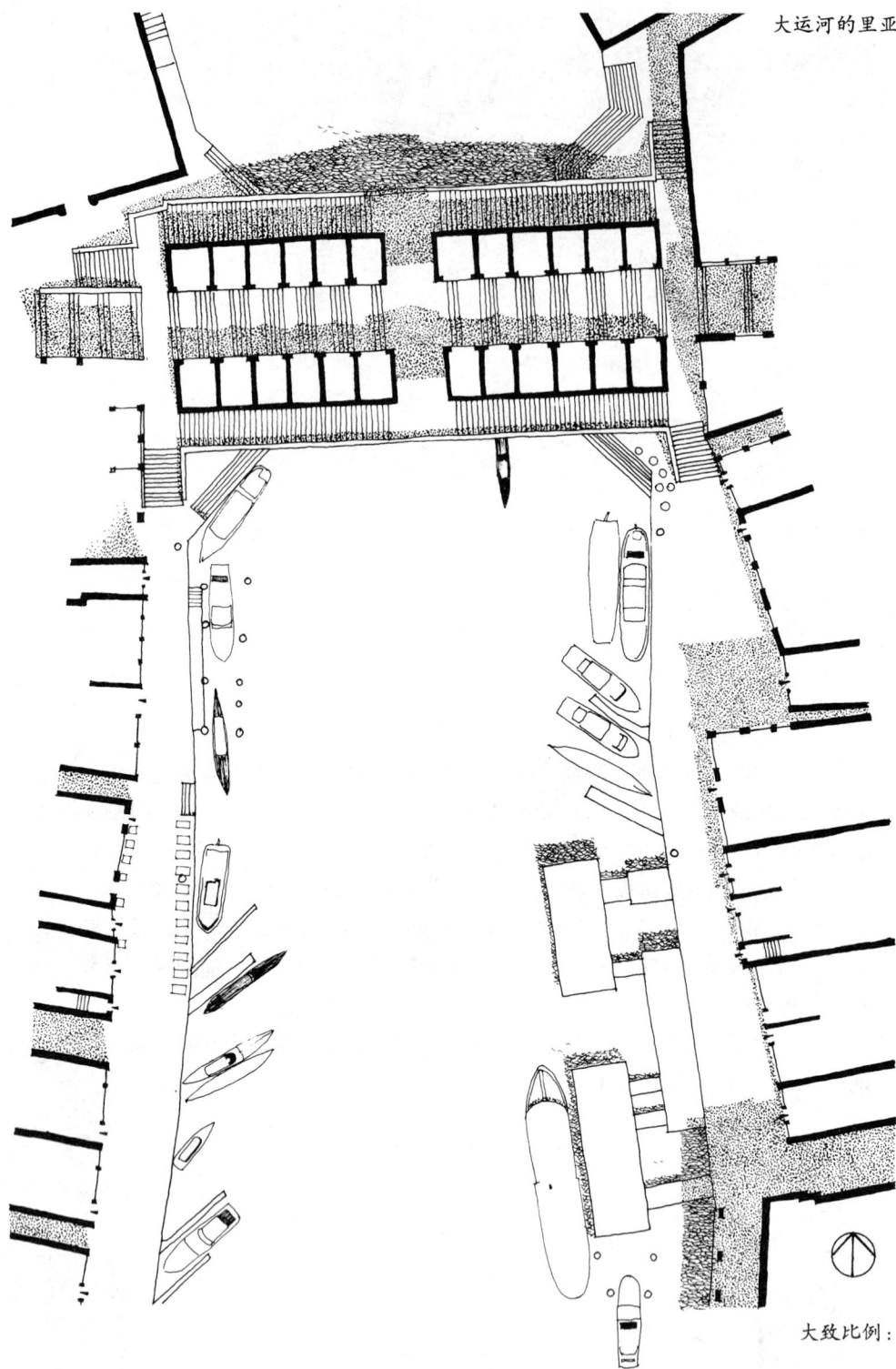

大致比例：1″=50′或1：600

朝里亚尔托岛望去的水岸景观

在那些可以沿运河岸边步行的地方，视野罕有的开敞且毫无遮挡，这时人们目光所及的就不再仅仅是水面了。更确切地说，总有一些东西吸引你的视线，形成丰富的层次。例如，长篙、小船、贡朵拉、水上雇船、汽艇、售票处与售票亭、电话亭、货摊，以及其他很多可看的东西。许多售票厅与电话亭的外观都不是一成不变的，但是它们已经在那里存在很多年了，而且以后也不会换地方。这里有很多人。人们的眼睛会扫过所有的种种事物，除非他正在有目的地搜寻某个特定目标或某个人。日后，在过了很长的一段时间以后，在离这里很远的地方，回想起威尼斯和大运河，所有的这些细节留在我们脑海里的视觉印象都已经不复存在，只能够回忆起那里的水、回忆起岸边的建筑、回忆起水上的桥，还有那里人头攒动的步道。

回头再来谈谈运河，我们能够感受到它的宏大，这种大的感觉或许不是参照了我们所知道的任何其他街道而得来，因为这种空间上的比较通常难于实现；这种大的感觉是我们拿大运河与其他的运河、我们周围的步行道以及威尼斯本身比较的结果。与上述所有其他场所相比，运河是非常、非常的大——是城市真正的主街。而从大运河中分支的运河与人行道则通常都很狭窄且阴暗：在夏季的时候宁静而清凉，它们能够引起人们的兴趣，因而充满魅力。它们到底是什么样子呢？狭窄的运河上闪烁着斑驳的阳光，而在与其他运河或街道的交叉处，或许得在200英尺以外才能够看到往来的行人，例如诺瓦路（Strada Nuova）与路加·拉瓦诺（Ruga Ravano），它们都是极富魅力的地方。每一条河汉似乎都引人前往，逆流而上，寻找未知的风景，其感受与航行在宽阔的河道中大不一样；眼前风光无限，而随着河道的一转，刚才所有的景致就一下子都消失了。而作为主干河道，大运河并不像它的支流那样充满突兀的转折，相比之下它更加绵长，转折也更加平缓。假如没有其他的理由，那么大运河的地位能够如此突出的主要原因就在于同周围环境之间的强烈对比，且看它的宽度，看它穿过威尼斯城中心的绵长而又浩瀚的河道。

我们再来看看运河两岸的建筑。虽然建筑物的高度不尽相同，但是给人的感觉却非常相近，甚至就连立面宽度的韵律也是如此，这些建筑都是平缓弯曲的街道立面的组成部分。走近观察，则会发现许多不同。相邻两栋建筑的高度，其差异可以达到40英尺甚至更多。一些建筑的沿街立面较窄，有的则较宽。它们并非都是府邸建筑，大多数都不是。有些建筑只有两层高，具有简单、平直的立面以及箱形的窗子，但与莫拉诺（Murano）附近的外观谦虚的住宅也并不相同。这些建筑也不是在同一个时期建造完成的。运河两岸的建筑是随着时间的推移，陆陆续续兴建或重建而来，所以它们在物质特征上有着非常大的差别。然而这些建筑却仍能给人以高度相仿、立面特征整体感强的印象。这或许是因为大多数的中等高度的建筑大约都是四层，且均以明确的檐口线作为收束，当然运河两侧还会有经常出现的缓坡瓦制屋顶。接近于红色的粉红屋顶是所有建筑共同的背景。如果尝试将这些建筑用画笔记录下来，人们往往会发现，很难准确地判断出一栋建筑是在哪里结束的，而另一栋建筑又是在哪里开始的。或许高度相似的印象是因为大运河的平缓曲线，又或许是因为在运河上主要的视角是沿着运河的长方向，而不是较为准确的、站在建筑对面的成角度透视关系。假如沿着运河、而不是直接站在对岸望过去，建筑物较高的那一侧相对要显著一些。立面上会有窗子，它的窗子或许与其旁边面宽较窄的建筑的窗子

从学院美术馆看向里亚尔托岛的景观

具有相近的颜色。除了最极端的情况（直接位于很高建筑的下方）之外，人们会发现两岸充满了高度各异的建筑。这些建筑合在一起形成了整体的视觉效果，给人留下最深刻的印象。

所有的这些不同的尺度说明了社会与经济发展水平的不同，同时也带来了建筑外观特征的多样化。小尺度的建筑与房间，从头到脚散发着朴素的气息，采用较少的几种材料，简单的细节，所有的这些特征都与那些规模庞大、气势宏伟的建筑形成了鲜明的对比，而且前者的花费更是要比后者少上好多倍。运河两岸有那么多居住者，他们不可能都具有相同的经济地位。大运河不可能容纳下所有的人在其中居住，但是它也不是只为某一个特定阶级服务的街道，况且，即便你不能在那里永久定居，也不妨到这里来看看。大运河在呼唤你的到来，也呼唤着世界上的每一个人。它不啻是地球城市中一条非常重要的公共街道。

跟那些曾在本书中出现的其他伟大街道相比，大运河无疑有着非常显著的不同。那些最富魅力的、蜿蜒曲折的中世纪街道非常狭窄，弥漫着一种神秘的气氛。大运河同样也是曲曲弯弯的，但是无论是在尺度上还是在范围上，它都非常恢宏广大。其他的伟大街道都会传递一种信息，甚至还会是公开的邀请，邀请行人去看看墙、橱窗以及大门背后的商品与服务，在一层的沿街部分尤其是如此。这种情况在大运河上并不常见，大运河两岸只有很少的公共入口，而且如果没有将目光移到建筑上部的话，人们是不会对建筑内部的空间有所理解的。建筑矗立在运河两岸，虽然它们给人以高度相似的感受，但是却蕴含着极其丰富的多样性。在大运河上与人相遇的机会很少。不过，这正是大运河的特别之处，使得它成为一处真正与众不同的地方。正是那些细节、那些摇曳的光影和宽广的水面，使大运河成为一条伟大的街道。

大运河的两岸排列着第一流的建筑。它们吸引着众人的目光。人们受到吸引，

12 March @ Rialto.

并非毫无来由，因为这里保存着众多过去年代的不朽作品。最为重要的是，它们都有极其丰富的细节，而且彼此之间或多或少有些不同之处，这些都是可供研究的宝贵素材。但是此处建筑的特征还远不止此。整个运河流域中，建筑的外观都会吸引人们的眼球，它们会帮助人们的眼睛去做眼睛最想做的事，去做眼睛必须做的事，那就是运动。街上所有的东西都在运动；光影、大运河在其流淌与转弯过程中的形状、船只与行人、船底下的水，它们都在不断运动着。光影追随着阳光的移动，甚至即便是在观察者静止不动的情况下，都在不断地发生着变化，当阳光掠过所有物体的表面时，它们在形状上以及表面方向上的最微小的变化都会带来丰富的光影效果。因为每一座建筑与其周边的建筑都不相同，而所有的建筑立面都有着明显的变化，繁冗的重复或者简单的复制在这里是不存在的，置身其中，人们的眼睛也总是在不停地运动着，目光会被光影的变化所吸引，并且追随着光影的变化而移动。这些建筑真正是为人们的眼睛而精心准备的盛宴。但是显而易见，即便说了这么多，也还是不能涵盖其中建筑的全部特征。与其他几乎所有的街道都不相同的是，在这里，街道表面本身就是富于生命力的。各种尺寸与色彩的形状不断出现，然后又消失在水中。变化无穷无尽。人们的目光也随之飘摇。只有在无星无月的夜晚，这里的反光才会沉寂下来，但却从未彻底消失。此时，当运河两岸星星点点的光芒掠过，周遭只剩下一些黑暗的轮廓，大运河仿佛成了一个封闭的穹隆，神秘而不祥。此刻，你的视线会被些微光亮与其水中倒影所吸引，目光游移不定。在微弱的光线之下，在不断变幻的光晕之中，大运河的水漫漫横流，黑影中建筑物模模糊糊的垂直的拱券与曲线静止不动，一时间二者合为一体。

<table>
<tr><td>

第 5 章

</td><td>

昔日的伟大街道

</td></tr>
</table>

香榭丽舍大街（Avenue des Champs-Elyseés），巴黎

科索大街（Via del Corso），罗马

市场街（Market Street），旧金山

事实证明，香榭丽舍大街是世界上最有名的街道。[10] 它是宏伟的林荫大道的典范，大多数人都认为它不仅是一条杰出的街道，也是其他街道模仿的原型。但是许多人也都会赞同这样的观点，即到了 20 世纪 90 年代，在官方的设计与保护之下，这条街道就已经不再是昔日的香榭丽舍大街了，它需要一些新的变化。

香榭丽舍大街是巴黎最重要的一个去处，它有 230 英尺宽（70 米），1.25 英里（2 公里）长，从协和广场（Place de la Concorde）笔直延伸到星形广场（Place de l'Etoile），其中心是凯旋门（Arc de Triomphe）。从平面上看，在巴黎，除了塞纳河以外再也没有什么其他元素能够在尺度上跟它相媲美。它的两个主要部分间存在着巨大的差别：第一段从协和广场到香榭丽舍大街的环岛，两侧为两条风景优美的步行道，它们被快速交通的车流分隔开来；以高密度理念为开发依据的第二段从环岛直至星形广场。正是这香榭丽舍大街的后半段最令人感兴趣。归根结底，两部分结合在一起形成了一条宏伟的林荫大道，它之所以重要，在很大程度上不是因为其可通行的宽度，而是因为它在起始点与结束点上的凝聚力，是因为它在中央区域的统一宽度——十车道，大约是 87 英尺宽，即 26.5 米，还因为它沿线高大的、修剪整齐的伦敦悬铃木。地形在凯旋门附近出现明显的坡起，它带来戏剧性的效果，将人们的注意力都吸引到了这里。凯旋门那里的景观非常迷人，尤其

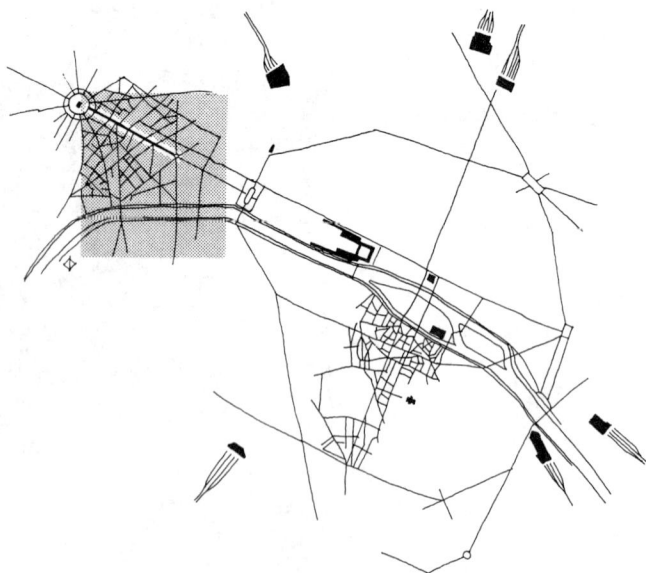

大致比例: 1″=50′ 或 1:600

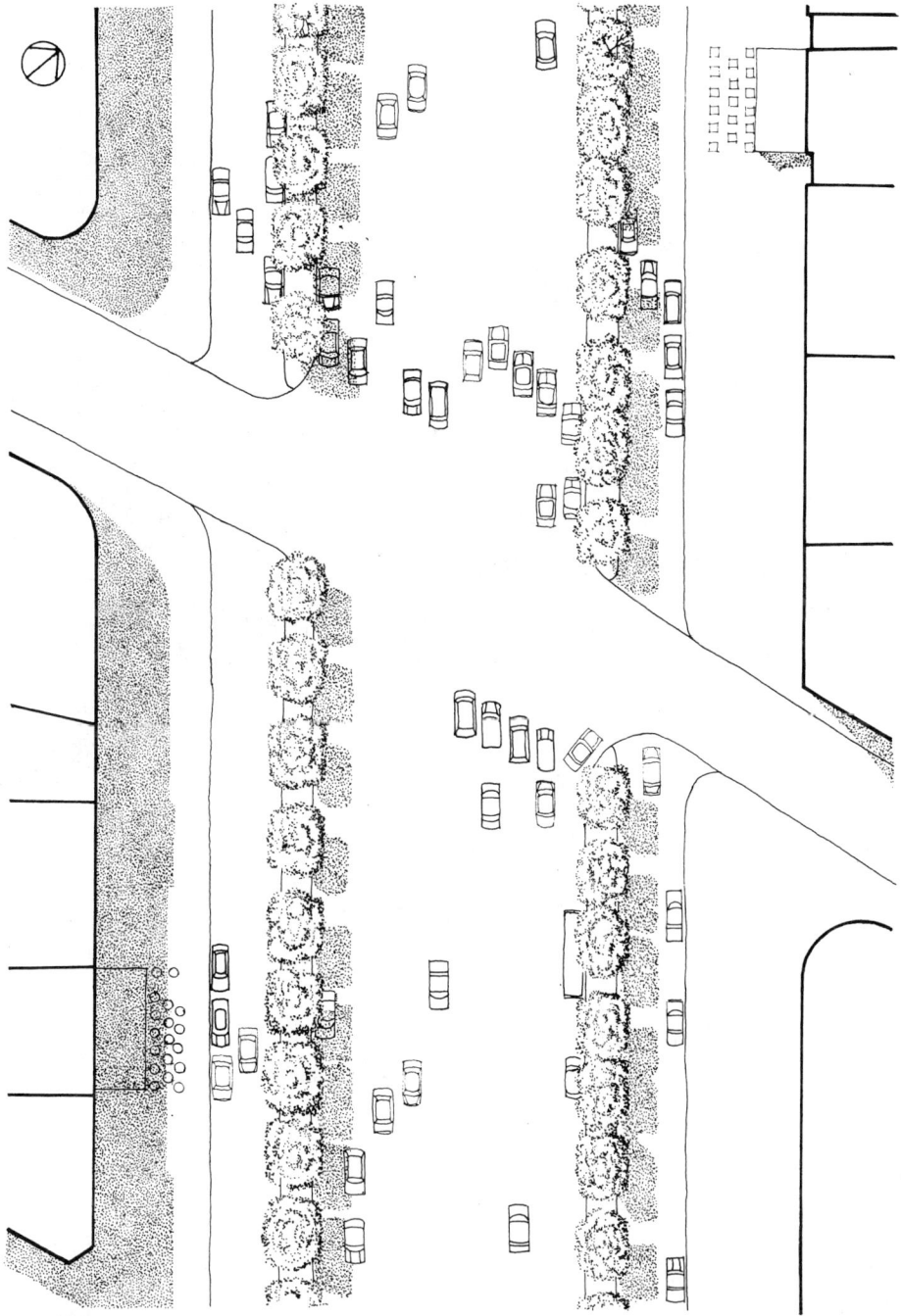

香榭丽舍大街: 平面图
与剖面图

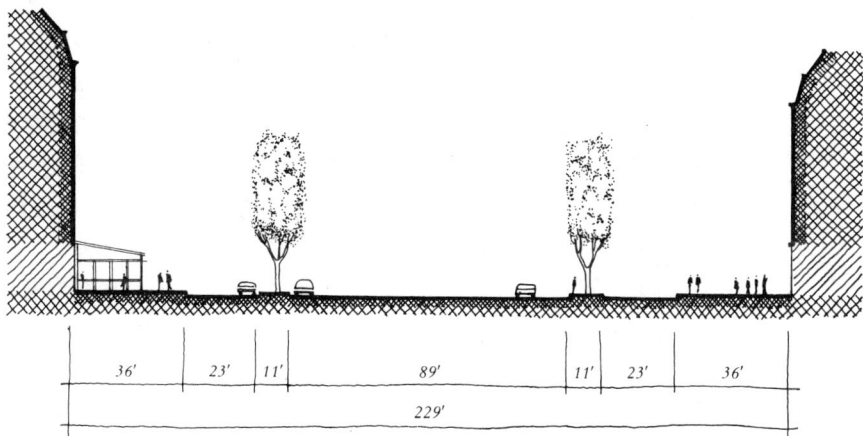

| 36′ | 23′ | 11′ | 89′ | 11′ | 23′ | 36′ |

229′

在树木与建筑入口附近的街道景观——香榭丽舍大街

是在东南方向，回眸俯瞰香榭丽舍大街，风景尽收眼底。然而，只有当凯旋门近在咫尺的时候，我们才能够真正察觉它的全貌。因为行人在向凯旋门方向行进的过程中，视线会被树木遮挡。

这条林荫大道所存在的问题，或者说让它无法跻身于伟大街道之列的原因，部分是因为那些从街道上消失的东西，部分在于那些街道上所缺乏的东西，问题都出在街道自身，而街道两侧的建筑则与此无关。沿街建筑通常都具有相似的高度，大约是 75 到 80 英尺（22.8 到 24 米），即便不是每一栋建筑都那么杰出，但却都能在视觉上引起人们的注意。建筑立面上有许多的窗子、门洞以及檐口线脚，它们能够创造出丰富的阴影关系；立面上还有许多阳台，通常都采用反光的材料与色彩，人们的目光经常会停留在它的细节上。底层面积不小，混杂着各种广告牌、橱窗与入口，吸引路人的光顾。虽然有些人将此视为对街道最大的破坏，但对于街道使用本身，却并不是导致这条林荫大道衰败的主要原因。为什么快餐厅、自动展示橱窗、电影院、购物中心入口或者航空售票处等一系列设施会跟一条伟大的街道互不相容呢？这个问题没有什么固定的原因；或许新的潮流与昔日的风貌之间会存在一定的抵触，但是对于一条主要的公共街道来说，这其实并不是问题所在。在圣米歇尔大街上，也没有什么高贵得不得了的建筑和门面，但是它仍然不失为一条伟大的街道。更何况在香榭丽舍大街上还保留着为数不少的知名餐厅、咖啡馆、商店以及其他去处。中央车道两侧有着非常宽阔空间，每边大约都有 70 英尺（21.3 米）宽，这两个空间通

咖啡厅——香榭丽舍大街

常都给人留下空洞与单调的感觉。而且，一些街道元素在其中出现，往往也经不起推敲。

这条街道上的树木的确非常高大，且树木的种植间距亦相当合理，大约是 30 英尺（9 米多）。但很奇怪的是，它们都被修剪成一道箱形的树篱——大致的形式即是，在离开地面很高的位置上，只有几乎不到 10 英尺（3 米）的枝叶从树干的两侧伸展出来。这种树形对于从两端远眺的林荫大道的街景来说或许是有利的，尤其是在有游行集会的时候更是如此。但是，它们对于街道的使用者来说则是没有任何好处：它们不能够提供遮阳，对中央十车道的机动交通也没有视觉遮蔽作用，而且不能让行人感到它们积极地存在于环境中。其实假如没有这些树也许反倒好些。如果换上另外一排，排列得较为紧密、修剪得当、可以提供适当遮阳的树木，则会对街道更有益处。树木被限制在大约 10 英尺宽的带状空间中，其下设置了尺度较大的电话亭、用于临时控制人流的可移动式栅栏，还有一些路灯。

在香榭丽舍大街上，曾经设置了一大批入口通道，这些通道在有些地方仍然被大量保留下来，每条大约有 22 英尺宽（6 至 7 米）。时至今日，这些空间有时会被用作车行通道或停车场，有时也挪作他用。当被用作停车场的时候，这里通常会变成一群拥挤的钢铁混杂在一起的大杂烩，存在于过于稀疏的树木与建筑之间的 70 英尺宽的空间中，秩序感很差。有的地方停车场被迁走，留下的空间闲置在那里，慢慢变成一块巨大的、无人活动的荒地，只有那些停泊摩托车的地方情况会好一些。沿着建筑设置的人行道，空间相当宽阔，几乎能达到 40 英尺，但是这个空间会被一些

"临时"建筑所割裂，例如卖咖啡的小摊。咖啡店有时会凸出于建筑16英尺（5米），另外还要有13英尺左右用于摆放桌椅与遮阳伞的空间，两者相加就有接近30英尺了。桌椅与阳伞并不是问题的关键，相反，那些生硬的凸出来的一层高的"临时"餐馆却彼此对峙，制造出一个个死角、滞留地带以及类似于漩涡的空间，将行人推至远离建筑端线、远离商店的地方，这样行人就进入到了一个单调的大面积的硬铺地区域。简而言之，因为在建筑入口前宽阔的步行道区域中未经周密思考就大肆加建或拆除，使得香榭丽舍大街成为一个令人备感不快的场所。

香榭丽舍大街从环岛到协和广场之间的这一区域并没有遭到破坏。其中央车行道两侧的空间要相对宽敞一些，大约是112英尺（34米），但每一侧都相当充实，通常都栽满树木。在距离四车道（三车道在另外一侧）开始位置的边缘大约55英尺的距离上，都密植着榆树，植株的间距大约是16英尺（5米）。树荫浓密，排列成一线，与宽敞的人行道及车行道旁边的伦敦悬铃木相比较而言，是一个能让人们步行很长的路程后仍然不至于乏味的场所，兴致所至，也许还可以在沿街的长椅上小憩一会，那里被浓密的树荫遮蔽。这条路上的雨篷、饮料亭、卫生间、路灯与座椅搭配出色，远近闻名。树木尽可能地贴近街边，道路上交叉口很少。街道本身就像是一座公园，而两旁的建筑则确实不再是这条街道的一部分了。

在香榭丽舍大街上，物质环境的设计问题，除了环岛以外都并没有遭到忽视。似乎有关部门定期就会重行拟定一次设计方案；[11] 其中包括地下停车的处理、栽植更多的树木、更新街道设施、重设铺地、取消入口道路、将餐馆位置推后等等，诸如此类，不一而足。但似乎店主们很难被说服。他们希望入口道路以及停车场与他们店铺的入口离得越近越好。树木会遮挡住他们的生意。他们从未关心过那些数以百计的、美好的、成功的商业街的例子，那些街道都没有大规模的停车场，并且种植着茂盛的树木。他们也从未料到那些新型的、特殊的铺面材料与以往的铺地之间不会存在明显的差别。全世界的商人看问题的眼光都类似，提出的解决方法似乎也都差不多。其实，世界上有那么多成功的例子，假如你不存偏见，都可以用在巴黎或别的什么地方。香榭丽舍大街上缺少真正的内容，需要将一些元素沿街道线性排列，充分利用街道宽度，营造出更多符合人体尺度的子空间，使之成为一条真正的都市大道（allee）。这难道是很难的事情吗？

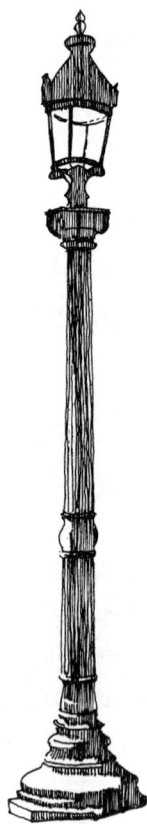

科索大街_____

18世纪，歌德（Goethe）在描写科索大街的时候，字里行间曾经充满赞叹。[12] 对于他来说，科索大街是一条特别的街道，很值得关注。他曾经丈量过这条街道，以他的步距为标准，大约是3500步，而我们现在的测量结果是1英里多一些，或者说大约是1625米；另外他还观察了街道的宽度与长度以及建筑高度之间的比例关系，并总结道："街

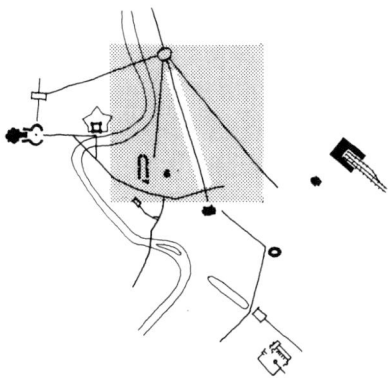

位于波波洛广场附近的科索大街：
街道与建筑的肌理

大致比例：1″=400′或1：4800

道的宽度与其规模不具可比性……"同时，他还观察了街道在长度方向上排列的宏伟建筑，及其坚持不懈的良好维护措施；但是，他绝大部分的观察却只是集中于街道的使用方面，他以最敏锐的洞察力，欣赏着这条大道在周末、节假日以及狂欢节期间午夜赛马会的情景。文字描写最生动的部分，包括在星期天那些富裕的、驾乘马车的罗马人对于街道的使用情况，在这个狭窄的空间中所使用的交通礼节，狂欢节时身着华服的参与者、观众、马匹所构成的忙碌景象，以及当时盛大的场面与常规的庆典活动。可以说这个狭窄的空间容纳了大量的活动。

　　从歌德写下这些溢美的文字之后，200多年时间过去了。在这些年中，科索大街的物质环境并没有发生多少根本性的变化。在某些区段中，街道上的活动以及人流量至少与歌德生活的时期持平，包括星期天的午后也是如此。然而，随着21世纪的临近，科索大街却很难再被称作伟大的街道了。为什么这么说呢？因为在那里，出现了比香榭丽舍大街更令人困惑的问题。

　　科索大街位于城市中心区，与其他大多数的街道相比，它都要更直一些、更长一些且更加宽阔。它与里佩塔路（Via di Ripetta）、巴别诺路（Via del Babuino）、波波洛广场（Piazza del Popolo）以及威尼斯广场（Piazza Venezia）一道标志并确定了整个城市的格局。波波洛广场是科索大街的起始点，而威尼斯广场则是它的终点，两个广场都与科索大街本身齐名，而且在一定程度上它们的设计目的都是为了强调并突出科索大街，而科索大街本身的设计定位也是一条特别的、有纪念意义的公共街道。康多提大道（Via Condotti）之所以著名，或许是因为从这里可以看到西班牙广场（Piazza di Spagna）的最佳观察角度，以及其中那些拉风的潮流商店，而它的起始点就位于科索大街上。而可隆纳广场（Piazza Colonna）则是科索大街沿线最著名

位于波波洛广场附近的科
索大街：平面图与剖面图

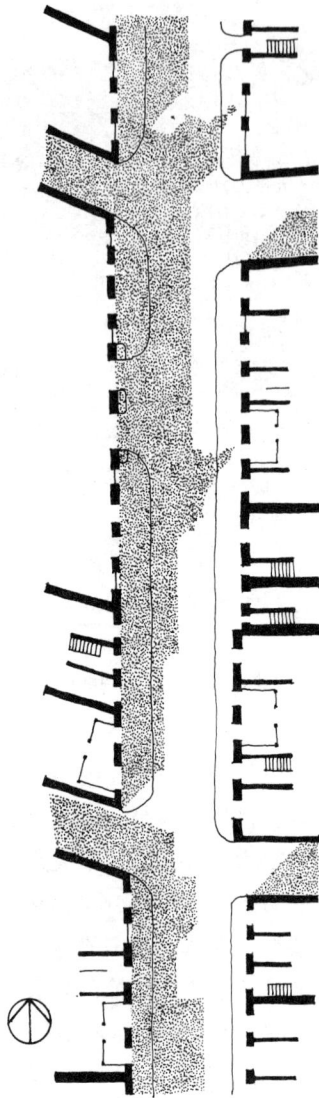

大致比例：1″=50′或1：600

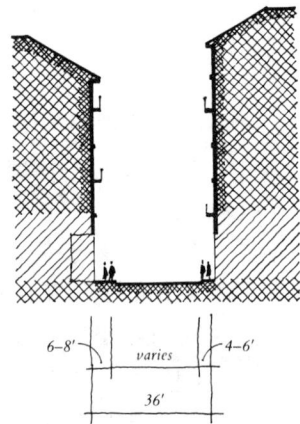

6–8'　varies　4–6'

36'

的公共广场了。许多相似高度的建筑(4到6层,高度是在65到75英尺的范围内变化)
界定了科索大街的范围,在全程中的多数部分,科索大街的宽度都是36英尺（大约
11米）。虽然以罗马建筑的标准来看,沿街的建筑并不算古老,但是大多数的建筑则
是在歌德描写这条街道的时候就已经存在了。这是一条绵延很长的街道,有许多著
名的事迹。在北边的可隆纳广场外围,有很多店铺、橱窗与入口。大街上有各种类
型的商店,但绝大多数都是服装店。[13] 街道上,尤其是在那些店铺集中的地方,都充
斥着拥挤的人群：某个购物日的午后,在5分钟内通过指定地点的人数可以达到850
到1000人。而到了星期日的下午,商店都关门闭户,许多橱窗与入口的百叶被拉了
下来,仅有一小部分店铺开张。许多罗马人,尤其是年轻人,都会来到这个区域,
来到这条街道上散步,观看风景的同时也被他人当作风景观看。科索大街的地理位
置以及悠久历史在很大程度上决定了它的使用模式。它在城市中的中心地位可以媲

从波波洛广场看到的街道景观

美罗马的任何街道。从科索大街或康多提大道以及其他街道中延伸出来的商店都是那种在一个时尚之都所能够找到的最流行的店铺。人们会来到这里购物，来欣赏橱窗中的名贵商品。科索大街沿线的商店可以迎合各种不同年龄与收入阶层的人群的需要，不仅仅是为有钱人准备的。它们即便不是罗马市区中最重要的购物街，也应当是最主要的购物街之一了。人群可以很方便地到达这个区域，或许比去其他任何地方都要更容易一些。罗马地铁的一个主要停靠站（Metropolitana）就位于西班牙广场上，而且经过近几年的扩建，这条地铁线路已经延伸到城市外围大面积的居住开发区域了。那些居住在远离城市中心，还没有发展完善的区域中的居民，尤其是那些年轻人，如果想要参与一些活动或想到一些有趣的地方去逛一逛的话，就都会发现这个地方是多么便利。这样，科索大街就具备了许多伟大的街道所应具备的品质：位于城市的中心，修长笔直的街道贯穿不规则的城市肌理；清晰的边界；有力的开端与结尾；道路沿线的开敞空间；店铺、活动与人群。那么，又是什么因素使得它不能成为一条伟大的街道呢？

　　科索大街的宽度相对于沿街建筑的高度来说，显得非常狭窄，因而它给人带来是无休无止、没完没了的感觉。在与凯拉维塔大街（Via di Caravita）的交叉口处，科索大街出现了轻微的转弯，这样，在某些位置上就无法看到街道的尽头，而能否看到终点则取决于人们是在街道的哪一侧行走。这样一来，街道的终点就不会过分地引人注目，尤其是站在遥远的地方望过去：站在波波洛广场上遥望威尼斯广场，那边结婚蛋糕般的耶曼鲁纪念堂（Altare della Patria）感觉非常遥远，极端洁白。而在街道的另一侧，朝街道的更深处张望，可以看到浅棕色、接近于粉红色的方尖碑，它是波波洛广场的地标，但方尖碑与其背景的门楼融合在一起，已经很难分辨清楚了。诚然，不管怎样，从波波洛广场进入科索大街，其间必然经过著名的喇叭口形状的入口，那里显然经过认真的设计，绝对是无可挑剔的。

　　在特定的情况下，街道两侧建筑物的高度与街道的宽度所形成的比例关系，会给行人造成一种压迫感，而这种情况在科索大街上似乎随处可见。因为这条街道长长的纵剖面看起来似乎又阴暗又沉重，高大的建筑好像以千钧之势压在了街道上，假如阳光没有从门窗玻璃或建筑立面上反射回来，街道的面貌就会更加阴沉。这似乎并不能归咎于比例不当，而只是个单纯的长度问题。在 36 英尺的区段上，街道的宽高比在 1∶1.66 到 1∶2 之间的范围内变化。许多优秀的街道都和它比例相近。距离科索大街较远的地方有一条狭窄的葛雷西大街（Via dei Greci），宽度大约是 15 英尺（4.5 米），而沿街建筑的高度大约是 48 英尺（14.6 米），这样它的比例就达到了1∶3.2，但这并不妨碍它成为一条颇具魅力的街道。但是葛雷西大街长度较短，在快到街道的尽端处有一道拱门，它的绝对高度是 48 英尺，比起科索大街的 66 或 72 英尺要低矮很多。而在科索大街长长的剖面上，最显著的是通往威尼斯广场的那一区段，建筑物本身对消除街道的压抑感都没有起到什么作用。在经过康多提大道以后，科索大街上的建筑部件倾向于更庞大、更冗长、更厚重，而建筑底层通透的部分也更少了。那里是银行与公共机构扎堆的地方。街道上部建筑的体量虽然韵律感很强，但却显然缺乏趣味性。有些地方的街道宽度增加了，例如科索大街与肯沃提蒂大街

沉重的立面，科索大街

（Via delle Convertite）交叉口附近达到了 63 英尺（19.2 米），行人在这样的地方行走，就很容易欣赏街道的面貌，看清街道中的景物，比如那些建筑、店铺、坐下休息或在街上行走的路人。街道的透视效果更为开敞，这倒不是因为横断面高宽比的变化，而只是街道宽度变化的结果。在科索大街与凯拉维塔大街的交叉口处，向南行进，街道又再次变得狭窄，宽度只有 33 英尺，而那些又高又长的建筑又一次以非常紧密的透视效果压缩在一起，这情形延续了相当长的一段距离。恰巧这里建筑的色彩都很浓重，或者是因为它们已经很久没有得到清扫或粉刷，或者其建筑材料本身就不是浅色，建筑的立面上也贴满了沉重的石材，而窗子则又高又大，布满铁栅栏，流露出相当不友好的气息。种种细节使街道给人造成压抑的感觉，轻松的气氛荡然无存。也许对建筑进行重新粉刷或清理会令情况有所改善，但还不足以解决这里的问题。连绵不绝的噪声、塞在街道里的大型公共汽车及其排放的尾气、狭窄的步行道，所有的一切都加重了行人的不适感。人们纷纷加快了脚步，似乎都想赶紧离开这里。与此相比，前方开阔的威尼斯广场则显得是那么友好加体贴。

在科索大街的沿线，有几处街道膨大部分或小型广场，打破了由于街道狭窄而造成的单调感，这些地方往往会得到更多的阳光，并且能够为欣赏街景提供更佳的视角：位于康多提大道上的洛巴迪宽街（Largo dei Lombardi）、圣卡洛·克尔所宽街（Largo San Carlo al Corso）、卡洛·戈尔多尼宽街（Largo Carlo Goldoni）以及可隆纳广场都久负盛名。虽然后两处的店铺与街道比例都非常富有魅力，但是大体上来说，这些空间在设计上都算不上优秀。它们并没有为提升街道的品质发挥应有的作用，反过来街道也没有提升这些空间的品质，令其更加美好。

有关部门对街道的使用方式和外观形象做出决策，它们彼此之间并不一致，甚至存在很大的分歧，而这些决策与街道本身的特性也相互抵触。在不同的地段以及一天当中的不同时段里，相关的规章制度变来变去，对于那些偶尔使用街道的行人而言，真的没有办法准确理解这些条条框框，这个可以做，那个不可以做，在他们的头脑中都是含混不清的。街道的南段混杂着各种公共汽车、出租车、一些看似私家车的车辆、超速行驶的警车与摩托车，而留给行人的只有非常狭窄的步道，仅有大约 4 到 6 英尺宽。在朝向波波洛广场的半程，街道似乎主要是为行人服务的，但为什么我们还是不时地会遇到大量的警车，而那些官方公务车的出现又是怎么回事呢？在街道中央散步，走到街道北端，会让人有几分不舒服的感觉，原因就是那里左右两侧都有路缘石，让人很不自在，就好像是把行人抛进了机动车的跑马场。说到底，似乎没有一个人能说出科索大街应该成为什么样子。

就物质环境而言，科索大街与歌德对它的描写并非截然不同。街道上的商铺和橱窗或许在某种程度上改善了街道的品质，但是已经很少有人生活在较高的楼层了，而底层的银行也经营不善，这两种情况出现的地方，街道的情形就会非常糟糕。科索大街不是不能变得更好，但是为了达到这个目的，至少要对街道的用途作出准确定位，另外还要拓宽街道沿线的广场与道路，使之能够得到更加充分的利用，最终成为一个更适于步行的场所。然而，今天的科索大街与歌德时代的科索大街相比，其中最明显的差别或许一句话就能概括，那就是：今非昔比。18 世纪末，像科索大街这样的街道并不是很多，而眼下类似的街道则比比皆是，其品质甚至还要好上许多。

市场街

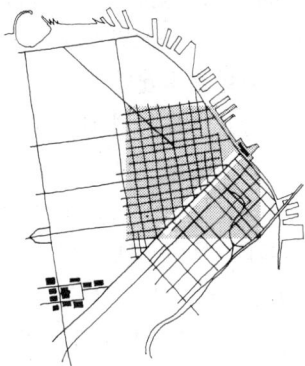

有一段时间，放学以后，我会经常跑去找我爸爸，他的办公室就在市场街的安德伍德大厦（Underwood Building），这座建筑坐落在街道的南侧，离新蒙哥马利大街（New Montgomery Street）以东半个街区上。当时是在20世纪30年代，这对于我来说是一件大事。我喜欢往市区那边跑，而市场街则是城里最了不起的地方。那里有你想要的一切：办公楼、商店、大型的豪华旅馆、吃东西的地方、有轨电车、数也数不清的人来来往往，什么样的人都能碰见，当然还有电影院，总之你想要什么，那里就有什么。市场街上有那么多大型的电影院：潘泰格斯（Pantages）、沃菲尔德（Warfield）、金色大门（Golden Gate）、圣弗朗西斯（St. Francis）、派拉蒙（Paramount）、福克斯（Fox）。这些影院有的拥有管弦乐队或者管风琴，有的还会有歌舞杂耍表演。所有的这些建筑都恰如其分地出现在拥挤的街道上，其中居然还设有商店——这一点与泽勒巴大厦（Zellerbach Building）不同，泽勒巴大厦建于60年代，周围是花园，在市场街上留下了一个巨大的空隙。这显然对街道有害无益。我爷爷在市场街附近的克尔尼（Kearney）大厦拥有自己的衬衫加工车间与销售办公室，克尔尼大厦有25层高，我爷爷的办公室在第二层，第八层与第九层则是低等酒吧聚集的场所。那里时常会有一些串演的小节目与喝醉了的人。市场街上有许多可以吃东西的地方：有一些自助餐厅，例如克林顿餐厅（Clinton's），可以提供快餐。街上还有一些酒吧与烧烤摊，例如棕榈公园烤肉店（Palm Garden Grill）就提供户外的海鲜排档。我想，所有的这些现在可能都已不复存在了。有时候，市场街上会有蒸汽机车驶过；每当听到汽笛长鸣，所有人都会驻足观看，尤以长长的拖车与装备长梯的消防车最让人瞩目。

最重要的一点在于，街道上总是有很多人、有轨电车在往来行驶，还有各种各样不同的活动，正因如此，那个地方才特别讨人喜欢。我当时是一个十几岁的少年，对于像我那么大的小孩子来说，市场街似乎是一个巨大的、成年人化的、久经世故的天地，在那种灰蒙蒙的雨天或傍晚则尤其如此。市场街上每天会有三次人流高峰：早上是第一次；午餐时分是第二次，此时工作人员与购物者会在街上散步，或者去快餐店或饭馆吃东西；而到了傍晚的时候，第三次高峰来临了，人们会在街道上等候开往自己街区的有轨电车回家。大部分的交通系统云集于此。有轨电车，像一头巨大、笨重的钢铁怪物，盛满了归家心切的人，叮叮当当地驶进渡轮码头（Ferry Building），驶过巨大的回车场环线。有时候在街道的同一地点上会并排停着四辆有轨电车，两辆向东行驶，另外两辆则朝向西方进发。位于渡船码头旁的回车场与阿姆斯特丹火车站前广场的交通回线不同，那里是一个异常繁忙的地方。渡船的个头很大，它把东岸（East Bay）的员工运送到这里，那些人不是来搭电车，就是走过码头（Embarcadero）上方的人行天桥区到市场

市场街，与加利福尼亚大街交叉口附近的图景——1937 年

根据保罗·沃德（Paul Ward）的摄影绘制
而成，该照片引自 C·约翰逊（C. Johnson）
与理查德·莱恩哈特（Richard Reinhardt）:
《旧金山今昔》(San Francisco As It Is, As
It Was)，花园城市（Garden City），纽约:
道布尔戴有限公司（Double and Co.,Inc.），
1979 年

市场街，与加利福尼亚大街交叉口附近的图景——1992 年

街的端点，再到那条街道上去。其他的有轨电车、无轨电车、缆车也会停靠或经过渡船码头。有轨电车在行驶的过程中彼此的距离很贴近，外线走的是市政交通的轨道，内线是市场街自己的轨道交通。两条轨道线彼此距离只有2英尺，而在街道上等候内线车的人群则都挤在这2英尺的空间中，前后都有车辆不断驶过。有时候，有轨电车会在街道上飙车——那是一种真正的竞速。

市场街是为了大型活动而修建的。每逢游行庆典，我的父亲都会带我们到五层的一个空房间，去俯瞰街道中的场面。我们会观看那些游行的队伍，尤其是在大规模的陆、海军节游行（Army-Navy Day Parade）过程中，音乐声、叫喊声以及挥舞的旗帜都混成了一片，而劳动节的游行（Labor Day Parade）则是以单元表演的形式呈现的，似乎每个庆典都备有自己的乐队。警察在来回巡视，人行道上则是异常的拥挤。

我还记得从父亲的办公室回家的过程。我们大约在17∶05的时候来到街上，在第二大道（Second Street）的位置上穿过街道，在安全岛（Mun i island）上等车回家。路上挤满了人，人们从办公楼中出来，走向渡船码头，各种各样的人都朝着各自的目标进发。我们乘上一辆拥挤的有轨电车，一直向西行驶，在驶向双子座（Twin Peaks）与隧道的过程中，我都在不断地观看着车窗外面的景物变化。刚刚从那段三英里长的隧道出来，我们就在维森特（Vicente）站下车了，车站的位置在我家住宅区的一侧，位于圣弗朗西斯·伍德街（St.Francis Wood）上，然后我们就到家了。[14]

旧金山的市场街曾经是一条伟大的街道。如果有人说起旧金山有一条宏伟的林荫大道、一条宽广的大道或者主街的话，那他指的就是市场街了。那些描写旧金山的人，迟早都要到市场街上去看一看；看看那些主要的建筑，尤其是大酒店到底什么模样，看看整个城市和市民怎样向那里集中，在地震与1906年的火灾之前街道上有多少的地产开发与标志性建筑，随着大火的蔓延街道沿线损失了多少主要的建筑，看看大火之后街道如何复兴，它的有轨电车、庆典游行、它的庄严与伟大、它的低俗酒吧又发生了什么变化。[15]老一辈的人谈起市场街，都说它曾经是一条伟大的街道，但是现在却已今非昔比。这个"曾经"似乎是在第二次世界大战之后的几年里结束的。战争期间以及战争刚刚过去的一段时间里，许多水手、士兵都曾经过这座城市，对于他们来说，当时的市场街就象征着旧金山的活力、友好以及美国未来的希望。虽然人们非常努力地阻止它的盛极而衰，今天的市场街却已经不再属于伟大街道中的一员了。旧金山已经发生了变化，市场街也就发生了变化。

市场街的显赫与其地理位置有着很大的关系。与旧金山其他的街道不同，市场街是这座城市真正的脊梁，它从海湾附近的渡船码头向西南方向延伸了3英里，一直到达双子峰的脚下。它是两种不同尺度的街道网格肌理的碰撞点与结合处，一侧是市区中历史悠久的北市场区域，它与市场街斜向相交，而南侧则是尺度较大的方块街区。街道与风景都在向市场街聚集，在市场街的北侧尤其如此。站在双子峰这道最具魅力的景观附近，朝东南方向瞭望，就能看到笔直的市场街，它一直通往渡船码头。它比周边的街道都要宽阔绵长，并且出现在它所应该出现的位置，亦即最能吸引众人目光的位置上——这是一种重要性的展现。这就意味着市场街是城市中的主要街道。

街道的位置、尺度以及上述的对比关系都没有发生变化，但是其他的一些事情已经今不如昔。首先，人们关注的对象发生了很大变化。诸如渡船码头、豪华旅馆、幸运鲍德温俱乐部（Lucky Baldwin's）、凯思大厦（Case Building）、重要的商店以及电影院等场所都已经不再吸引人们的注意，它们居然被人们当成了纪念建筑，成为被观赏、被参观的景点了。尤其是，参观这些纪念建筑并不只是那些市场街上初来乍到的游客要做的事，相反，几乎每一个人，无论是富人还是穷人，无论是居民还是外来者都是如此。有轨电车的存在似乎也是为了强化这种变化。相对于几十年前的情况，在 21 世纪刚刚开始的时候，市场街上可供涉足的场所已经大为减少。旧金山的人口构成与第二次世界大战结束的时候没有什么不同，但是在 20 世纪 90 年代，许多原来并不重要的地方变得重要，许多活动向别处转移。自然，市场街上还是保留了一些重要的商店，而且在哈乐迪广场（Hallidie Plaza）的大厦中甚至还新开了几家商铺。那里出现了许多新的焦点空间，商店的数目以及鲍尔街（Powell Street）缆车的终点要比这条街道上其他任何的地方都要多。但是市场街作为一个整体，已经不再具有昔日的活力与魅力了。甚至在视觉上处于中心位置、位于市场街尽头的渡船码头，在 20 世纪 50 年代也在很大程度上被快速路所取代，直至 1991 年快速路被拆毁之后，它才得以恢复旧观。

　　双重交通线以及街道上的有轨电车所起到的作用绝不仅仅是将人们运送到街道上。它们本身就是街道上的一道风景，标示着市场街的步调与尺度。汽车的数量相当庞大。可以想像，在街道上有两辆、三辆，或四辆汽车并排行驶的景象，它们都以适当的速度首尾相随，在街道上往来穿梭，车辆行驶速度从来都是慢悠悠的，如果一个年轻人恰巧错过了他想搭的一班车，当他沿着车行路线跑到下一个停靠站的时候，那班车或许还没有到达。你很难注意到这些。因为在街道上人行的速度要比车行的速度还快。公共汽车会有规律地停车，在街道的沿线不断地接送乘客。然而当大多数的机动车辆与行人都被置于地下，当沿街的公共汽车停靠站被削减到了 4 个以后，街道的物质特征也就会随之发生许多变化，因为街面上曾经的人流和活动大都转移到了地下，只留下空空荡荡的一条街。

　　时间的流逝不仅带来了沿街建筑规模的扩大与数量的减少，还带来了建筑对街道空间的处理以及人们欣赏建筑的方式的变化。至少在 20 世纪 40 年代末之前，市场街上漫步的人们会光顾那些店铺。他们会完全忽视底层以上建筑的样子，因为在街道的地面层标高分布着太多的商店，到处都充斥着橱窗、入口与广告牌。人们纷纷走进这些商店，挑选自己喜爱的商品。上层办公室的入口则非常简单，与商店的精致门面形成对照。对于步行者来说，这条街就是商店的大检阅，每一家店铺与下一家相比都有微妙的差别。最为重要的是，它们都是充满活力，让人目不暇接。现代的办公大楼则更倾向于沿着人行道布置入口门厅、银行，或者其他大型的非公共性空间。这样，在街道上吸引人们目光的东西少了，趣味性相应削弱。

　　在街道地平面以上的标高上，其实变化也非常显著，甚至或许比地面层的变化还要更大。过去建筑的外立面或许是使用石材、涂料，或瓷砖材料的，它们都拥有自己独特的窗子与独特的百叶，都是属于某个特定的业主，或者说它们独特的外观暗示着主人与众不同的品味。而在今天，建筑的外观模式在很大程度上来说没有明显特征，常见的垂直与水平的线条使得楼层的区分都变得十分困难，就更不用说分

市场街的某区段：平面图，1990 年

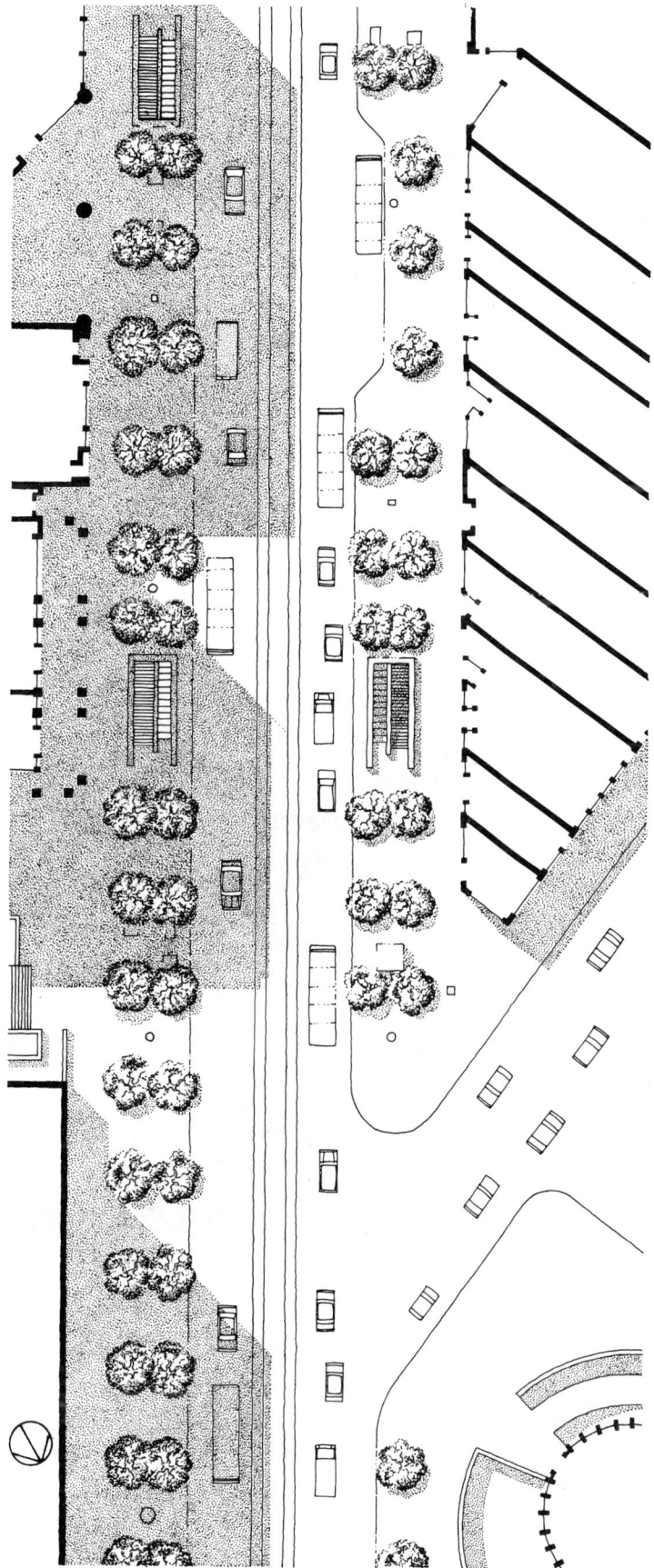

大致比例：1″ =50′ 或 1：600

市场街的横向剖面图，1990年

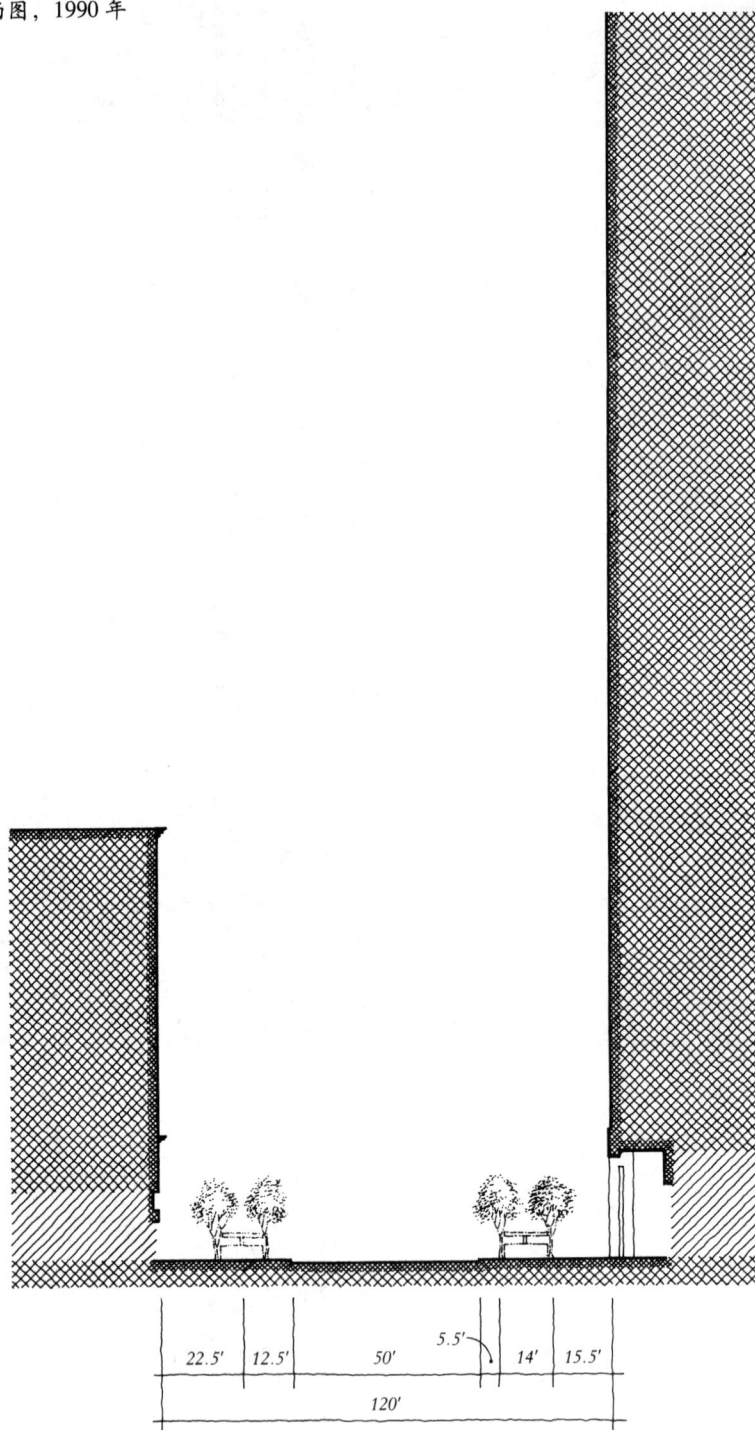

22.5' 12.5' 50' 5.5' 14' 15.5'

120'

辨窗子以及窗子背后的人和物会有什么区别了。简而言之，街道上最巨大的变化，也就是一条伟大的街道与一条不那么伟大的街道之间的差别所在，就是市场街上社区凝聚力的削弱，以及随之而来的个性与趣味性的减少。

人们并不是没有察觉到现在的市场街已经不再是以往的市场街了，也并不是对这种现象漠不关心。早在 1967 年，有超过 2/3 以上的投票者，赞成花费将近 2500 万美元的资金，将市场街再次改造成为伟大的街道。正是这次改造为市场街增建了地铁，同时也带来了更宽的人行道、更多的树木、修饰一新的街灯、新的宽大的铺地以及尺度较大的花岗岩路缘石、一组新的街道标示牌、长椅、经过特别设计的垃圾箱以及其他的细节设计，此外还新增加了三个大广场与更多的小广场，它们都是经过精心的设计后建造起来的。这些举措在街道中确实创造了一些积极的多样性，但是多样化的程度还远没有达到人们心目中的预期。改造之后，又有 20 年时间过去了，树木仍然还没有成为街道上的主要景观。它们还不够高大，而且看上去也不怎么繁茂。砖砌的人行横道，作为人行道的延续，已经被一些难于描述的、略带红色而又略带桃色的合成材料所替代。沥青已经蔓延并覆盖到这种特殊的铺地材料上了。而环卫（即保持街道的清洁）与维护（例如树木与人行道的保全），这两种不同的举措似乎被混为一谈了。

在公共性的露天空间中，只有在鲍尔街尽端的哈乐迪广场以及位于巴特瑞大街（Battery Street）路口的动力纪念碑（Mechanics Monument）小广场的使用效果良好。在市场街的尽端，也就是有轨电车的回车场的所在地，非对称的加斯汀·赫曼广场（Justin Herman Plaza）已经成为一片荒芜的废墟。市政厅及为其服务的市政建筑形成了"城市之美"轴线，而市民中心广场（Civic Center Plaza）则标志着这条轴线与市场街的交点，这座广场尺度很大，而且已经饱受风雨的洗礼，其中有一座奇怪的、偏离轴线的喷泉，这座喷泉理应出现在俄勒冈州（Oregon），因为俄勒冈是产生这种喷泉概念的家乡。然而，哈乐迪广场则是一个边界清楚、阳光明媚的舒适空间，其中聚集了大量的人群，将人们的注意力吸引到了市场街上，并给其中的街区注入了活力；或者说这种作用是双向的，市场街对哈乐迪广场也起到了积极的作用。

市场街上很少有用新建筑取代不太旧的建筑的情况，现在，在街道沿线有太多的生面孔的建筑，将那些半旧的建筑保留下来，将有助于我们延续街道的记忆。但若想重新目睹街道上生意盎然的繁忙景象，那些曾经帮助市场街成为伟大的街道的活动，在短时间内是不可能的。但假若锲而不舍，建筑的底层是能够被改造成对行人更有吸引力的室外空间的，而且，那两个尺度巨大且魅力全无的公共空间也可被重新设计与建造。事实上，当快速路在渡船码头前穿过市场街，而市民中心的西侧开始衰落时候，在市场街尽端的一个新建的广场里，久违的趣味性重新出现了，这种现象表明了人们对于所失去的东西有所反省。最后要说的是，街道上的树木仍会得到精心的培育，还会继续长大。假如有一天它们足够高大，其本身就能够成为街道空间品质的保证，那些不够体面的建筑，也就能够被有效地遮蔽掉了。

第6章　　　　兰布拉斯大街（**Ramblas**），巴塞罗那

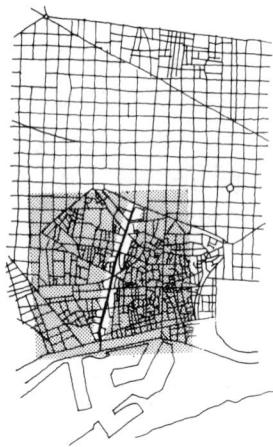

　　如果说在哪个城市中有着世界上最优秀的街道的话，那巴塞罗那的兰布拉斯大街或许就会突现出来。它在城市以及哥特地区（Gothic Quarter）占据显要位置，与其周围狭窄的、弯曲的城市肌理相对，显得气势恢宏。设计者为其赋予了好客的秉性，加上街道两旁建筑的优良品质，使其成为游客纷至沓来，人人以一睹其芳容为幸事的一条街道。一个世纪以来，人们纷纷到这里漫步，把这当成赏心乐事，而街道也张开双臂欢迎慕名而来的人们。兰布拉斯大街，实际上是由三段彼此前后连续、行人川流不息的街道组成的，路线很长，但并不十分笔直，它从港口处的哥伦布雕像（Columbus Statue）逐渐上行到达加泰罗尼亚广场（Plaça de Catalunya），该广场标志着19世纪城市的开端，其面貌想必会给初来者留下非常强烈印象。这条街道的设计思路非常明确，那就是给人们提供一个置身其中，散步、会面、聊天的场所。它成功了。步行道非常宽阔，位于街道的中央，树木成为它两侧的屏障以及头顶上的华盖，它是步行人流汇集的中心，而机动车的路线则被推至步行道的两侧。这是一种反常规的作法，对于那些为街道建立了一整套指导方针的社会精英们来说，这条街道不啻为一种打

中央步行道，兰布拉斯大街

兰布拉斯大街的沿街景观

击。它给人留下如此深刻的印象,以至于任何人都不能轻易忽视它。如果说有人——老人、年轻人、男人、女人、居民、观光客——去过巴塞罗那却不知道兰布拉斯大街,那倒真是不可思议的事情,甚至完全不可理解。人们回忆起这条街道,往往会充满感情。

自然,那些造就了兰布拉斯大街的物质元素,有许多在其他的杰出街道中也可以找到。街道虽然很长,但是仍然有明确的起点与终点;人们知道它从哪里开始,又到哪里结束。许多高度非常相近(5 到 7 层高)的建筑排列在街道的沿线,界定了街道的空间。建筑的底层是商店,商店中的橱窗给街道带来一种通透的感觉,行人可以看到或感受到商店内部的物品与买卖。沿街有很多入口,多到了每隔 13 英尺就

兰布拉斯大街的沿街景观

会出现一个的程度。建筑的立面通常都非常复杂,无论是就表面而言还是在细节方面都是如此。当然,它们不会完全相同,但彼此之间却能保持协调。街道上不仅有很多的入口与橱窗,还有很多的建筑。有些建筑的沿街立面非常狭窄,甚至只有 15 英尺。街道沿线最主要的人流聚集地——大剧院与公共市场——以及道路交叉口的设计都非常突出与醒目。大剧院附近有地铁的停靠站。似乎街道两侧的商店与餐馆还不足以满足大量的使用需求,在中央步行道上还断断续续的布置了许多摊位,小一点的是卖鸟或卖花的,大一点的摊位是卖杂志的,偶尔还设置了一些用阳伞遮蔽的桌椅,以提供餐饮服务,食物供给来自于狭窄的车行道对面的酒吧。在街道上，有很多空间可以让行人停下来小憩片刻。虽然很不幸，最近街道上新增了一些多余的街灯，但是它们仍然能够吸引很多人的注意力，街角处的街灯则尤其醒目。街道上还栽植着树木，是尺度较大的伦敦悬铃木，树的分枝是从距地面 15 到 29 英尺的高度上开始的，树冠在高处创造出一个交织而成的华盖，并给其下的空间带来了绿色的、斑斑驳驳的光影效果。

大门细部，兰布拉斯大街

兰布拉斯大街是为了步行而设计的，它是如此成功地完成了设计意图，以至于它的任何地方都堪称杰作。另外，它的尺度、长度以及规律性与哥特地区蜿蜒的密集路网都形成了鲜明的对比，再加上它将哥特地区分成了两半，结果这种对比就更加引人注目了。正因如此，街道也就不可避免地为城市中这个最古老的区域，乃至整个巴塞罗那城提供了一种位置感与秩序感。这条街道建设之前，这块地方本是一片季节性干涸的沼泽，它确定了中世纪城墙的界限与位置，而今天的兰布拉斯大街正是在这种背景之上不断演化而来。正如景观建筑师劳瑞·欧林（Laurie Olin）所指出的：

> 最确切地说，在西班牙（加利福尼亚的南部也是如此），会发现无花果树——这种悬铃木在基因上的祖先——自然地排列在那些通常已经干涸、沙化的河床上。时至今日，当人们从加泰罗尼亚广场开始向下步行，走在两侧都是悬铃木与建筑的、微微弯曲的道路上（它们就像是河流的堤岸一样环抱在街道的两侧）的时候，仍能够感受到古老河道的灵魂。[16]

中央步行道，是条宏伟的大道，它的宽度也富于变化，在最狭窄的地方，其宽度是 36 英尺（11 米），而在加泰罗尼亚广场处则超过了 80 英尺（24 米）。而在大多数的区段，中央步行道大约都是 60 英尺宽。除了在街道起始点附近以外，树木的排列间隙都不是那么的有规律，但树木之间的距离通常也不会超过 20 英尺，它们都被栽植在路缘石向内侧偏移 2 英尺左右的位置上。这些间距很近的树木就像是一排柱子，将中央步行道与两侧的单向车行道隔离开来。两侧车行道的宽度在 15 到 33 英尺（4.5 到 10 米）范围内变化，通常会包括两条车行线路和一条停车线路。而建筑旁边的人行道，在最窄的地方是 3 英尺，最宽的地方则可以达到 20 英尺（6 米），但是在大多数的区段中都是小于 10 英尺的。所有的这些设置都意味着，在兰布拉斯大街上主要的步行空间是中央步道，而不是商店旁边的狭窄的人行道，而且这也意味着人们会经常穿越两旁的街道，使它们变得富有人情味，另外也会经常地打断车辆的行驶。简而言之，行人拥有了一段具有优先权的通行空间，即中央步行道，所以说是行人设定了整条街道的速度与基调。中央步行道并不是很宽，因此走在其中的人能够认出人行道上的步行者，而且即便不能仔细欣赏对面橱窗中的商品，也能够瞥见商店中的情形。设计保证了街道的舒适性：夏日的浓阴与冬日的暖阳，都归功于落叶

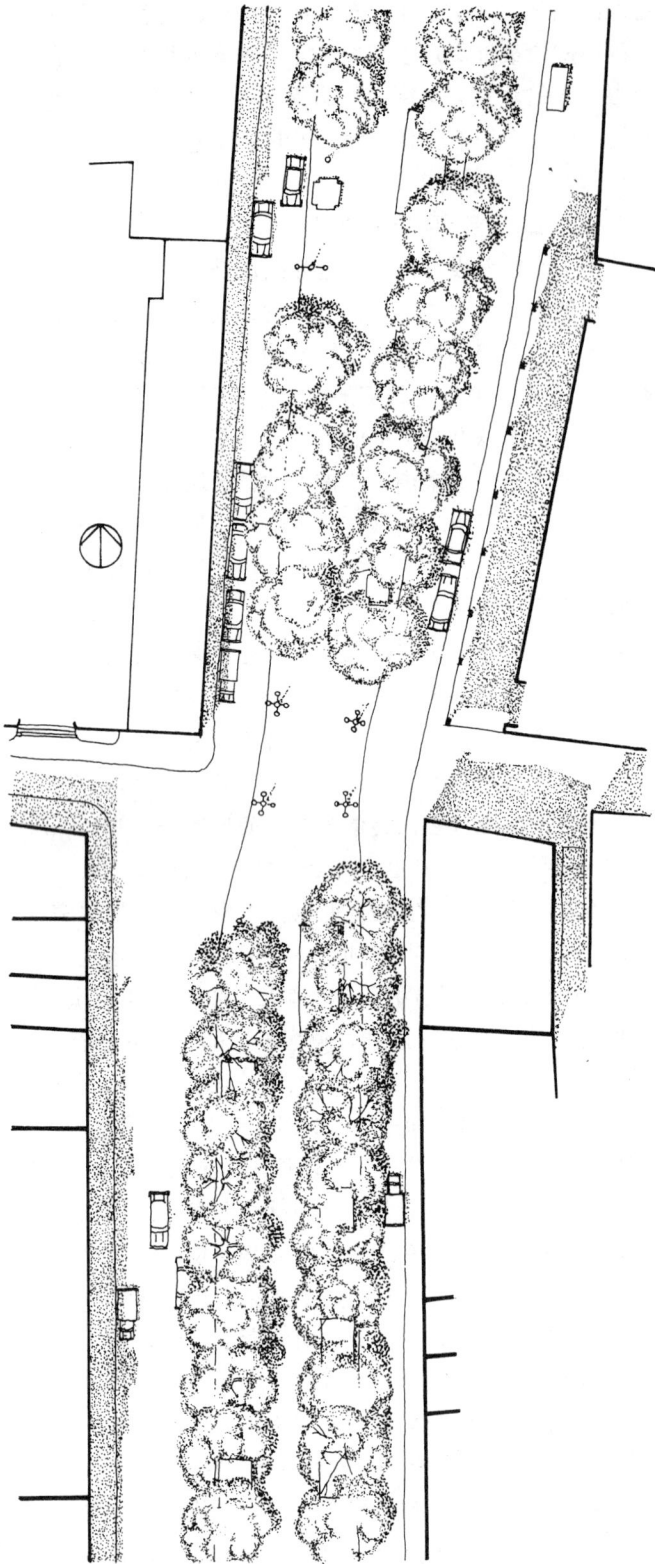

位于凯拉旅馆大厦（Carrer dels Tallers）
附近的兰布拉斯大街：平面图与断面图

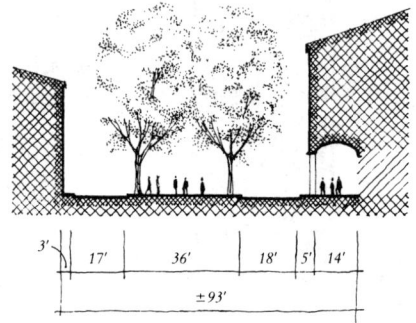

3′ 17′   36′   18′ 5′ 14′
±93′

大致比例：1″ =50′ 或 1：600

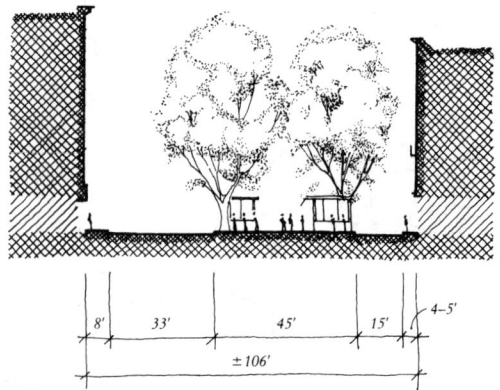

8′   33′   45′   15′ 4-5′
±106′

的伦敦悬铃木以及建筑高度的控制，这种设计保证了在冬季每天至少有一段时间阳光普照于街道之上。这里面并没有什么复杂深奥的道理，但却取得了令人惊异的效果。

兰布拉斯大街与其所处的地理位置非常协调。周边的城市肌理是由不超过 10 英尺的、蜿蜒曲折的街道及其沿线 6 层高的建筑所组成的。这是一种非常紧密的街道模式，虽然并没有给人带来不快的感觉，但是街道在不断地弯曲、转向，使人很难辨明方向，同时也给街道披上了一层神秘的色彩。目前这里仍然保持较高密度（虽然与过去相比略有降低）：许多的人和活动都集中在一个相对狭小的空间中。所以兰布拉斯大街的存在与周边的环境形成了对比；它很开阔，或许这和大运河与其周围的威尼斯城的相对关系是一样的。当你来到兰布拉斯大街，你会知晓自己身处何方。而如果你是在古老的哥特区域行走的活，你就会感到非常迷惘，很难分辨自己在什么地方，或许你很有可能将参照点设定在兰布拉斯大街。人们时时刻刻都能感受它的存在。可以将它想像成是一座长长的线性城市公园，在密密匝匝的、通常相当晦暗、总是充满阴影的城市肌理当中，它是一个明亮的、可以短暂休息的空间，明确地表现出自身的特征。

在兰布拉斯大街上，并不是每一样东西虽都像至善论者所期望的那样完美。一些空置的或半空置的建筑，并没有保持它们的最佳状态，所以在某些地方，建筑略显灰暗，或者说是有一点肮脏，这种现象的出现令人不安。在哥伦布雕像柱附近有一些较新的建筑似乎并不属于这条街道，因为它们与其他的建筑不在同一条线上，

喷泉与路灯，兰布拉斯大街

而且也没有考虑建筑与其前方的树木的关系——这种做法显然并不适宜。铺地的设计是在条纹状混凝土中加入暗哑的色彩，这是非常缺乏创意的做法。为了改善这条处于不断变化中的街道，人们付出了持续不断的关注与努力，但是仍然会时不时出现一些疏漏。最明显的例子就是一组高大的街灯，其反光板的形式非常奇怪；而最近设立的信息与广告电子显示板也是如此。

但是这些瑕疵都无伤大雅。整体设计的宏观效果可以抵消这些缺点。在深夜，或许是在夜里11点前后，那些古老的街灯早已被点亮了，它们用一串金黄色的光芒标识出了人行道的位置。无论是在夜晚还是在白天，兰布拉斯大街都是不拘礼节的、舒适的。甚至哪怕是在一个寒冷的下着蒙蒙细雨的夜晚，街上还会有许多缓步慢行的人们，他们仍然会停下脚步，坐下来喝上一杯。不能否认，兰布拉斯大街真是一个了不起的去处。

第7章

伟大的居住性街道

纪念碑大街（**Monument Avenue**），
里士满，弗吉尼亚州

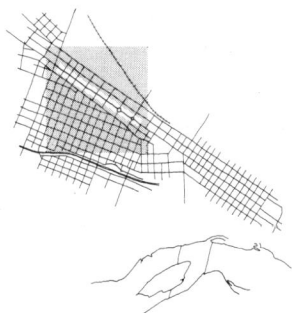

　　北美首创的居住性的林荫大道或许可以说是对世界街道所做出的独一无二的贡献。这类街道通常都很宽阔，沿途总是排列着高大的树木，常常拥有优美的曲线。夏日里，这些街道上绿树成荫，凉爽异常，同时也十分静谧。有些居住性林荫大道的中央，会有栽满植物的步行道，有的则没有（中央绿化区中偶尔会有电车隆隆驶过），但无论是哪一种情况之下，街道的长度都会很长。林荫大道的两侧是规模较大的住宅，彼此之间留有一定的间距，而且沿街建筑退进很大的一段距离，建筑与街道之间是养护良好的草坪。通过以上种种配置，这种街道能够给人带来一种幸福、安宁的感觉。而它们的设计初衷也正是如此。通常它们都会是地产开发宣传的重点，而且会在街道两侧的住宅出现之前建造完成，街道本身精工细作，以预示将要出现的风景，并且告诉那些未来的自建住宅的富豪业主们，这里正是为他和他的家人所量身订做的住家空间。这种类型的街道或许起源于法国的林荫大道或者是英国的乡村，而且在早期的美国，小城镇的居住区中就已经出现了榆树遮蔽的主要街道。它们通常与郊区开发联系在一起，而在城市中心区的环境中则很少出现。作为明尼阿波利斯（Minneapolis）公园系统的一部分，将湖泊联系在一起的各种各样的公园道路都属于这类街道，而位于华盛顿特区的马萨诸塞大道（Massachusetts Avenue）、俄亥俄州夏克尔－海茨城（Shaker Heights）的夏克尔大道（Shaker Boulevard），以及克利夫兰－海茨（Cleveland Heights）的费茂大街（Fairmount Boulevard）与欧几里德－海茨大街（Euclid Heights Boulevard）也同样属于居住区中的林荫大道，这里需要说明的是克利夫兰－海茨是克利夫兰（Cleveland）城东郊的居住区。这类街道还有其他的实例，如位于新奥尔良（New Orleans）的圣·查理斯大道（St. Charles Avenue）就是一个城市中的例子，另外还有加利福尼亚州帕萨迪纳（Pasadena）的橘树林大道（Orange Grove Boulevard）。本章所要详细阐释的纪念碑大街就是一条位于城市中的街道，距离市中心并不算远。在这条街道沿线居住的并不一定都是有钱人。但是它的物理环境设计却十分引人注目。

　　纪念碑大街是弗吉尼亚州里士满的主要街道。在起始点处，这条街道有另外的一个名字——富兰克林大街（Franklin Street），它的起点位于市区内的议会大厦广场（Capitol Square），其长度是 1.5 英里，而到了斯图尔特广场（Stuart Square），名字就变成了纪念碑大街，这两段街道的分界点是杰布·斯图尔特（Jeb Stuart）[①]雕塑。接下来纪念碑大

---

① 杰布·斯图尔特（Jeb Stuart, 1833 年 2 月至 1864 年 5 月）是美国南北战争时期南军杰出的骑兵将领。—— 译者注

纪念碑大街：平面图与断面图

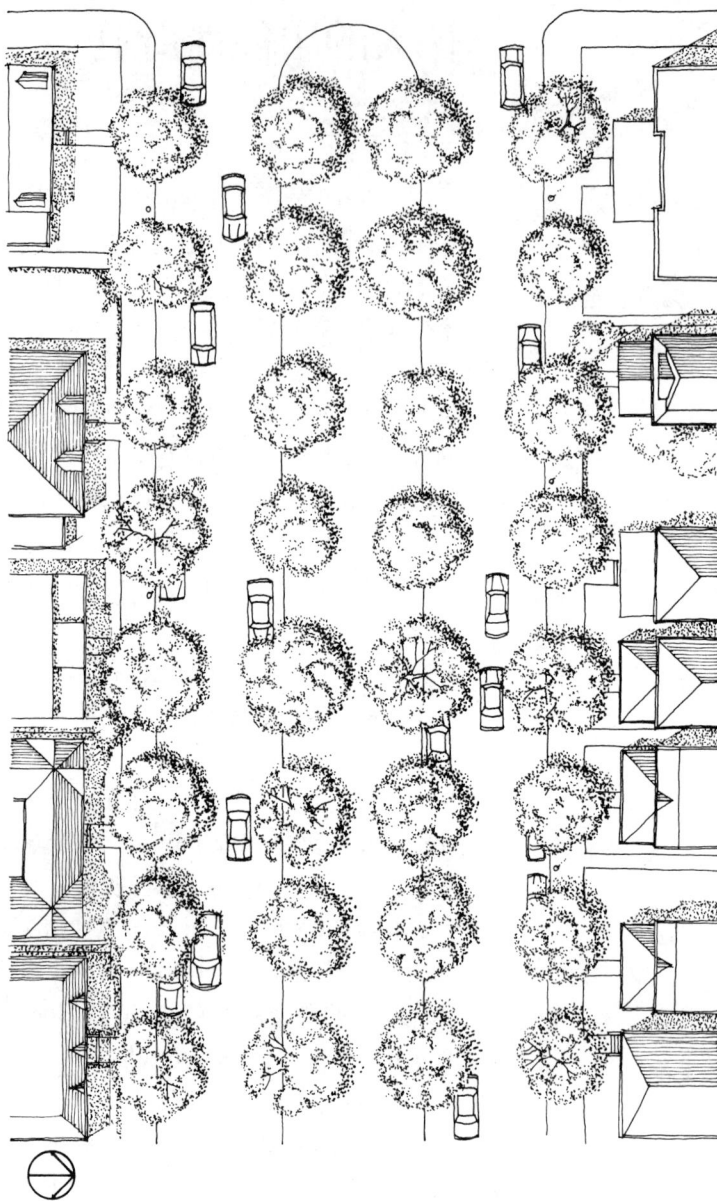

大致比例：1″ =50′ 或 1：600

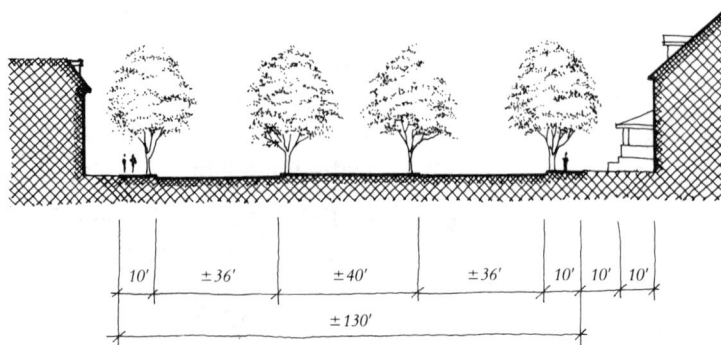

10' ±36' ±40' ±36' 10' 10' 10'

±130'

纪念碑大街，靠近林荫大道附近的景观

街向西北方向笔直地延伸了好几英里，结束在城市的尽头。在官方认定的起始点上，纪念碑大街是范区（Fan District）的一个部分，起始点就在范区北侧边界向内的两个街区的位置上。

在范区中，城市街道的密度很高，街道两侧几乎都是砖砌的联排住宅，相邻的两栋住宅共用一堵侧墙，一户、两户或者四户家庭共用一栋住宅楼，另外这里还有公寓楼存在，住宅楼彼此之间的距离很近，退后人行道的距离很窄。棋盘格式的街道模式在很大程度上是方形街区的必然结果，每个街区的边长大约都是350到380英尺。而且，每个建筑地块的尺度都很小，通常仅为20英尺宽或更窄，尤其是，越接近城市的中心，越接近街道位于范区的起始点，尺度也就越小。更大的尺度似乎伴随着更大的间距，反之亦然。一些密度较大的街道，其特征与费城（Philadelphia）的街道没有什么不同；都是由面宽狭窄的砖砌连排住宅所界定的街道。在一些街道的沿线，仍留存着一丝优雅的气息，并且能让人感受到它昔日的富庶。紧邻范区的东侧，坐落着弗吉尼亚大学（University of Virginia）的里士满校区；校园中，许多的新建建筑与古旧建筑混杂在一起，校园内的师生及各种活动、包括学校的边界，都已经渗透到校园以外，并蔓延进入范区。在20世纪的50年代与60年代，校区附近不幸表现出"内城衰退"的迹象，并且成为区域联合发起的城市复兴计划的一部分。非裔美国人都被迁移到更边远的城市区域，其中就包括范区。进入20世纪90年代，许多城市中都仍留存着大面积居民稀疏的"灰色区域"；而里士满城中的这座大学就是位于这样的区域。但一些人看上了范区在区位、城市街道以及住宅开发方面的潜力，

纪念碑大街，里士满

开始关注这个区域。在这里出现了许多城市更新行为，似乎经常都是年轻人在这里修建房子，来此定居。并不是范区中所有的元素都被保持到最佳状态，而且，如果说在当时这里还居住着许多富人的话，那么眼下即使一部分人离开已经了，其中的文明与高雅却被保留下来。

令我们感兴趣的是纪念碑大街的一个区段，这个区间从斯图亚特环廊（Stuart Circle）一直延续到与北方大道（North Boulevard）相交的道路交叉口，跨越了 8 个街区，接近 1 英里（1.6 公里）的距离。这段街道是一段伟大的街道：它是一段属于城市的居住区林荫大道，靠近市中心；它是对已经结束的南北战争（Civil War）的重要纪念，正是这场战争促成了这条街道的建造。纪念碑大街是对物质环境设计的积极贡献，同时也是一种社会成就。

纪念碑大街，尺度较大的独户住宅

    纪念碑大街的这个区段看上去非常简单。在一条 40 英尺（12 米）宽的中央分隔带两侧，依次是各为 36 英尺宽的车行道及 10 英尺宽的人行道。住宅与小型公寓单元从人行道边缘向后退进了 20 英尺，这个距离不包括门廊，在有门廊存在的区域，退后的距离只有 10 英尺。建筑多是两层半高到三层半高。沿着两条人行道与中央隔离带路缘的内侧，种植了橡树与糖枫树，其中以糖枫树居多。它们的高度在 30 到 50 英尺之间变化，且形成了四道笔直的树列。

    这段线性的街道极其完美——其中无论是树木、中央隔离带、街灯、路缘石的细节还是街道的铺地本身都美轮美奂——被沿街的四座纪念碑不时打断，构成了这条街道独特的物质环境氛围。树木的间距整齐划一，彼此相隔 36 到 40 英尺，在街道的纵横两个方向上都排列成行。在道路交叉口处，树木的间距尽可能的小。在街道的纵向上，树冠彼此搭接在一起，更加强调了四道树列的感觉。街灯的设计有两种（最雅致的那种是橡子色的球形灯罩安置在深绿色的、有凹槽的灯柱上）；街灯的间距在 80 到 115 英尺之间变化，但是它们也同样沿人行道创造了一种线性的感觉。两条车行道上都铺设了灰色的沥青砖，每条路的两侧都有 3 英尺宽的混凝土路缘带。在每条 36 英尺宽的车行道上，都有两道停车区域和两条行车路线，与 20 世纪 90 年代初同样宽度的街道设计相比，允许停车的宽度增大了（当时只允许有一条停车道）。车行道的路缘是连续的，没有中断，因此线性的感觉被再一次地加强了。最后要说的是沿街的建筑。虽然在设计与材料选用（虽然多数都是砖砌建筑）方面没有两栋

纪念碑大街，多户住宅楼

建筑彼此雷同，但是建筑的高度都很相似，所以它们也沿着街道排列成了一条直线。建筑彼此之间离得很近，因此无论是步行还是开车经过纪念碑大街，人们通常都不会从建筑的间隔中看到住家的后院。

在纪念碑大街上，并不是所有的元素都排列成线形。除了在街道起点与终点处的视觉中心外，即位起点处的斯图亚特纪念碑以及位于北方大道路口的石墙杰克逊（Stonewall Jackson）[1]纪念碑，另外还有尺度巨大的李将军纪念碑（Lee Monument）[2]以及同样位于斯图亚特环廊处的另一座纪念碑。每座纪念碑都是一个视觉焦点，即便不能让人驻足观看，每座纪念碑也都足以让行人驻足于此。在1英里长的路程之内，这些特别的时刻（为了纪念碑而稍作停留）都是一种重要的提示，它告诉我们，自己此时正置身于一条名声卓著、意义非凡的街道；而且当最后一座纪念碑也留在身后，我们就会察觉自己已经离开了街道的范围。在纪念碑大街这一区段内，机动车辆都在自觉地行驶，速度不是很快。其中的原委尚不能完全弄清楚——或许是因为那些

① 石墙·杰克逊（Stonewall Jackson，1824年1月－1863年5月）：本名托马斯·杰克逊，美国内战期间著名的南军将领。他是在罗伯特·李将军的北维吉尼亚军团辖下一个兵团任指挥官，在马纳沙斯之役中一举成名，被称为石墙·杰克逊。——译者注

② 罗伯特·爱德华·李（Robert Edward Lee，1807年1月－1870年10月）是南北战争期间联盟国最出色的将军。他最终以总司令的身分指挥联盟国军队。战后，他积极推动重建，在其生命的最后数年成为进步的大学校长。李将军维持着联盟国代表象征及重要教育家的形象至今。——译者注

纪念碑，或许是因为这段路上有 5 个交叉口，或许仅仅是为了享受在这段路上开车的愉悦感，也或许是因为这里的车行道不甚宽敞——司机们似乎都能合理控制自己的速度，不会超速行驶。

纪念碑大街两侧的建筑，所具有独特的性格更多的是因为整体的多样性，而与单栋建筑的设计品质关系不大。或许一些建筑相当突出，但更重要的是所有的建筑都能让人感到愉快。它们全都具有人性化的尺度，它们在沿街的立面上都有出入口；它们都有许多的窗子，窗子通常都有纤细的窗格，许多建筑都有门廊，这样人们不用真的站在街道上，就能够体验街道中的生活。砖是各种各样泥土的颜色。10 或 20 英尺的前院，是公共与私人领地之间的一个过渡空间，在这个空间里可以完成多种多样的园艺设计，包括栽植更多的树木与开花植物。从任何一点看来，各种不同类型与尺度的居住建筑都颇为引人注目：不同尺度的独户住宅以及其他各种类型的房子，从可以容纳两户的住宅到容纳六户，甚至更多家庭的公寓单元，在街道中都可以找到。不同收入、不同家庭特征的人的需要、使用方式与支付能力都有所不同，因此所对应的空间在类型与尺度上也都各自不同。这正是经济与社会多样化的结果。

如此说来，纪念碑大街并不是只属于某一类人群，它适合于老年人，也同样适合于年轻人与中年人，虽然它不是为最低收入的人准备的，但是它还是既适合于富人，也适合于那些不太富裕的人。很少有哪个居住区的街道，在经过精心的设计之后，能够如此宽宏，适应多种人群的居住需要。

在春天，一个星期日的早晨，树木已经葱葱郁郁。四周都很安静，但是在纪念碑大街上依然有人在活动：参加礼拜的人、慢跑的人、骑脚踏车的人、散步的人。一些看起来像是大学生的人正在进出公寓单元。老太太正倚在窗边，看着来往的行人。在不同角落里都会有一些小东西吸引人们的注意，或许那只是一两只气球。似乎今天这里是某种慈善游行所经由的路线，气球就是他们带来的。人们十人或二十人就形成一小群，在纪念碑大街的这一区段上向前行走，在走过一两个道路交叉口的时候，游行队伍及时地调整了行进方式，开始在两条路线上并行，立刻就变得引人注目。游行的队伍中有各个年龄段的人，黑人与白人也会出现在同一个群体里。他们花了几个小时才经过这一区域。选择纪念碑大街作为游行路线的一部分一定是出于什么缘由。具体的内情已无法探究，人们倾向于认为这是为了向更大的城市范畴展示这条特殊的街道，让人知道，当置身其中时，它是最令人身心愉悦的一条街道。

第 8 章

仅由树木成就的伟大街道

位于米尔斯学院（Mills College）的理查兹路（Richards Road），奥克兰，加利福尼亚州

卡拉卡拉浴场大街（Viale delle Terme di Caracalla），罗马

北京的街道，中国

在世界上任何地方的乡村公路上行驶，注意这里所说的可不是高速公路，也不是快速干道（autostrada），而是乡村公路——行驶到某些地方时候，你或许会看到两排树木之间的乡间小道或者是街道从你所行驶的路上分岔并延伸出去，通向一些不知名的地方。两排树，一侧一排，会吸引你的注意力。假如只有一排树，通常不会产生同样的效果。一排树可以标示出一个区域的边界，而不能标示出一条目的明确的道路。树木能够标示出路线。它们为驾驶带来乐趣、也使车行道或公路变得与众不同了。人们都盼望能在那样的道路上行驶，这种期许本身就非常引人遐想。你可能会希望知道在那条路的尽头会有什么东西出现，也许是一间房子，也许是别的风景。你可以想像自己沿那条道路前行，仿佛已经置身其中。如果你了解那条街道，那么你也会希望自己能亲身体会那个地方，因为它能让我们身心愉悦、备感舒适。最后，假如你终于来到了这里。即便在你刚刚行驶过的公路上并不缺少树木的荫翳，那条从主路分岔出来的道路在你内心里仍是那么与众不同、充满诱惑。树木之间的间隔很可能会比主路上的紧密，而你的行进速度也会随之慢下来。

上述乡村街道沿途都有成排的树木，在城市中也有一些与之极其相似的道路，在这些道路中，树木本身就成就了伟大的街道。这里要举的例子有：加利福尼亚州奥克兰米尔斯学院的入口大街，理查兹路；罗马的卡拉卡拉浴场大街；以及中国北京市的一条沿街植有树木的街道。

理查兹路————————

当我们走在米尔斯女子学院（Mills College for Women）入口大门前的开敞空间中，没有什么提示能够让我们知晓，自己正身处一条与众不同的街道的起始端点。一旦置于与这条道路之中，无论是车行还是步行，都会感觉被街道的空间热情拥抱，四周弥散着独特的欢迎气息，环境异常迷人；其中绝对重要的因素是树木，正是树木成就了理查兹路。毫无疑问，理查兹路不是一条公共道路：它并不符合永远向所有人开放的标准，虽然所有的人都可以使用它。它的伟大之处，在于它的设计能够邀请人们走进这条道路，并且也能够帮助学院形成一个充满凝聚力的统一整体。

车行道非常狭窄，大约只有 30 英尺（9 米），而且这条路也相对较短，只有 1200 英尺（不足 400 米），道路的终点是一个开敞的广场，在广场的两侧分别是观演厅与图书馆建筑。道路沿线还分布着其他的建筑，其中包括西班牙风格的音乐厅、小礼拜堂、体育馆，以及规模较小但

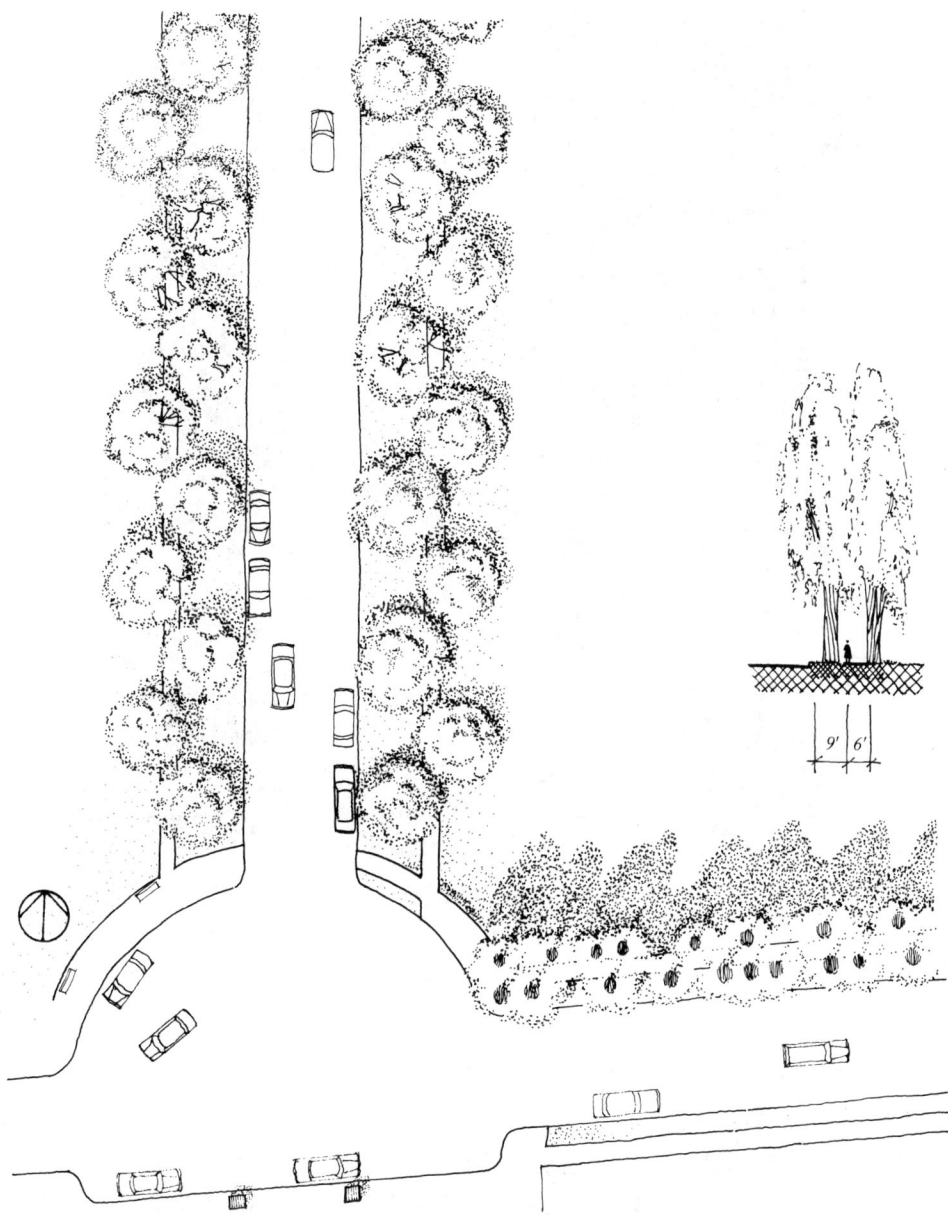

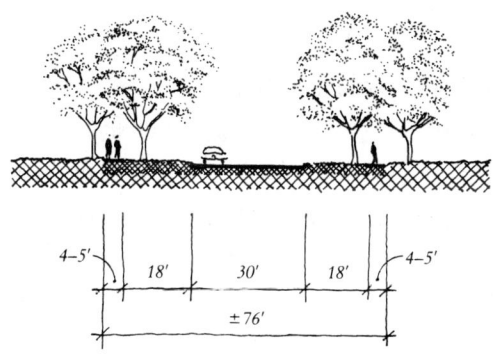

理查兹路，米尔斯学院，
奥克兰市：平面图与剖面图

大致比例：1″=50′或1：600

理查兹路

却非常优雅的、维多利亚风格的校长住宅。在道路终点的一侧还有一片水塘，位于距道路边缘较远的地方。所有的这些细节都让人身心愉快。它们与道路之间的距离恰到好处，自然能够以很好的视角呈现出来。但却是树木使得这些元素变得与众不同。

人行道非常狭窄，只有4英尺宽，平行于车行道，在靠近每条人行道的一侧都栽植着尺度适宜的伦敦悬铃木，这些树木交错排列，一棵出现在人行道的一侧，下一棵就会出现在人行道的另一侧。大概在距离地面8或9英尺的地方，树干才开始分枝，通常会有三个主要的分枝，然后再向上、向外继续分枝，直至相邻的枝干在头顶的天空中汇聚在一起，而道路两侧树木的枝干则没有交汇。这些树木是从草坪中生长出来的。这两条双层的树列覆盖了全部的人行空间，与此同时，每条人行道本身也都成为自己的沿街绿化。在这个几乎完全由绿色的地面、绿色的墙壁、绿色的顶棚所构成的线性空间中，车行道的沥青铺面只是相对很小的一部分。在这条道路上散步在视野中没有什么主要的焦点，只有这片被绿色包覆的宜人空间。

在道路的终点处的广场上，理查兹路与一条次要道路垂直相交，这条小路也有两条双排树木的人行道，但是树木的种类不一样，尺度也不相同。在这条小路上，人行道是 4 到 5 英尺宽。尺度巨大的桉树与其狭窄的人行道产生了强烈对比，这些桉树树干的直径已经达到了 5 英尺，而树木之间的间距却不到 3 英尺。走在这里，在这个狭窄的、高耸的，混杂着棕褐色、蓝色、银色与橄榄色的垂直空间中，侧面树干间的开口就好像是哥特式的窗子，周围都弥漫着一股清新的桉树的味道，虽然这条小路不是很长，但是人们仍能感受到自己正置身于一个公共的、充满美感的空间中。人们需要走进这条狭窄的小径，接下来进入由冷绿色的树叶界定的、开敞的理查兹路，然后才能走出学校的大门来到主街上。

米尔斯女子学院是一个面积很小，几乎与世隔绝的区域，一旦走进这所学校，就会看到那些精心安排的新建筑与旧建筑，它们以一种令人身心愉快的方式将人们聚集在一起，其中的环境能帮助人们彼此了解，并相互交流。理查兹路延续了这种传统，当男男女女在这条道路上进出的时候，理查兹路会告诉这些访客，这里是一处特别的、好客的场所。

卡拉卡拉浴场大街

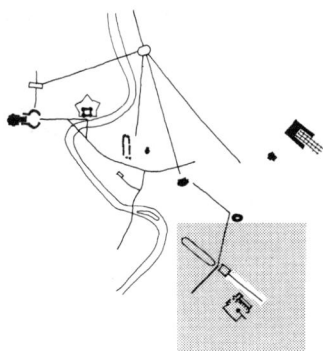

在罗马，连接在马西莫竞技场（Circo Massimo）与努玛·波姆比里奥广场（Piazzale Numa Pompilio）之间的是卡拉卡拉浴场大街，它之所以能突现出来，并成为一条伟大的街道，主要是因为其物质环境设计的品质。不是因为标示着这条大街起始点的阿克苏姆方尖碑(Obelisco di Axum)；也不是因为卡拉卡拉浴场的广场（Piazzale at the Baths of Caracalla）标志着它的转向点；不是因为道路沿线的任何建筑物，因为没有哪栋建筑能造就它的伟大；也不是因为街道所穿越的那座公园；甚至不是因为卡拉卡拉浴场本身，只是因为街道自身的完美设计。

卡拉卡拉浴场大街相当宽阔，街道两端外侧的路缘石之间的距离大约是 150 英尺(45 米)。它笔直地向前延伸了大约 3000 英尺(700 米)。位于中央的主要交通道，大约是 50 英尺宽，按标志每个方向有两条车行线，但是依照意大利的交通模式，根据需要或要求，这条道路上却能容纳 3 辆甚或 4 辆进出罗马市中心的重型汽车的快速道。在中央车行道与两侧 25 英尺宽的辅路之间是植满树木的绿化隔离带，每条隔离带上都栽植有两种树木，列成双排：较高的一种，是华贵的罗马松树，在松树之间还间种了较矮的栓皮栎冬青（Quercus ilex）。地面上是泥土与小鹅卵石以及松针的混合物，有的地方间或还会设有草坪。在绿化隔离带上分布着街灯，用以为中央车行道照明。是树木，再一次使街道变得与众不同。

松树，两两并肩而立，紧贴路缘石，它们彼此之间的距离大约是 30 英尺（9 米）。在松树之间种植了冬青。这样，沿着街道种植的主要的树木是每隔 15 英尺（4.5 米）就有一株,而在绿化隔离带的横方向上，两排树木之间的距离也不会超过 25 英尺（7.6 米）。一条绿化隔离带上的树木与另一条绿化隔离带上的树木位于同一条直线上。在卡拉卡拉

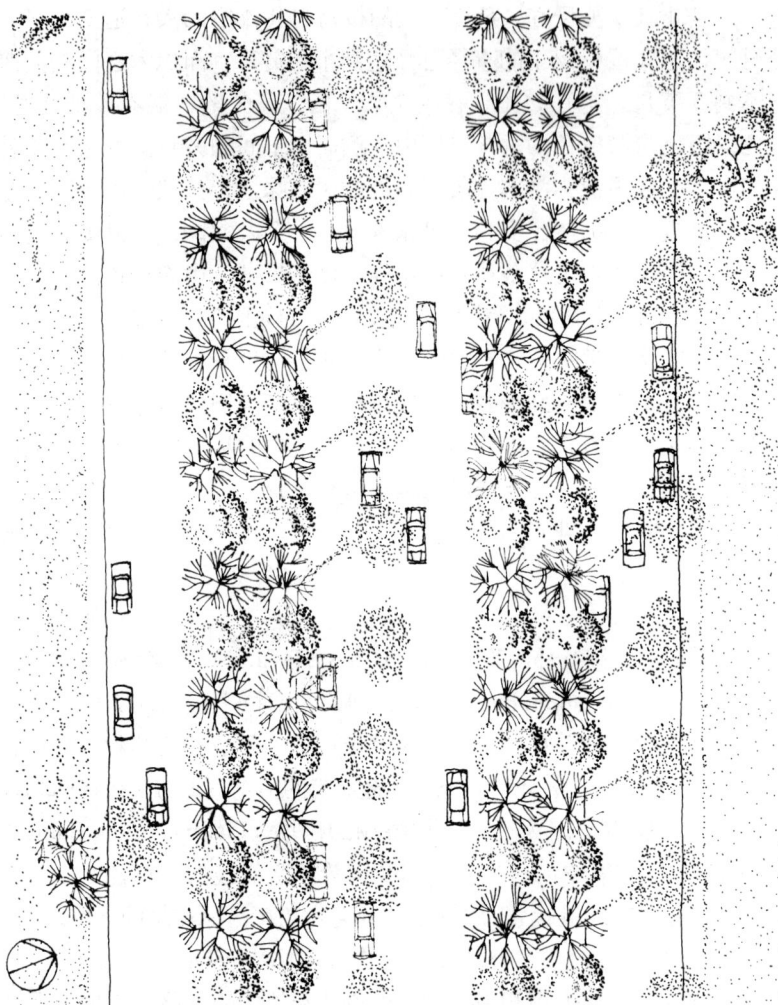

卡拉卡拉浴场大街：
平面图与剖面图

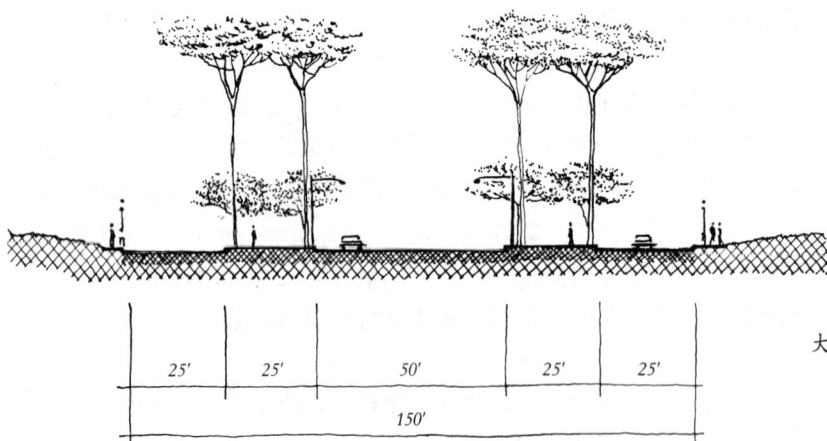

大致比例：1″ =50′ 或 1 : 600

25′	25′	50′	25′	25′
		150′		

卡拉卡拉浴场大街

浴场大街的最外围只有人行道，人行道上种植着起伏的草坪，其中穿插着参差的树木与休闲小径。松树排成一个队列，红色、棕色、褐色以及赭色的树干像柱子一样，一直长到50英尺的高度上或许才会停止，它们构成了坚实的核心，在核心的外围是蕾丝般的枝叶所形成椭球形的体量，松叶从明亮的橄榄绿色一直过渡到几乎是墨绿的颜色。在高出地面很多的地方，相邻树木几乎水平伸展的枝干裹挟着树叶间的微风汇聚到了一处，形成两条长长的顶棚，罩在每一道绿化隔离带的上方。松树本身就成为街道上了不起的风景。它们高耸的身姿和笔直的树干在很远的地方都能看得到。在这个充满石头地标的城市中，这几排松树是人们理解这座城市、知道自己身在何处的另外一种途径。在松树的下方，更接近地面的高度上，还有另外一层顶棚，那是深色的、枝叶舒展的栓皮栎冬青。它们的枝干有些汇聚到了一起，有些则没有，所以在这里既有阳光，又有阴影，在大多数的时候通常都是后者。绿化隔离带遮住了罗马明亮的、炽热的骄阳，并且与街道在起始点（在阿克苏姆方尖碑以及前方的

北京的街道

马西莫竞技场的附近）处的无明确界定的巨大空间形成了恰当的对比，可以说，这条绿荫覆盖的隔离带能够以其独有的清凉吸引着步行者。甚至，因为有这些树木的原因，在中央车行道上快速行驶的机动车也不会再给人带来威胁感了。在冬天的那几个月中，阳光变少了，在街道两侧的人行道上散步是十分令人愉快的。卡拉卡拉浴场大街设计的目的是为了将罗马市中心的人流吸引到这里来，或许人们在游览了市中心的那些历史遗迹后会感到有些疲劳，而再去卡拉卡拉浴场的话还要有半英里的路程，那么卡拉卡拉浴场大街中这些阴凉的、清爽的、沿途有树的道路将会是人们的最佳选择。

北京的街道

在中国的北京，有许多仅由树木成就的伟大街道。在那座城市，这种类型街道的数量颇多，都具有不同的宽度与设计，但是最明显、最突出的却是经过友谊宾馆（Friendship Hotel）综合建筑群前的那条街道，它是一条进出市中心的干道。

仔细考虑一下，在街道的沿线紧密地种植着树龄不同、种类也不相同的树木——两排甲种的树木，有30年的树龄，在它们的旁边是几排乙种的树木，或许有10年到15年了，而接下来还有其他几排丙种的树木，或许刚刚种上不久。当每一种树木成熟，或形势需要的时候，整个街道沿线的这一种类的树就都可以采伐了。

当你在北京内城或周边地区的道路上行走之时，无论是在乡间还是在城市区域，是树木在引导你前进。吸引人们目光的不是日益增多

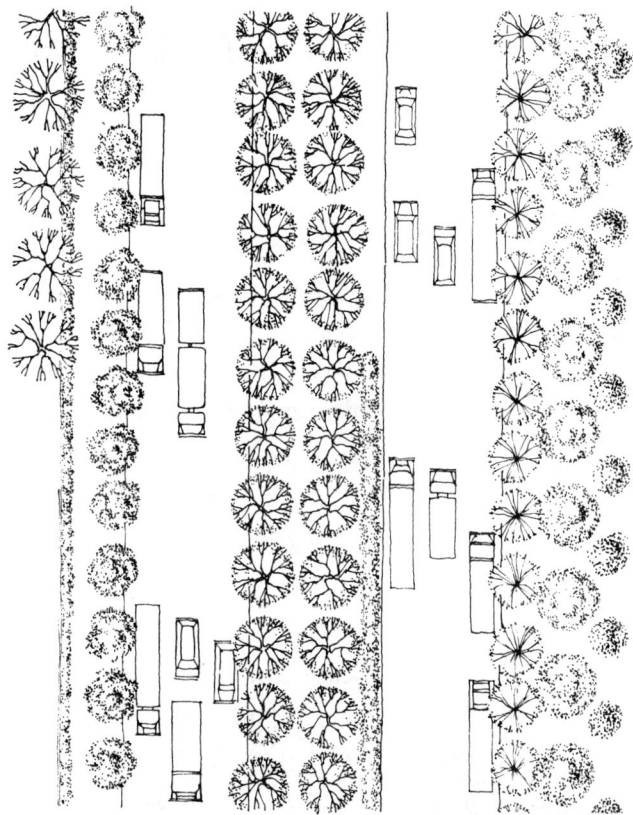

一条北京的街道：平面图与剖面图

大致比例：1″=50′或1：600

许多变化

的、沿街道退后的建筑物，也不是通常意义上的视觉焦点，而是那些枝杈与茎干。
人流如潮涨潮落般经过这些街道，其通行的方式不是开车，而是步行，或者骑自行车，
或者乘坐公共汽车。运货卡车则会自成一列地行驶。这些街道的建造目的也许并不
是为了漫步与游览，但是其中的大多数街道都只是单纯地用来从一个地方到达另一
个地方。然而，这是一些多么美好的街道啊，在线性的树列中间穿行，茂密的枝叶
会遮住夏日的骄阳，斑驳的树影瞬息万变。还有声音，街道中最大的声音就是自行
车的铃声。人们都在以一种温和的速度行进；他们能够看清彼此的形态与面貌特征。
他们或许会相互交谈，至少他们有机会这样做。在整体设计的框架中，每一条街道
都在随着时间的流逝而发生变化，当某种树木成熟的时候，就会被其他的树木所替代。
在这里，树木是有其实用价值的，种树是为了利用木材，与此同时也能够带来舒适的、
令人愉快的街道空间，似乎这些街道是一种社会营造出来的、用以通行的物质环境。

第8章　仅由树木成就的伟大街道　　*111*

第9章　　　　伟大街道的协奏曲

巴斯

博洛尼亚

① 美国路易斯安那州东南部的港口城市,曾是法国殖民地。——译者注
② 意大利中北部城市,在亚平宁山麓。——译者注
③ 英格兰西南部的市镇,以乔治王朝的建筑和温泉而著名。——译者注
④ 圆形广场和皇家新月广场分别是圆形的和半月形的集合住宅建筑所围合而成的广场,分别象征太阳与月亮,是巴斯最壮丽的风景。二者之间有直线形道路相连,它们的建筑形态所形成的城市新景观,对当时欧洲的城市设计思想有很大影响。蓝思镇新月(Lansdown Crescent)也是半月形住宅建筑所围合出的广场。——译者注
⑤ 美国佐治亚州东南部城市,是该州最古老的城市。——译者注
⑥ 瑞士首都,位于该国中西部阿勒河上。1848年为首都。——译者注
⑦ 维琴察为意大利东北的一座城市,位于威尼斯以西。——译者注

作为个体的伟大街道,是我们主要的研究对象。因为一条街道是否与众不同,仅取决于街道自身的品质,而与其中独特的历史建筑(虽然它们或许会起到一定的作用)无关,与某个广场无关,也与街道中的个别活动无关。我们的研究也不会涉及那些设计方面特别出众的城市区域或邻里社区,只涉及街道自身。然而,在某些城市中,虽然没有哪条单独的街道突现出来,成为最好的街道,但是许多街道的组合却能够通过与其他地方的伟大街道相比较,或者是因其特殊的共同属性,而成为一种特别的街道类型,这些街道的组合是值得关注的,因而成为我们研究的对象。在新奥尔良(New Orleans)市内①更常见的就是花园社区(Garden District)而不是圣查理斯大道(St. Charles Avenue),更多出现是法国人特区(French Quarter)而不是波旁街(Bourbon Street)。每当回想起旧金山,更容易想到的是那里的风景、山峦、阳光的品质以及维多利亚(Victorian)式的房子,而不是任何一条街道。在阿姆斯特丹,是整个运河系统成为城市活动的集散地,而不是哪条单独的运河。而在意大利的那些山城中,整个古老的中世纪城区要比其他的街道更让人印象深刻。我们接下来要谈及的就是位于博洛尼亚②的特殊类型的街道的组合,有拱廊的街道或者是当地人所说的"带门廊的街道",以及巴斯(Bath)城内③令人难忘的、独树一帜的街道尺度。

博洛尼亚城内,街道沿线有顶的人行道大约有25英里(40公里)。这些街道中没有哪条能单独地突显出来,成为伟大的街道,但是聚集在一起却是独一无二的。在英国的巴斯市,影响最大的是圆形广场(the Circus)、皇家新月(Royal Crescent)④与蓝思镇新月(Lansdown Crescent),但是为城市创造出特殊环境氛围的却是次要街道的排布方式与极小尺度的商业区域居住区。在这两个城市中,许多街道聚集在一起形成一种统一的体验,其总体的物理环境品质是杰出的、令人难忘的,而其中,一两条街道的品质是无法与这种总体的效果相媲美的。在这些城市中,杰出的街道模式所起到的作用并不突出,就像在萨凡纳(Savannah)⑤与阿姆斯特丹中的街道那样(每个城市中都有自己的美好街道),但是许多相似或不同的街道组合在一起所形成的物质环境品质却是值得我们关注的。博洛尼亚风格的街道在许多其他的地方都能找到,最明显的是在伯尔尼(Bern)⑥与维琴察(Vicenza)⑦,而且还有其他的一些城市也在一次又一次的模仿它们,通常是毫无保留地模仿。作为一种类型,这些街道与其他的街道模式不同,它们是街道

能够成为什么样子的惟一表达。巴斯的街道群是集舒适、人体尺度以及截然不同的色彩与建筑风格的良好组合为一身的成功范例。这些街道在其他的地方被模仿，甚至是拙劣的模仿；迪斯尼乐园（Disneyland）的主要街道就更多的是在模仿巴斯，而不是那些地名相同的北美的小城镇。在博洛尼亚，那些带有柱廊的街道是为了营造一种整体感，而巴斯的街道也是如此。

巴斯

巴斯的街道，无论是商业区街道还是居住区街道，都有着浓厚的生活气息。街道以及大多数的建筑尺度都很小，给人一种亲切、熟悉、宾至如归的感觉。城内的距离都很短，大部分巴斯城的面积都不足1平方公里。城市作为一个整体相对紧凑，能够很好地融入到范围更大的、山峦起伏的乡村背景中去。在这个城市大部分的区域中，所有的一些都很完美，街道则尤其如此。那里的街道都很狭窄。通常公共通行的道路宽度都不超过35英尺（10.6米），其中包括4或5英尺的人行道

巴斯的部分城区：
街道与建筑肌理

布拉克大街
(Brock St.)

西门大街

大致比例：1″=400′ 或 1：4800

第9章　伟大街道的协奏曲　　　*113*

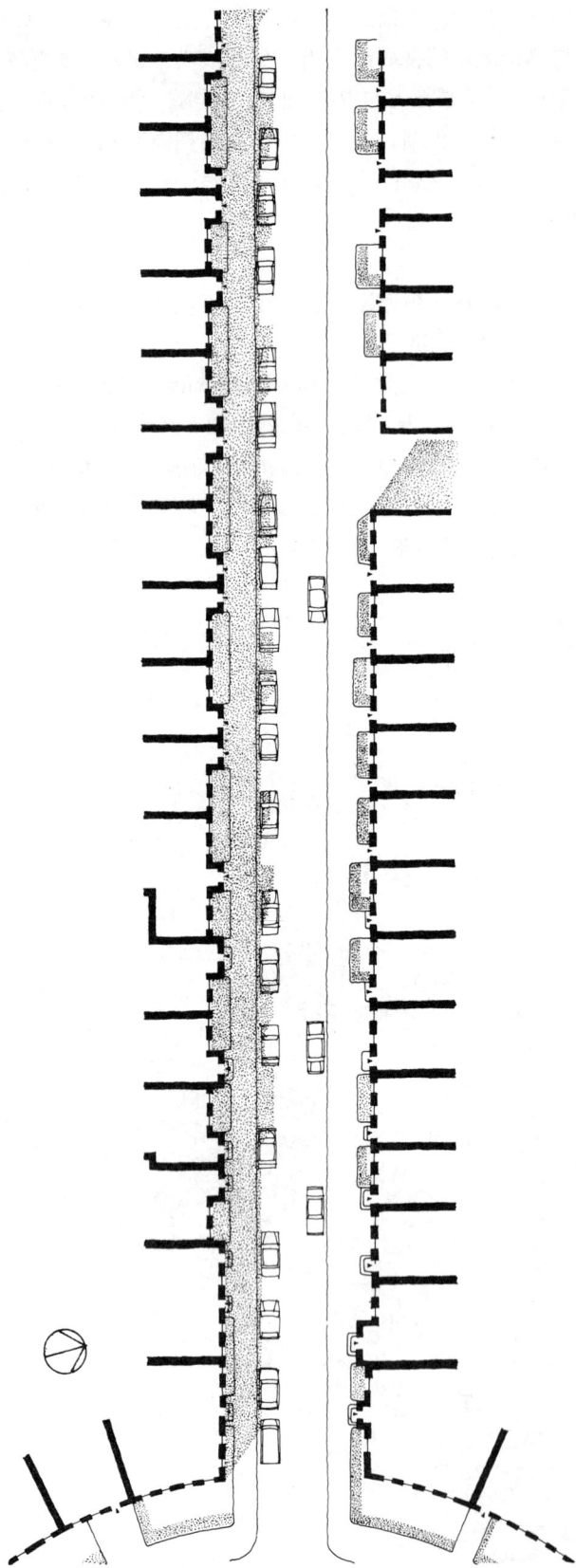

布拉克大街，巴斯：平面图与剖面图

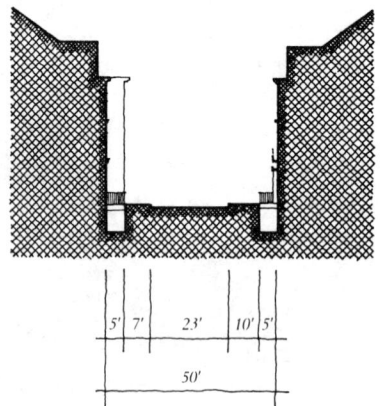

| 5' | 7' | 23' | 10' | 5' |
| | | 50' | | |

大致比例：1″=50′ 或 1：600

以及 15 到 22 英尺之间的机动车道。商业街道，例如西门大街（Westgate Street）或平价大街（Cheap Street），比居住区的街道的宽度还要狭窄，而且平价大街上，因为在铁护栏后通常还会有一些小的退进、以容纳地下室的入口和窗子的采光井，所以就实际的建筑到建筑的距离而言，居住区街道要宽于商业区街道。这些街道本身就是实用主义的典范，其中包括两条狭窄的人行道、路缘石、机动车道和街灯，一没有车道、二没有树木。

除了城市中心区那片松弛的街道网格以外，街道就没有其他特别的肌理模式了。街道通常会顺应地形，半路终止的情况较多，而延续下去的时候相对较少，因此会出现视觉上的封闭与开敞，前一种情况是因为在与其相交的街道上，有建筑与树木阻挡了视线，后一种情况是因没有视线遮挡，看到了远处的山坡与乡村。这种情况让人们总能够不停地意识到绿油油的乡村就在附近。道路交叉口出现的机率较高，在那里能够形成活动聚集的场所，例如在凯斯迈德广场（Kingsmead Square）、在新邦德大街（New Bond Street）与北门大街（Northgate Street）的交汇处以及布里奇大街（Bridge Street）上，都有一些开敞的空间，有时还会有活动的场地，身在其中，可以任意选择是走这条路还是那条路。街道与街区的长度变化多端，但大多数都较短（不超过 400 英尺），而那些长一点的街道则很少是笔直的。

在巴斯，街道与建筑物所形成的整体效果才是真正有价值的东西。乔治时代式的（Georgian）建筑颇为优雅，同时也是简洁大方。首先，那些温暖的巴斯石材颜色都是一种明亮的棕褐、粉红、浅褐或橘红，色调十分柔和、迷人，与小尺度的建筑十分吻合。街道狭窄，这就意味着建筑总是离得很近，行人能够看清它们的全貌，甚至连排列成行的屋顶与烟囱都能看到，之所以能这样是因为这些建筑通常都十分低矮；在购物街上，二层、三层都是居民的住宅，四层也是这样。因为街道很狭窄，所以很容易会产生一种垂直的感觉，但是实际上，低矮的建筑物以及屋顶上适度的檐口所创造出来的连续的水平线条都成功地避免了垂直感的产生。在街道层面上，入口间隔距离不会超过 25 英尺，二三层精美的玻璃窗格沿着街道一直延续下去，向路人讲述着其中的生活，而其中居民的私密性也能得到保障，因其前方都有铁护栏的保护，玻璃后面还挂着厚厚的窗帘。街道上的所有住宅都让人一目了然，可以看到每一户都有沿街的雨水管和窗子，然而在长长一排整洁的、经过精心设计的建筑物中，它们都只是其中的一份子。窗子在布置方式上的微妙差别，以及多年以来房客或房主对自己居住单元的建筑立面的不均衡保护都给建筑留下了个人化的痕迹，但是这些个人的色彩却都统一在整体的结构特征当中。

"家庭"一般的尺度，是一个用以形容这些建筑与街道的恰当词汇。很容易想像人们待在家里的情景、在家里的活动以及在这些建筑中舒适的家庭生活。置身街道当中，或者在出入口前的步道上，你不会错过要寻觅的那个人。因为在街道上能够瞥见并清楚识别的视域很广。比尔佛德广场（Beauford Square）就是如此，这个广场与其说是一个广场还不如说是一条街道，它总的可通行宽度大约是 20 英尺，两侧都是 2 或 3 层的建筑。物质的环境似乎很容易模仿，但是其中的简化处理则会让人感到非常的失望。在穿过巴特恩街（Barten Street）以后，比尔佛德广场就变成了特里姆大街（Trim Street）。在街角处就有一栋新建的建筑，它虽然尝试着融入这条街道，

巴斯的街道，朝向圆形广场

巴斯的街道

但是并不成功。色彩、高度以及窗子的比例与老的建筑都很相似，但是在窗子上的影线与细部要逊色许多，而且还缺少了檐口线，省略了护栏。建筑上的门也要少许多，另外它的主入口看起来要比比尔佛德广场上的其他建筑大许多。那种唤起家庭生活般的感受荡然无存。走进看看，就会发现它是一栋公共办公建筑。

在巴斯有很多尺度很好的居住区街道。它们都很相似，但却不完全相同，并不是无止境地重复下去。入口、窗子、窗套、护栏以及其他的细节都会有所变化。街道的长度、结束处的特征、景观以及地形也都各自不同。各种活动与热闹繁华的景象就在不远处的商业街上展开，温泉浴修道院教堂则位于城市的中心。视觉上的惊喜与震撼则来自那些"大"的元素：圆形广场、皇家新月以及大普特尼街（Great Pulteney Street）。在更大尺度上，由细小的街道与细小的建筑所构成城市结构中，那些大的建筑并不是人们所真正期待的。姑且不论它们在建筑方面的成就——一种统一的帕拉第奥式（Palladian）的私人住宅与约翰·伍兹（John Woods）设计的立面非常切合——这些更大更有名气的建筑总会让人感到些许冰冷和严峻。这些建筑非常

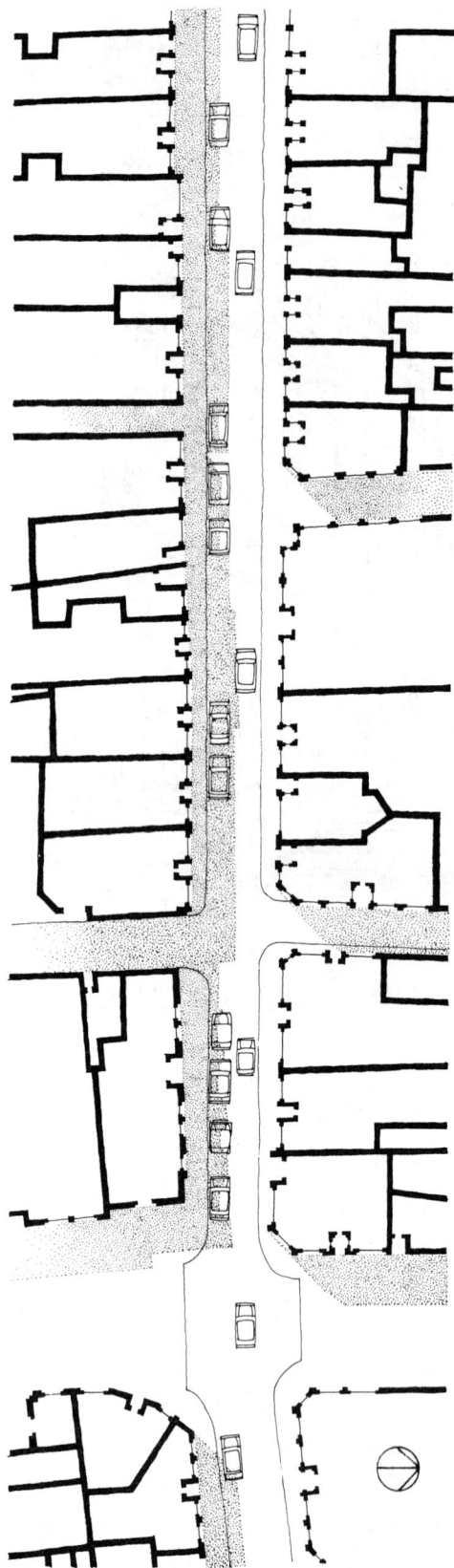

西门大街与平价大街：平面图与剖面图

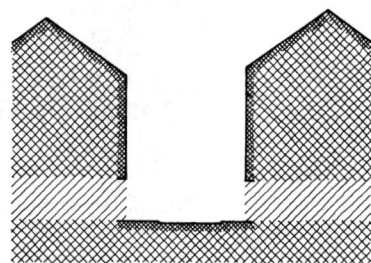

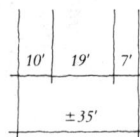

10' 19' 7'

±35'

西门大街

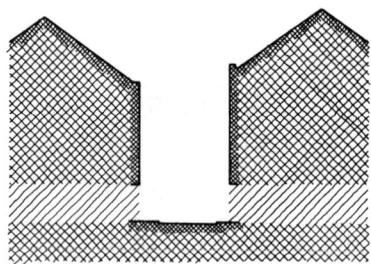

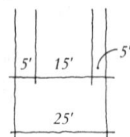

5' 15' 5'

25'

平价大街

大致比例: 1″=50′ 或 1：600

西门大街

醒目。然而尺度较小的居住区街道虽然缺乏这些大尺度元素的影响力，但却能够带来令人惊异的舒适感。

商业区中的那些街道，例如约克大街（York Street）、平价大街、西门大街等，其中大多数的地区都要比居住区的街道繁忙。商业街上没有护栏，入口与商店橱窗充满了整个条街道上建筑的底层。在这里，店铺铭牌与商品陈列吸引着人们的目光。建筑设计与尺寸的变化令人眼花缭乱。但是尺度、建筑材料以及设计风格却是相同的。在商业街上，汽车得到通行许可，但行驶的速度非常缓慢。

密度因素曾经促成了今天巴斯城中街道与建筑的布局方式，反过来也是这种布局方式的必然结果。紧密的街道与连续的建筑构成了一张高密度的网络，在许多地方，如果不包括街道的面积，净密度是每英亩 17 到 18 栋住宅楼，如果包括街道的毛密度则是每英亩 12 到 13 栋住宅楼。这种密度如果按照美国郊区的标准来说是很高的了，但是就多户、多层住宅的常见密度而言，则又是非常低的。即便如此，这种密集程度仍然能够保证私人花园的存在，保证每一户住宅都有直接通道到达地面，并且可以保证区域内的商店与服务都处于步行可及的范围之内，因此街道中的活动也都是步行就可以实现的。

巴斯大多数的街道、房屋、环境已经有 200 多年的历史了，但仍然是可以居住的。这里是一个可以被不断修修补补而延续其活力的环境。这些街道共同构成了一个城市统一体，它并不是由一两位设计师依据某个整体的大规划方针而完成的，而是由许多建造者使用当地的材料、遵循一整套建造原则而创造出来的单纯、具有可识别性的社会共同体。

博洛尼亚

博洛尼亚的街道柱廊是非常有名的。许多其他的城市也有街道柱廊，但是没有哪个城市的柱廊能有博洛尼亚这样多、这样值得关注。虽然在伯尔尼，柱廊式街道更加常见，而且大多数要比博洛尼亚保存良好，街道也要更宽敞、更明亮，但是由于伯尔尼城市的规模较小，所以柱廊不能够延展，也不可能形成丰富的组合方式。在博洛尼亚，街道柱廊是一种普遍存在的街道类型，而绝不仅仅是片段的历史遗迹。在一条由柱廊组成的街道中，单栋建筑设计的重要性要比其他街道小得多，尤其是在狭窄的街道中更是如此。因为有顶棚的步道会阻挡人们的视线，因而人们的目光焦点往往会集中于公共街道本身。这种现象在博洛尼亚随处可见。

博洛尼亚街道上的柱廊不是简单地从街道两侧的建筑中悬挑出来并遮蔽住人行走道，而是与建筑本身及各种宽度的人行道结合成为一个整体，柱廊覆盖在临近建筑的一层或更高楼层的位置上。一条典型的街道，其中央的道路是机动车行驶的路线，通常不会很宽，在主要的大街上，其宽度一般是 16 到 23 英尺（5 到 7 米）。中央车行道的两侧是由两排支撑上层建筑物的柱子所界定的。柱子的间距并不是固定的，但是很少超过 25 英尺。在这两排列柱的内侧覆盖着人行道，人行

玛吉奥尔大街（Via Maggiore）的沿街景观

道的宽度大约是 10 到 16 英尺（3 到 5 米）。这些有顶的人行道高度也不尽相同，这取决于街道的类型、宽度以及沿街建筑的设计，但是在主要的街道上似乎都是从 15 到 20 英尺的高度。柱廊有多种形式的设计，包括拱券、筒形穹窿以及平屋顶的顶棚。人行道与街道是在同一标高上的，有时也会有一两步台阶的高差。这些街道的面貌因此而丰富多彩：有顶的柱廊可以是连续的，也可以时间断的；它们可以只出现在街道的一侧，也可以两侧都有；它们的高度也可以各不相同。柱子的形式、高度都在变化，柱间距也是如此。沿街的建筑功能与人群活动也随之不断变化。

　　沿着一条博洛尼亚的街道步行，感觉上就好像是置身于一个封闭的、甚至可以说是与世隔绝的空间中一样，但同时却颇为开敞。人行道留有充足的余裕：除了在极个别的情况下，很少会出现拥挤的景象，或许在傍晚的高峰时间接近双塔门广场（Piazza di Porta Ravegnana）或在正午时分靠近赞波尼大街（Via Zamboni）上的大学校区附近，人流量会很大，但也只是很短的一段时间。人行道的一侧是建筑的立面，沿街立面上有闪烁着灯光的商店与橱窗，有通往建筑内部的入口，还会有一段段空白的实墙面，而人行道的另一侧则是柱列。柱列以外是汽车与公共汽车的空间，这个空间是没有顶棚的。走在人行道上偶尔能够看到上层的建筑，如果你是在靠近柱列的位置上，能够看到的部分就更多了。穿过街道，在路的对面还有另一排柱子与另一条有顶的人行道。所有的这些累加起来，距离并没有想像的那样长，通常从行人的立足点到街道上最远的墙面距离都不会超过 30 英尺，因此可以看到路过的行人，连面孔都依稀可辨，甚至还可以看到商店里的陈设。不过，行人主要的视觉焦点还是街道沿线的风景；线形是人行道的主要特征。拱顶与柱廊在透视方向上不断后退。无论人行道自身的比例如何，街道两侧的柱廊都会给人带来一种垂直上升的感觉。在大多数的地方，人们的视线都会随着柱廊的引导而笔直向前，这种向前的感觉要比没有柱廊的街道强烈得多。这时，如果在街道上出现商店的话，人们的注意力就会被它们所吸引，去关注它们的橱窗展示与灯光，在街道上这些元素都是非常醒目的。在大多数的情况下，人行道都处于阴影之中，甚至有时会是一种准黑暗的状态。而阳光，当照进人行道的时候，高度角或许已经很小了，那幅图景是非常生动的；明亮的光线会将柱廊与拱顶的形状投射在人行道上，形成边缘清晰、对比强烈的阴影。这会给人留下深刻的印象。

　　舒适是柱廊之所以存在的一个重要原因，但毫无疑问它不是惟一的理由。在博洛尼亚会下雨、下雪，而盛夏的阳光也丝毫不留情面，所以遮风挡雨就变得非常重要了。然而，炎炎夏日当中，哪怕一缕微风都备受欢迎的时刻，同样是这些柱廊，却对空气的流通没有多少助益。但总的来说，当地的人们还是普遍认为，正是因为柱廊的存在，这座城市要舒适很多。虽然，中世纪末期这些柱廊建造之初，居住的压力以及被城墙环绕、土地缺乏的城市中心区域的人口迁徙，都是比遮风挡雨更为重要的因素。当时，有将近 12000 名学生以及源源不断的移民从乡村涌向这座城市。但是，博洛尼亚有一个长期沿袭下来的传统，那就是在街道上层的标高上建造建筑，然后将支柱落地，以支撑上层的结构。[17]这些柱廊开始逐渐接受社会的管控，为城市提供了由个人维护的、有遮蔽的公共走道，并且同时也保证了住宅空间的私密性。时至今日，这些柱廊仍旧是"社会传统"的一部分，这种社会传统可以表述为"将

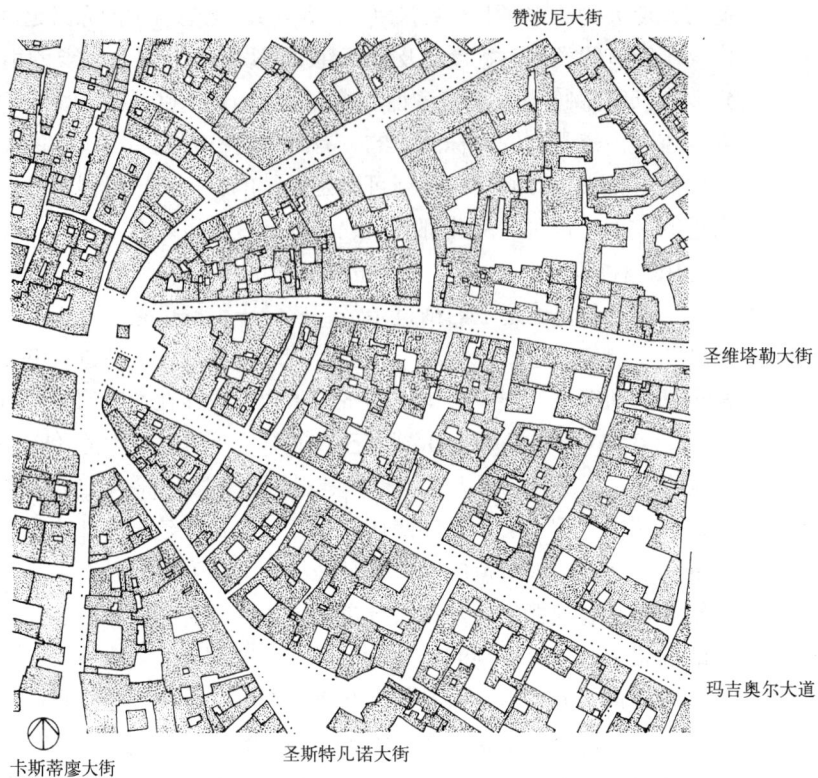

双塔门广场：街道与建筑的肌理

赞波尼大街

圣维塔勒大街

玛吉奥尔大道

卡斯蒂廖大街　　　　圣斯特凡诺大街

大致比例：1″=400′或1：4800

社会利益置于个人利益之上"。在战争期间，这些柱廊也为那些从乡下迁徙过来的人们提供了安全的庇护场所。毫无疑问，博洛尼亚的人们为这些柱廊而感到骄傲，他们将柱廊视为一种特别的街道元素，认为正是在它们的参与之下，这座城市变得与众不同；与此同时，人们还将柱廊视作一种审美的愉悦。柱廊是这座城市的象征，或许它们与市中心的玛吉奥尔广场（Piazza Maggiore）以及圣彼德尼奥教堂(Basilica di San Petronio)同样重要。在博洛尼亚有一些专门的法规和政策保护这些柱廊，并且还要求在新的房地厂开发项目中建造新的柱廊。

　　在所有的这些拱廊街道中，双塔地区的一组街道是最为杰出的，它由 5 条进出双塔门广场的街道所组成：分别是赞波尼大街、圣维塔勒大街（Via San Vitale）、玛吉奥尔大道（Strada Maggiore）、圣斯特凡诺大街（Via Santo Stefano）以及卡斯蒂廖大街（Via Castiglione）。它们的分布是如此均衡，以至于这些街道所界定的城市区域规避了任何其他的发展可能，形成了一个合理的、可以预见的发展规划方案，这种街道肌理模式在城市的西部又被重新使用了一次。[18] 每一条街道都通往城市中的一座城门。在中世纪，它们是通往乡村的必由之路，同时也是串起街道两侧各社会区域的中枢。今天，它们似乎依然可以满足这样的功能，在沿街居住的人口特征方面，每一条街道都与其他的几条有所差别。但是它们不是、也从未被当作过整个城市的中央枢纽或中心。玛吉奥尔广场、内图诺广场（Piazza del Nettuno）、加尔瓦尼广场(Piazza Galvani)以及邻近的中央街道与市场才是全市性的散步、休闲、购物与聚

圣维塔勒大街的沿街景观

会的场所。而这五条街道只是其所在区域的中央枢纽，但是，它们都汇聚到了同一个焦点。这五条街道以及与它们相连接的其他街道的物理环境特征十分相似，至少它们的共同起始点都是双塔。赞波尼大街是大学与学生区域的中心地带，置身其中，人们可以看到学校生活的种种痕迹：书店、不是很昂贵的餐饮场所、墙上的宣言，人行道一侧还有比其他地方更多的实墙面，另外还有许多学生正在做着学生们常做的事——聚会、交谈。赞波尼大街的中心似乎是在威尔弟广场（Piazza Verdi），在广场上还有一个大剧院。更加狭窄的彼德尼街（Via Petroni）是一条从赞波尼大街开始，穿过圆饼状的扇形平面，到达圣维塔勒大街的街道。这条街道两侧的商店在起始点的赞波尼大街上几乎完全是面向学生而设置的，这种倾向慢慢地变化，到了圣维塔勒大街则多是更大规模的、立足于社区的服务模式了。在彼德尼街与圣维塔勒大街的交汇处还有另外一座广场，即阿尔德罗万迪广场（Piazza Aldrovandi），其中有拱门跨越在街道的上方，似乎是通往老城区的关卡。开敞空间的适时插入对这种类型的街道十分重要，这五条街道的沿线都穿插着类似的空间。沿着圣维塔勒大街走回

第 9 章 伟大街道的协奏曲 *123*

圣维塔勒大街在关卡附近的街道景观

到双塔的位置，街道的一侧是连续不断的商店，另一侧则要略少一些。

玛吉奥尔大道沿线的高潮部分是在其与古拉齐阿大街（Via Guerrazzia）交汇处的开敞空间。这个空间是一个简单的教堂广场，四周环绕着有顶棚的人行道，这一次，柱廊的上方是没有建筑的。人行道沿着有顶的柱廊环绕一周，同时也界定了这一开敞空间的边界。圣斯特凡诺大街，似乎是得益于同名教堂前的不规则的开敞空间，面向它的建筑都显得更加宏大与优雅，其中的拱券跨度也要更大。人们漫步在拱廊之下，旁边是一排整齐的柱列，在其长方向上是一些小规模的地区性商店，中间还夹杂着若干居住街区，居住街区中没有任何商店，人们的视线会被街道对面的活动吸引过去，而走过居住街区后又会重新关注起脚下的人行道与身旁的商店来。这些商店有些设计得非常精巧，有些则不然。街道上的透视给人造成一种很长的、线性的、深远的感觉。街上也相当阴暗，越靠近城市中心的地方，街道的节奏也就越密集，越紧凑，而真正到了城市中心，柱廊就让位于那些历史悠久的建筑物了，也同时将话语权移交给了作为五条街道起始点的双塔，建筑与双塔成为人们视觉的焦点。

圣斯特凡诺大街的沿街景观

卡斯蒂廖大街的沿街景观

博洛尼亚的街道及其别具一格的物质环境设计代表了一种社会成功。姑且不论每条街道所采用的不同设计手法，那些针对街道的各项规章以及将这种街道类型保护并延续下去的"固执"，那些数百年来经过一遍又一遍修改的制度，都会经历了许多的磨难。因为不管这些制度是民主的还是强制性的，如果柱廊不是一种有用且有意味的建造模式，思维活跃的民众都不会在这么长的时间里一直支持并坚持这种传统，与此同时，这些制度也随着时间的流逝与环境的变化而不断地被调整与修改。当然，有人不断要求对这些街道做出改变，可想而知，大多数的呼声都是拓宽这些街道，以利于交通现代化，使运输更加便捷。在这种形势下，有顶棚的人行道似乎不会出现在新近增补的街道上了。但最终，面对这种压力，还是形成了一个关于街道与建筑设计的制衡机制，这代表了人们顽强的坚持，相应出台的规范也绝无仅有，它仍然坚持把社区的建制放在首位。无疑，这种模式已经成为城市的象征，但同时，它也是这些街道成为伟大街道的根源所在。

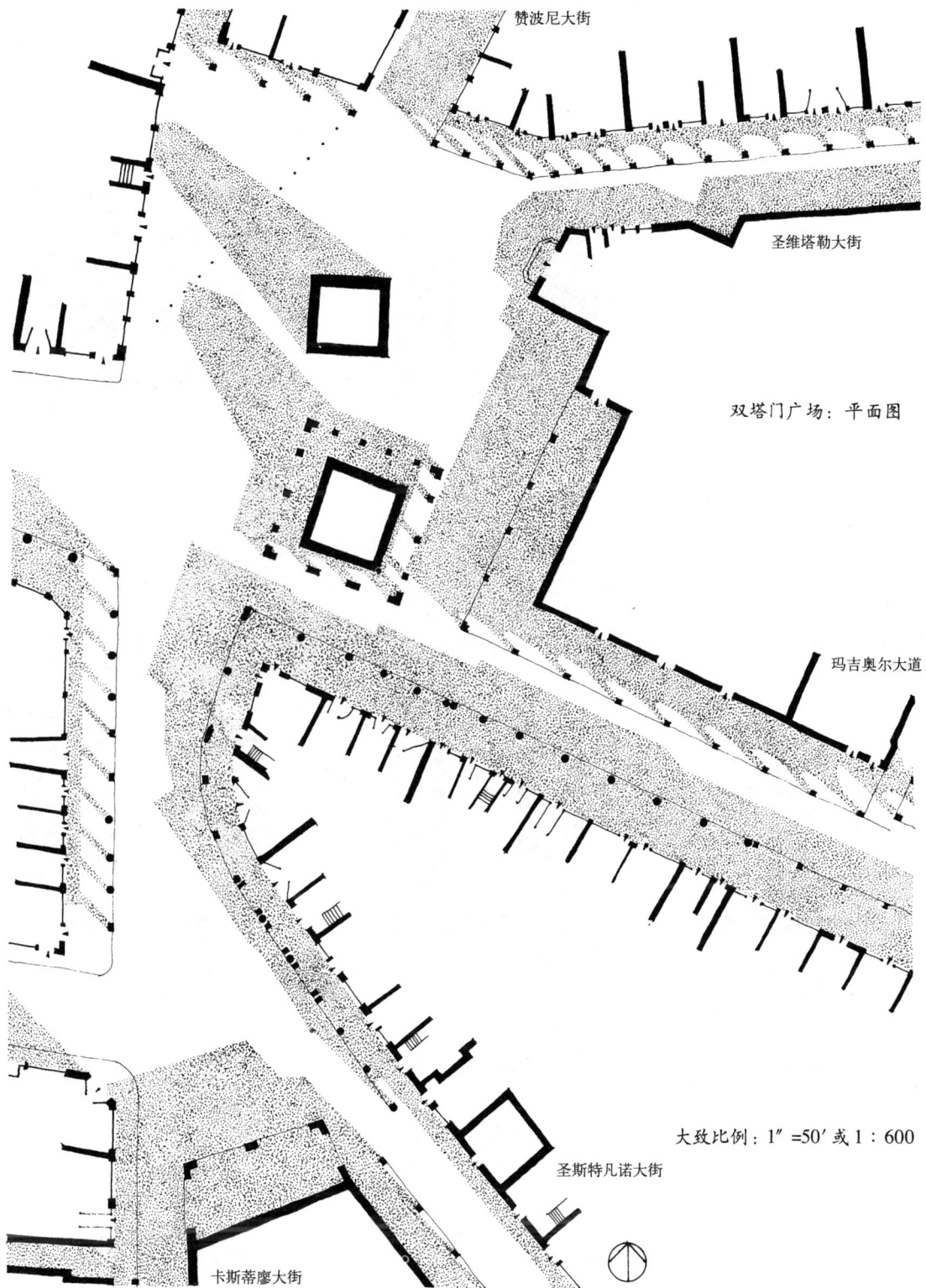

赞波尼大街

圣维塔勒大街

双塔门广场：平面图

玛吉奥尔大道

大致比例：1″ =50′ 或 1：600

圣斯特凡诺大街

卡斯蒂廖大街

通往双塔门广场的街道的
典型剖面图

赞波尼大街

卡斯蒂廖大街

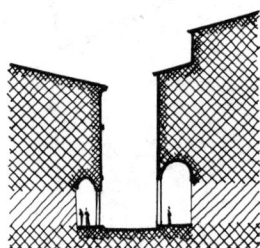

圣维塔勒大街，靠
近关卡的位置

圣斯特凡诺大街

玛吉奥尔大道

第二部分　　　　街道纵览：可供学习的街道

前文谈到了很多优秀的街道、伟大的街道，以及很多昔日的伟大街道。需要知道，并非只有这些街道才能为我们提供学习的素材。世界上有许多杰出的街道——有的意义非凡，有的声名显赫，有的独一无二，有的独树一帜，它们都能教给我们很多东西，就连不那么完美的街道，也不是完全没有东西值得借鉴；即便仅仅是掌握街道的尺寸、了解街道的内容，都可以让我们运筹帷幄，知道接下来该怎么做。古代的街道同样充满含义，它们不但告诉我们曾经使用的尺度，也告诉我们今日街道的源起。此外，假如我们可以将这些街道一一对比，包含如下要素：建筑高度、建筑长度、店面宽度、入口间距、行人数量，这将是多么有意义的事情。本书中接下来要出现的是各种街道平面图与横断面图的纵览，这些图纸都是以相同的比例绘制的，另外还附有注释与数据，是对伟大的街道更加充分的详细描述，也是在建造公共领域过程中不断做出决策的思路来源。

任何街道平面图与横断面图的汇总都是武断的，而且也不能涵盖全部。将某条街道纳入其中，就意味着将更多的街道排除在外。在本书中，决定要收集哪条街道，出发点有很多。我们不断搜索，以期发现更好的街道，甚至伟大的街道，在这个过程中，包含了许多信息的检索与搜集工作。对专业人士的咨询以及街道使用者的调查，会给我们提供新的线索，引出其他不错的街道。在过去的许多年中，专业人士与学术同僚都在提议对街道进行研究，与此同时他们还在询问这条或那条街道的物质特征。要是所有的这些建议与要求都能被一一解答该有多好。我们的时间有限，去这些街上进行观察以及测量耗费大量人力物力，而搜集街道的相关信息所需要的经费也捉襟见肘。总而言之，搜集工作是永远都不会完成的，但是这些资料却能够被扩展、引申，并作为未来设计的基础。

到目前为止，实地的记录仍然是关于街道的信息最主要来源。街道的尺寸、横剖面以及街道上的设施都是需要记录的，有的时候，在某条街道上测量的数据比其他街道的数据准确一些。许多尺寸都是依靠步距测量的。对街道的观察都是以笔记的形式记录下来的，例如对街道特征的记录。或许这种方法不够客观，但是对于我们理解街道的肌理却是非常重要的。

一些街道的平面图要比其他街道细致很多。我们绘制这些街道的精细程度，与我们所能够找到的细节信息的水平相当，但同时也会保证这些街道彼此间具有可比性。当知道了街道沿线单栋建筑的长度以后，就会用垂直于街道的线条把它们表达出来，线的位置代表了建筑之间的缝隙。如果不知道建筑的长度的话，那么就只能表达出街道沿线建筑边界的位置，而没有进一步的细节了。在那些能够获得数据的地方，单栋建筑的细分，例如地面层的商店、办公、居住，或者上层平面的入口也都会表现出来，与表示建筑的线条相比，表达细部所用的线要更短、颜色也要更浅一些。入户路、窗户以及其他的入口布置，如果知道，也会统一表达在纸面上。

　　街道平面图的剖切位置，或者是在肩膀的高度上，或者要更高，在树木的高度之上，而有时也会在建筑的高度以上。

　　在决定平面的剖切高度的时候，最重要的影响因素当然是表现街道的需要，在某种意义上，还要方便街道间的相互比较。除此之外，当给定了街道的关键信息之后，选择高度过程中最需要考虑的因素则是让人们能够最大程度地感知街道。在所有的实例中，平剖面都是与横剖面相配合来说明问题的。

　　为了方便设计者与政策制定者从大量的街道信息中得到自己想要的内容，并在此基础上做出决策，对相关信息进行分组与排序或许是最为行之有效的方法；其目的是为了保证类似的街道（功能相同的街道，或者是同属于某种明确类型的街道）之间能够方便地比较。因此，林荫大道被划归为一组，远古的街道、仅由树木所成就的街道、有中央步行区域的街道等同样也都自成一组。从功能的角度来看，后者还可以作为主要的商业大街——这是另外一种分类模式——但街道本身的属性正是如此；通常街道的功能都不止有一种，如果按照需求、功能或设计分类的话，那么每条街道都可以被划归到一种以上的类型中去。

庞贝古城的街道
（**Pompeii Streets**）

- 在田野调查的时候，没有建筑的帮助，建立这些街道的尺度感是非常困难的。

赫库兰尼姆古城的街道
（**Herculaneum Streets**）

- 在赫库兰尼姆古城，还保留着一些建筑，街道的比例对于行人来说是非常宜人的：虽然尺度很小，但却没有拥挤的感觉。如果其中有很多人的话，情形则变得不同。然而，用"人体尺度"来形容这里还是颇为恰当的。

奥斯提亚　安提卡
（**Ostia Antica**）

- 在所有的这些街道中，人行道，相对于马车道来说，都占据了很大的比重。

- 街道在布局上是规则的。

- 当代街道中基本的物质组成部分在那里都能够找得到。

- 商业用途，例如位于街角的餐饮场所，也存在于这些街道中。

- 街道的尺寸是经过选择的结果。如果有愿望或需要的话，这些街道的规模可以更大。

- 比例与尺寸都与澳大利亚悉尼帕丁顿（Paddington）地区的街道非常相似。

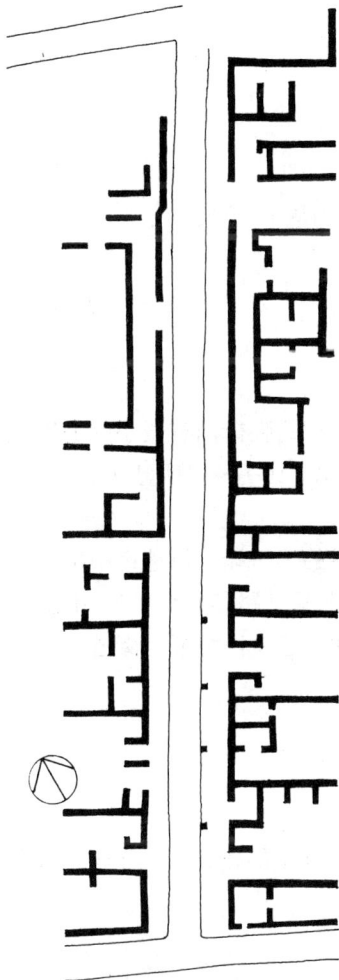

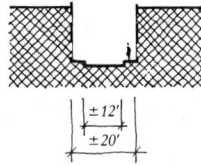

庞贝：斯泰宾尼亚路
(Via Stabinia)

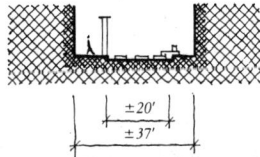

±12'
±20'

庞贝：论坛大街
(Via Fora)

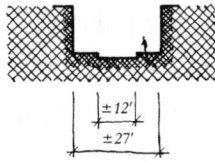

±20'
±37'

庞贝：城市的入口大街

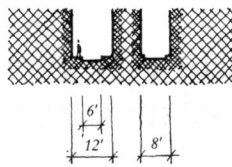

±12'
±27'

庞贝：城中的次要街道

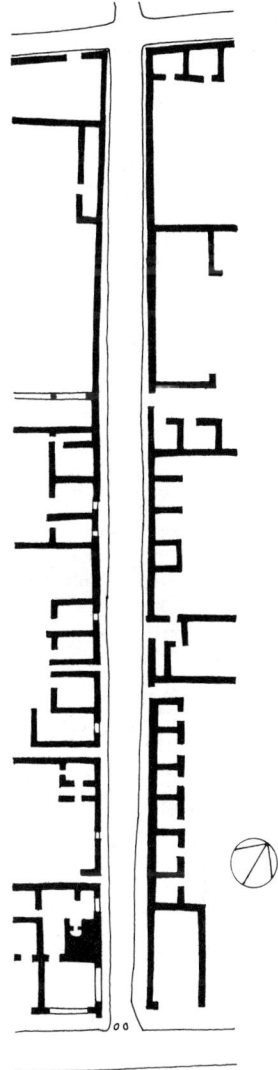

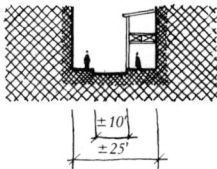

6'
12' 8'

赫库兰尼姆

±10'
±25'

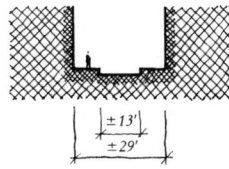

奥斯提亚 安提卡

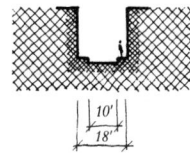

±13'
±29'

庞贝

10'
18'

大致比例：1″=50′或1：600

念珠商路，罗马
（**Via dei Coronari**）

- 狭窄的街道，两旁是 4 层或 5 层高的建筑。

- 沿街有许多家具、古董以及艺术品商店。

- 建筑的一层以上是住宅。

- 在街道的两侧，入口通道的间距大约是 13 英尺。

- 有一种强烈的生活气氛，即便是在一个安静的、冬日的、星期天的清晨也可以感受得到。

- 建筑不是沿着一条直线排列的，它们的临街面有微小的退进或突出，在街道一侧，建筑立面的进退要比另一侧明显许多。

- 虽然站在街道的一段能够看到街道的另一端，但是这条街道仍然能够给人一种向内的运动感。与朱鲁亚路（Via Giulia）相比较，它并没有使用多少偏移建筑的手法。这使得规则的街道看起来不是那么规则。

- 没有路缘石。

- 街灯高出地面 20 英尺，安装在街道北侧的建筑上，并向街道内侧悬挑了 5 英尺（1.5 米）。

- 圣·西蒙广场（Piazzetta di San Simeone）是一个很受欢迎的开敞空间。大约在街道 1/4 的长度处还有其他的两个广场。

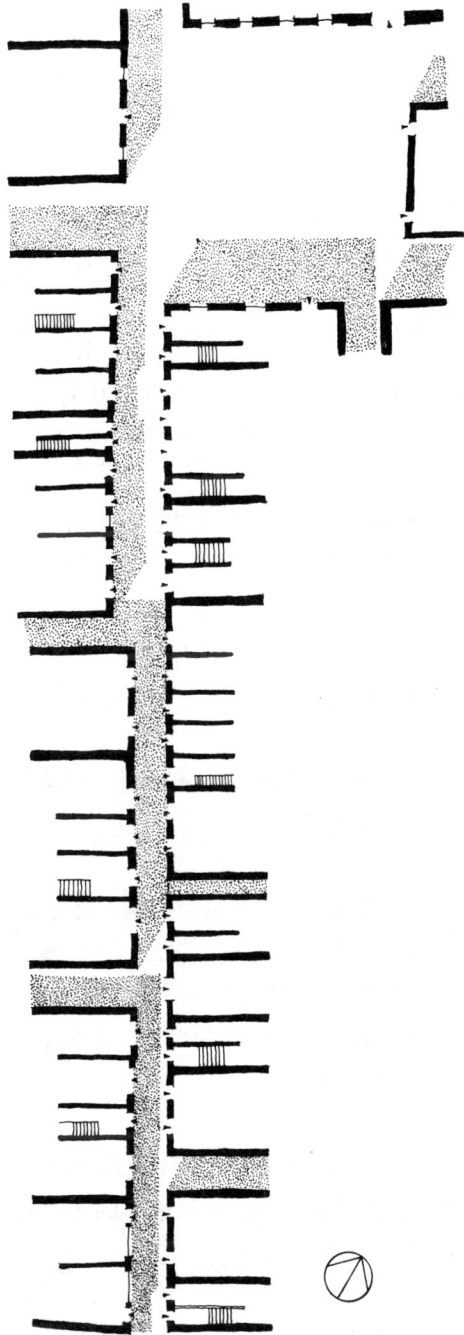

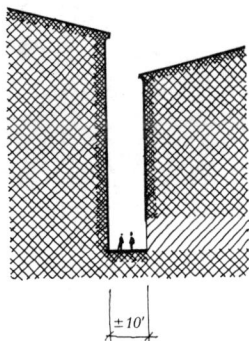

大致比例：1″ =50′ 或 1：600

朱鲁亚路，罗马
（Via Giulia）

■ 这条街道可以追溯到 1513 年，教皇尤利乌斯二世（Pope Julius Ⅱ）统治的年代。

■ 在罗马中心的众多街道中，它因自身的长度与笔直的路线而凸现出来。

■ 建筑的规模趋于宏大，在道路的西北端尤其如此。地面层高度已经达到了 25 英尺。

■ 目前，许多建筑的地面层都被用于开设艺术画廊、古董店以及质优价高的家具店，这使得这条街道成为时尚的场所。

■ 街道上，建筑一层的窗户是高大的，设有铸铁护栏，基本上已经没有了通透的感觉。

■ 许多地下室的窗户，开在采光井里，会高出地面 1 到 3 英尺。

■ 街道的比例是令人愉悦的，但除了在一层有商店的地段以外，它都不是一条十分有魅力的街道。走到这里，人们会有一种闯入他人领地的感觉。

■ 建筑沿街立面的长度平均为 51 英尺（15.6 米），但是变化的范围很大。在街道的一侧，入口通道的间距大约是 23 英尺，而在另一侧则是 40 英尺。

■ 采用鹅卵石铺地；没有独立的人行道。

±26'

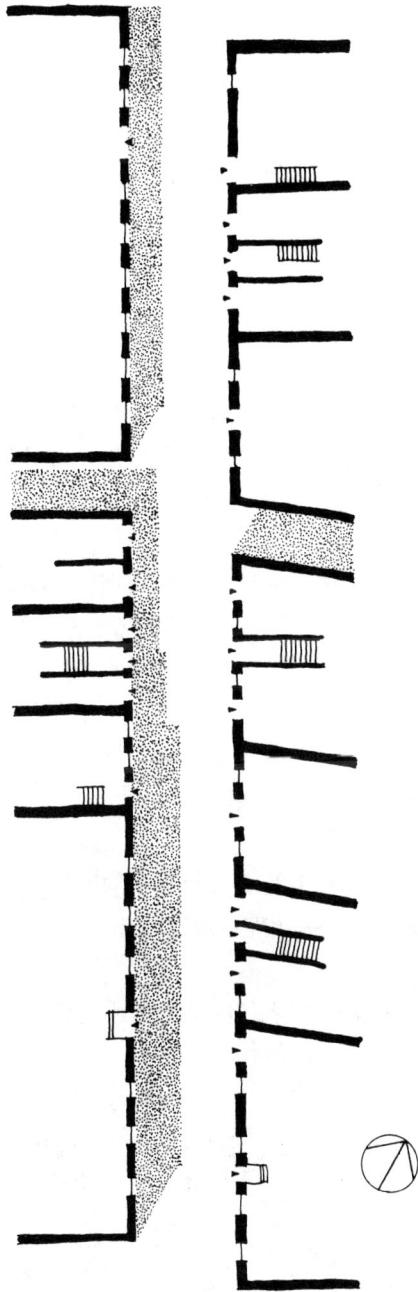

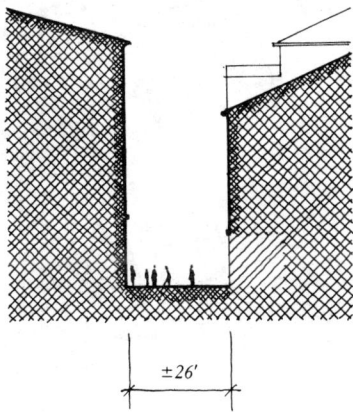

大致比例：1″=50′或1：600

环城大道（Ringstrasse），维也纳（Vienna）

总体的观察报告

- 环城大道的设计优秀并且被保护得极好，每一尺度上的细节都受到了密切的关注。

- 这条街道真正"环绕"在城市中心的周围，将这一区域明确地标识出来。人们会清楚地知道自己在环城大道上的位置。

- 活动（商店、人流、交易）似乎都集中在环城大道的转弯处，例如，在施瓦岑贝格（Schwarzenberg）与凯尔特纳环路（Kärntner Ring）的交接处就汇集了许多活动。

- 在环城大街沿线没有主要的人流集中的区域，即便是在旅馆区也没有活动的汇集，虽然那里旅馆的数量在日益地增多。

- 在道路中央绿树成荫的步行区域中散步的人要远远多于人行道上的人。

环城大道，歌剧院（Opera House）附近的区域：街道与建筑的肌理

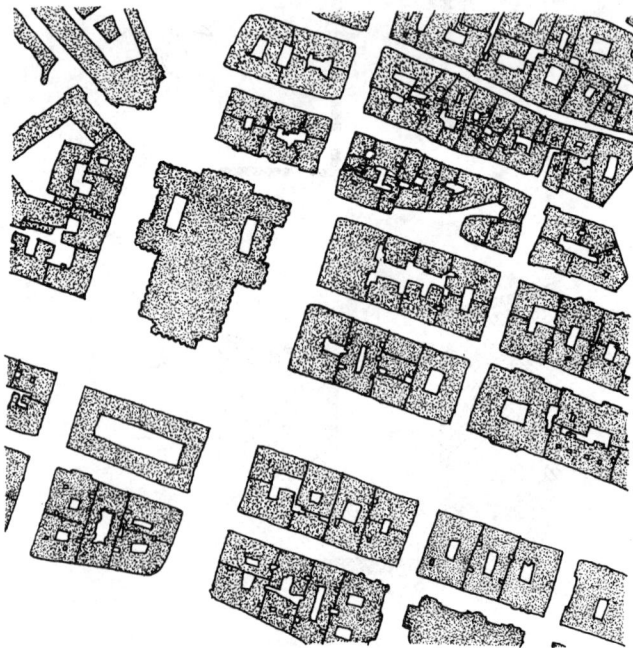

大致比例：1″=400′或1：4800

环城大道的沿街景观

■ 总的来说，环城大道沿线的建筑都是主要的、不同寻常的地方——国家歌剧院 (Staasoper)、市议会大厦（Rathaus）、证券交易所（Borse）、大学、国会大厦（Parliament）博物馆——但是除了（也并不总是能排除在外）那些限定了街道空间边界的建筑以外，其他的建筑对于街道来说都没有产生多大的影响。街道有一种通透的感觉，使人们可以看到两旁的建筑，但是其中没有多少有趣的东西可以看，这里的窗户多是钉着护栏或面无表情的，沿街的入口也非常少。

■ 在国家歌剧院前，在与凯尔特纳大街（Kärntnerstrasse）交叉的位置上，街道只不过是一个尺度巨大的车行十字路口。

■ 街道的转折点，在距离很远的地方，就能够给人带来愉快的封闭感与／或方向感。

■ 一些尺度较小的广场，通常形成于环城大街与次要道路的交叉口处，一般位于环形的内侧，例如，在瓦格纳（Wagner）设计的邮政办公楼，或利本伯格（Liebenberg）处都是如此；在这里围合的感觉要更加的强烈。

■ 这是一条奇特的街道！在这条街道上的大多数区域都是美丽的，公共通行道路的设计经过了彻底、周密的思考与贯彻。树木与人行道都能发挥应有的作用，尤其是在它们与停车场接壤的地方，或是在汽车的辅路被迁移至道路一侧的区域里。人行道本身就变成了一条线性的停车场。当靠近某个停车场的时候，它就成为停车场的一部分了。但是建筑并没有对街道的空间组织起到任何作用。那些大尺度的公共机构建筑都是孤零零的矗立在那里。在沿街有商业建筑的区段，另外还包括公寓住宅的街区，都没有使街道生动起来。只有在一

小段区域内，街道是有生气的，在那里聚集着许多的商店与餐馆；甚至在旅馆集中的地方街道也面无表情。环城大道的主要道路交叉口上情况会有所改善，那是环城大道转向的地方，但是人们的活动并没有沿着街道散布开来。在这个十字路口，希望没有变成现实。这是因为那里的空间过于巨大，因此人们的视线是向外发散的。总的来说，这个道路交叉口只不过是一个巨大的空间，其中容纳了数量可观的交通流量而已。问题是来自这条街道的环形布局么？这条街道环城一周。要让它全线都变得生机勃勃是很困难的。但是为什么这条街道的生机是如此重要？这里真的曾经是一个熙熙攘攘的场所么？它的重要性或许在于它促进了区域的形成。或许最好的永远都是在别处。作为一个环，作为这个城市控制线，这条街道似乎受到了某种离心力的作用，有离开中心的运动趋势，甚至还想远离自身。在通常情况下，环城大街不是一条可以用来散步的街道，也不是用来从一个地方到达另一个地方的通道。它不走捷径；选择其他的道路无疑会快捷很多。步行穿过城市要比绕着这个圆环直接得多。但是如果有许多人住在附近的话，环城大街就会成为一条美好的街道，因为人们会在其中漫步。或者是这条街道作为控制线的角色阻碍了其功能的实现？也许只有在周末，当其他社会活动都停止了，这条街道就会成为一条可以漫步其中的美好街道了。而且，在这条伟大的街道上，行人们可以目睹一个又一个的历史建筑。

细部的做法

- 中央的车行道，大约有 50 英尺宽（15 米），这是一个非常合理的宽度：三条同一方向的车行道加上两条电车的线路，其中一条电车线路是与车流方向相反的。

- 位于道路边缘的电车运行良好。汽车不会进入它的线路中来。电车的停靠站是主要的交通节点，与地下通道、公用卫生间、候车亭、上空的遮蔽、小吃摊以及报纸、杂志贩卖亭都有着很好的联系。

- 树木种植在突出于地面的植草带中，在中央车行道的两侧，绿化带是连续的，推测起来，大概是为了防止行人横穿车行道。而在其他的地方，绿化带的长度则不会超过三棵树的距离，以方便行人的穿行。

- 自行车道被标示出来并投入使用。

- 树木之间的距离大约是 20 英尺（6 米），形成了一个遮阳的华盖，在前后方向上都与其他的树木交织在一起。

±13' | ±23' | ±33' | ±50' | ±33' | ±23' | ±13'

±188'

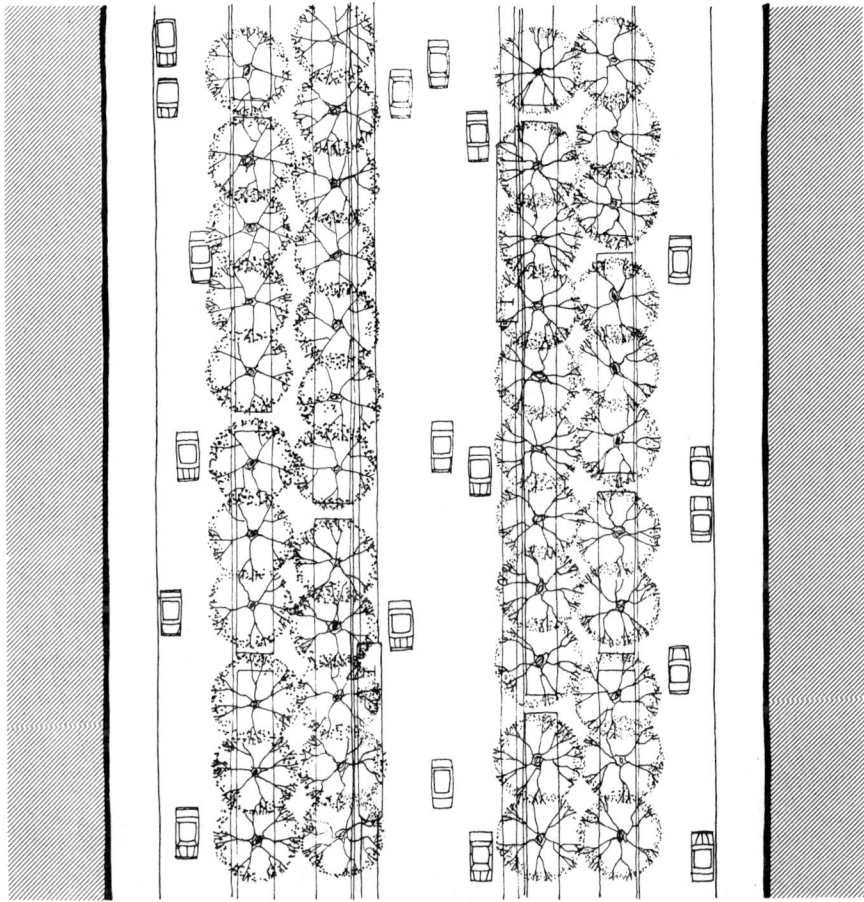

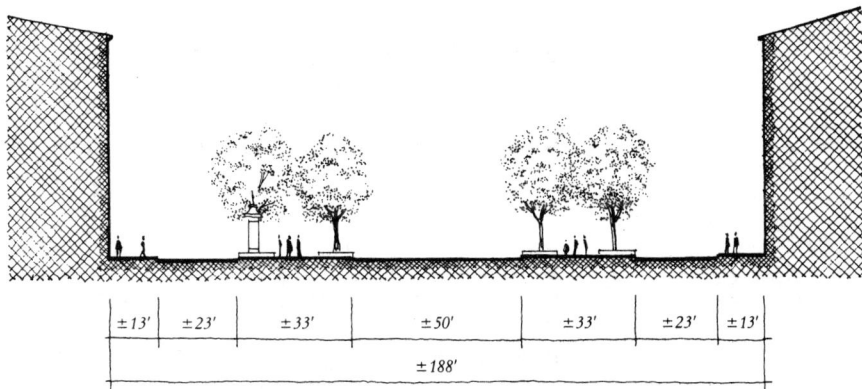

大致比例：1″=50′或1∶600

- 在十字路口处，第一棵树的尺度要大于其他的树木，或许是为了标志道路交叉口的位置。

- 街灯，呈对角线模式排布，间距大约是130英尺（40米）。

- 售货亭的位置也在绿化带中。

■ 在停车场与其他一些地方的沿线，位于边缘的辅路开始偏离主路，创造出一个停车空间，其宽度大约是 69 英尺（21 米）。

■ 由玻璃与木材建造的小型候车亭，与街道中任何其他的地方所能够见到的任何设施一样优雅。

■ 钢质护栏，例如在城堡花园（Burggarten）与人民花园（Volksgarten）处的护栏，它给街道提供了一种优秀的空间界定元素，当人们沿着它步行的时候会备感愉快，它给街道该来的趣味感甚至要超过某些建筑。

加泰罗尼亚的兰布拉大街（Rambla de berenso），巴塞罗那

■ 虽然街道很宽，可通行的宽度几乎达到了 100 英尺，但是这条街道仍能给人带来亲切的感觉。这大概是因为，至少是在有些区域中，人行道的宽度缩小了，狭窄的车行道、凸窗、标示牌、遮阳棚，都是亲切感的来源。街道中的内容非常丰富。

■ 街道上分布着许多颇具魅力的商店。

■ 每一条车行道的宽度大约都是 21 英尺，能够容纳一条停车道与两条行车线路，但是通常只是用一条行车线路。

■ 街道两侧建筑的高度是 5 到 7 层。

■ 树木之间的距离是 21 英尺。

■ 中央步行道上设置有座椅，在路缘石的一侧是绿化带，并与树木结合在一起。这些 1 米宽的绿化带在道路交叉口前终止，在这段街区的中央大约延伸了 75 英尺。

■ 咖啡店位于临时搭建的帆布结构下，在春天或夏天的时候，会沿中央步行道不时地设置几处这种临时性的咖啡吧。

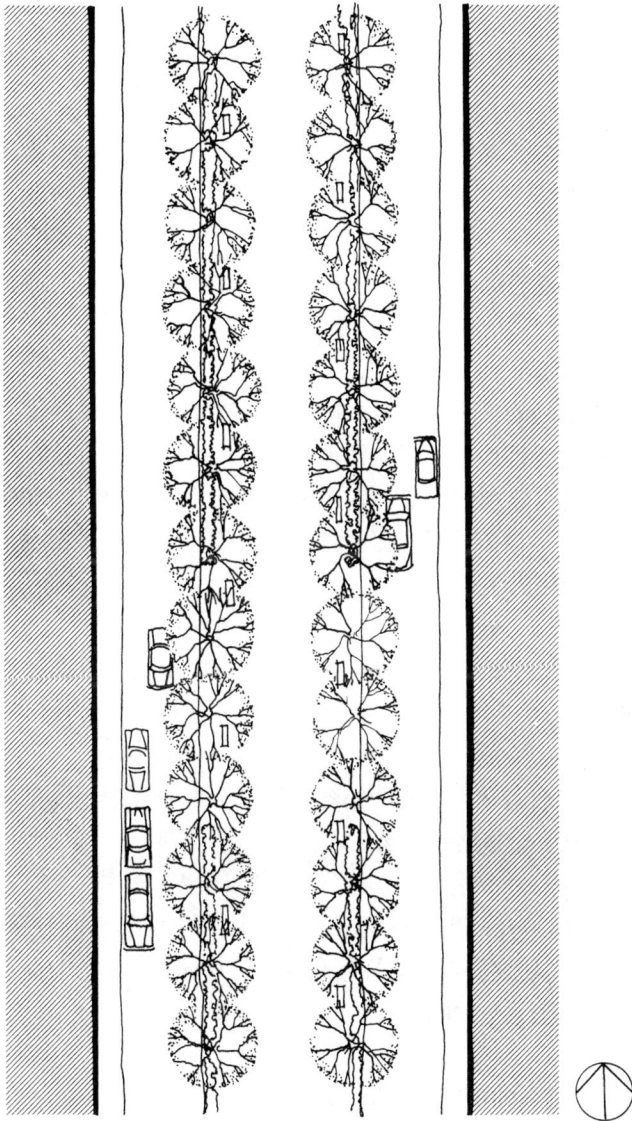

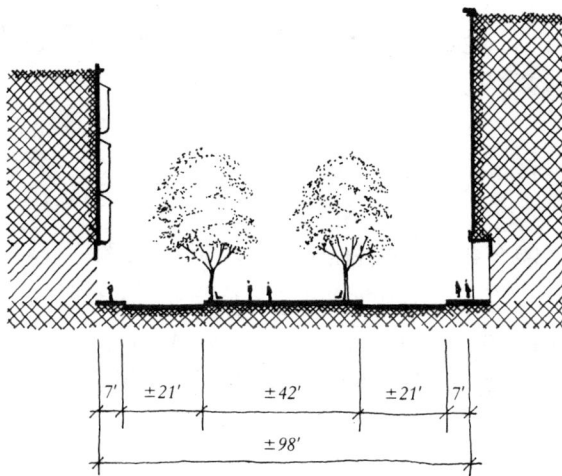

大致比例：1″=50′ 或 1：600

7′ ±21′ ±42′ ±21′ 7′
±98′

菩提树下大街（Unter den Linden），柏林

- 这条街道能够使人联想起巴塞罗那的兰布拉斯大街（Ramblas），但是它的人行道要宽出许多。

- 街道沿线的建筑，大多数都是第二次世界大战以后建造的，在街道的步行层面上通常都很呆板、无生气。有很长的一段路程旁边都是空白的实墙面，或是挂着布幔的玻璃窗。可是，到了有店铺的地方，哪怕经营得不是很好，也会吸引路人的目光，给街道带来生趣。

- 更古老一些的建筑，都是 5 至 6 层高，要比二战以后的类似建筑高出 10 英尺左右。

- 街道的衰退在大学前的纪念碑处完全地表现来，现在那里已经退化成一个道路停车场了。

- 一张 1820 年的街道测绘图说明在大学的一侧，面向运河，曾经有 42 栋建筑。当时建筑的高度大体相同，即 55 到 65 英尺，现在的情形也是如此。

- 在 1820 年的图纸上显示有两排树木。

- 从一幅 1825 年的彩色版画中可以看出，树木高大繁茂。

- 菩提树的间距统一都是 8 米；空气中弥漫着清香，这是人们愿意前来的原因之一。

- 街灯也排列成行，每隔两棵树就会设置一盏路灯。

- 20 世纪 90 年代早期的菩提树下大街与保罗·林道（Paul Lindau）笔下的街道似乎没有任何关系了。1892 年，保罗·林道曾在《世界上的伟大街道》（*Great Streets of the World*）一书中的"菩提树下大街"章节，用温暖的笔触描写过这条街道。

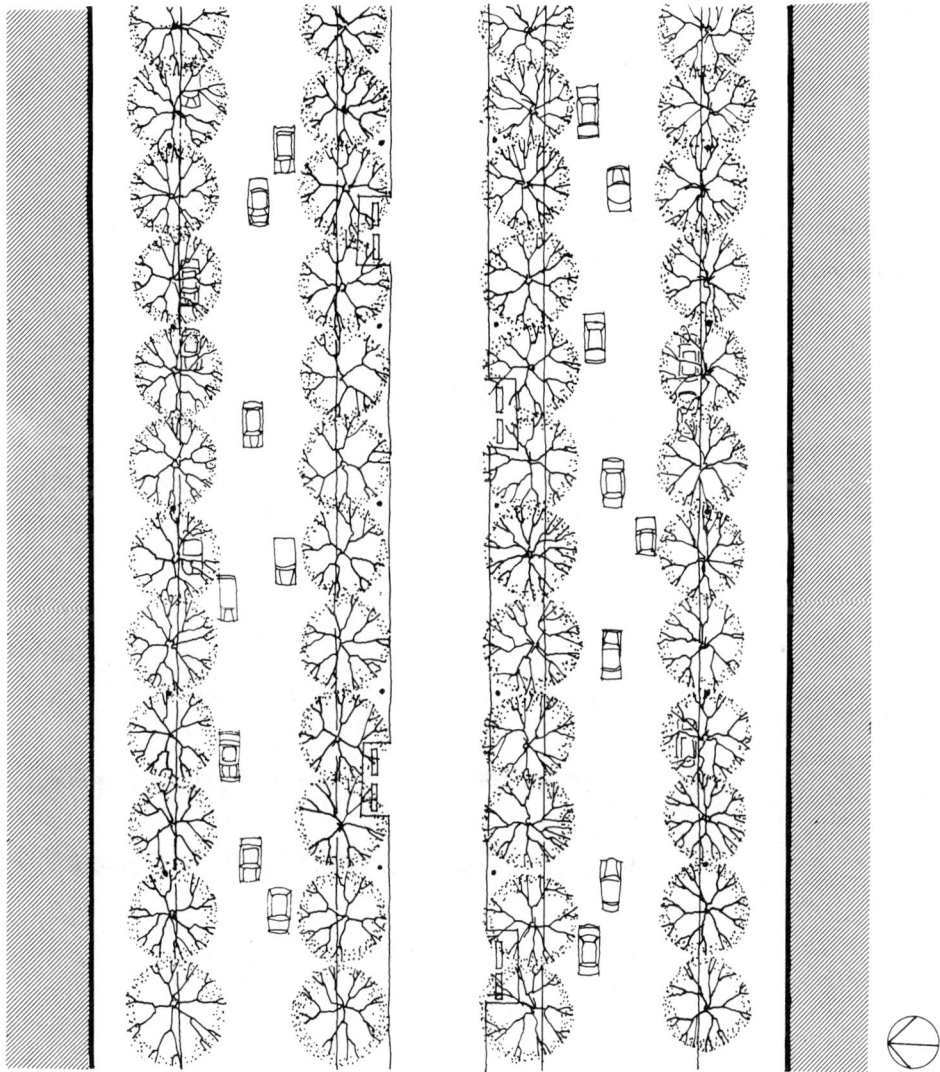

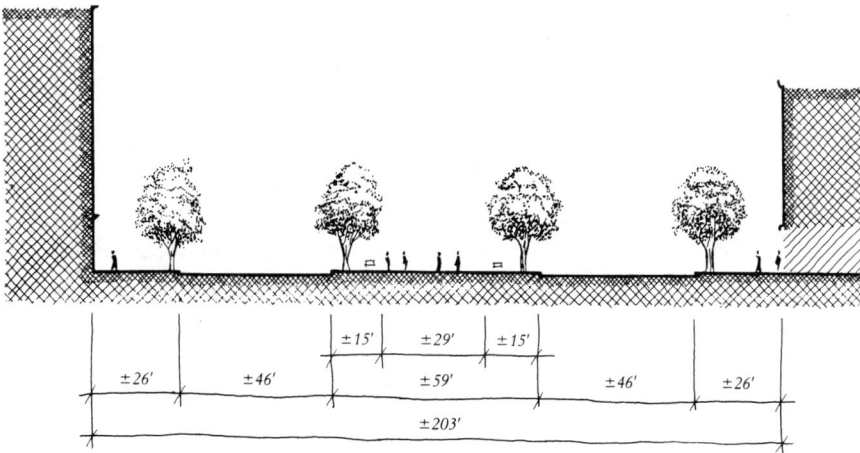

大致比例：1″=50′ 或 1：600

元町路（Motomachi），
横滨（Yokohama）

■ 这条街道可以告诉我们在一个惊人狭小的横剖面上能够成功地设计出多少东西。

■ 街道基本的横剖面宽度，即面对面的建筑之间的距离，大约是28英尺，建筑的高度为2到5层。

■ 较晚建造的建筑的上层要退后街道一段距离以保证阳光能不受遮挡地照射在街道上。

■ 建筑的地面层有所变化，是退后于建筑的沿街立面的，退后的距离大约是5到6英尺，以获得更宽的人行步道空间。很显然，通过调节进退关系，街道实现了预期的效果。

■ 沿街建筑的面宽在12到20英尺之间；最常见的是15英尺左右。

■ 街道上有一些小规模的商店，另外还有许许多多的入口。

■ 材料、细节与做工的质量都非常之好。

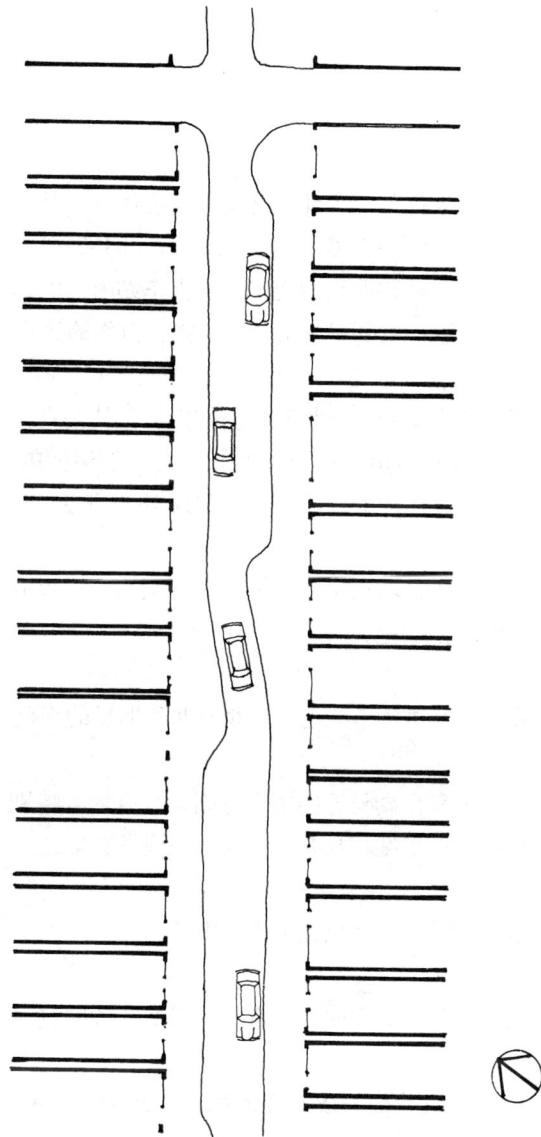

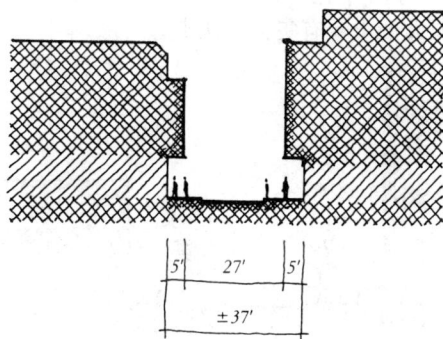

大致比例：1″=50′ 或 1：600

5′ 27′ 5′

±37′

班霍夫大街
(Bahnhofstrasse),
苏黎世

- 班霍夫大街是一条环境优美的主要街道，从位于道路起始点处的火车站一直到终点处的苏黎世湖（Zürich-See），它在特征与功能方面都发生了非常明显的变化：从火车站附近的购物与餐饮街过渡到湖畔的金融街（那里都是一些夸张、做作的建筑）。

- 班霍夫大街是一条相对较新的街道，从头到尾都与弗洛森格拉本运河（Froshengraben Canal）相并行，而运河的大半程都伴随着班霍夫大街。运河的历史可以追溯到 1860 年。

- 这条街道是城市中心区中一条真正的中央大道，它将周边区域的空间组织在一起。

- 在街道行进的方向上，至少有两处明显的变化。

- 位于苏黎世湖附近的街道尽端，没有什么特别之处，但是在街道另一端的火车站则具有非常强烈的视觉意象。

- 电车可以在许多位置上进出街道。

- 在街道长度的方向上，有两到三处开敞的空间用以休息或集会。

- 看上去似乎是一成不变的街道，却能够不断地适应新的需求与可能性。

- 在班霍夫大街上会有集会与庆典。

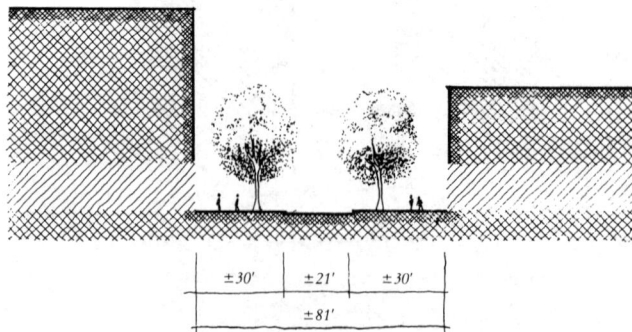

±30'　±21'　±30'

±81'

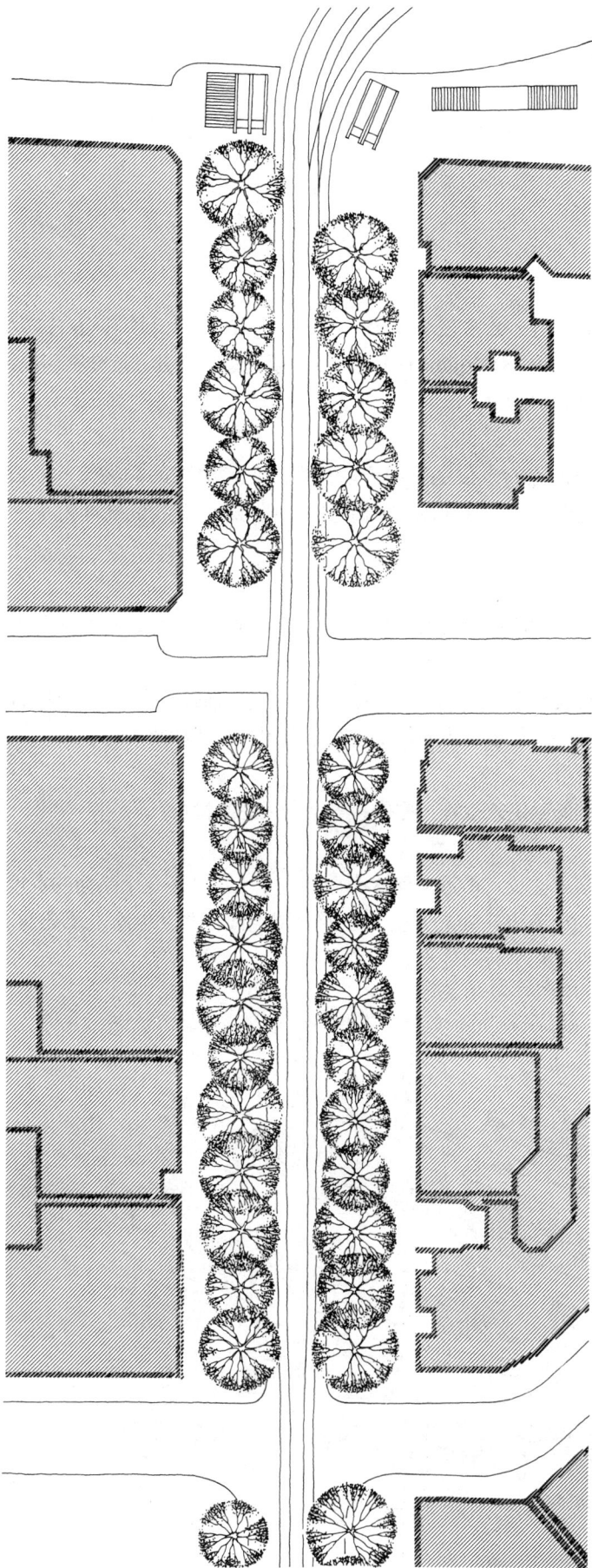

大致比例：1″ =50′ 或 1：600

**科拉·迪·埃恩兹奥大街
（Via Cola di Rienzo），
罗马**

- 科拉·迪·埃恩兹奥大街是联系在波波洛广场与复兴广场 (Piazza del Risorgimento) 之间的主要街道，位置靠近梵蒂冈高地 (Vatican)。

- 这条街道的定位是为中产阶级服务的、繁忙的购物街，办公、住宅以及公共机构都位于街道的上层，沿街建筑的高度为 5 到 8 层。

- 街道两侧建筑的高度都很类似，在 70 到 80 英尺之间上下浮动。

- 在傍晚时分的购物高峰期，街道上十分拥挤。人们因为拥挤而不能在人行道上快速行走，在星期天则尤其如此。

- 街道的限定感很好，它的横剖面令人感到愉快。

- 在某一区位，街道向河水方向拓宽了大约 2 / 3 个路面的宽度，成为街道上一处非常受欢迎的逗留空间；并且也给主要商业区提供了一个有力终点。

*科拉·迪·埃恩兹奥大街：
街道与建筑的肌理*

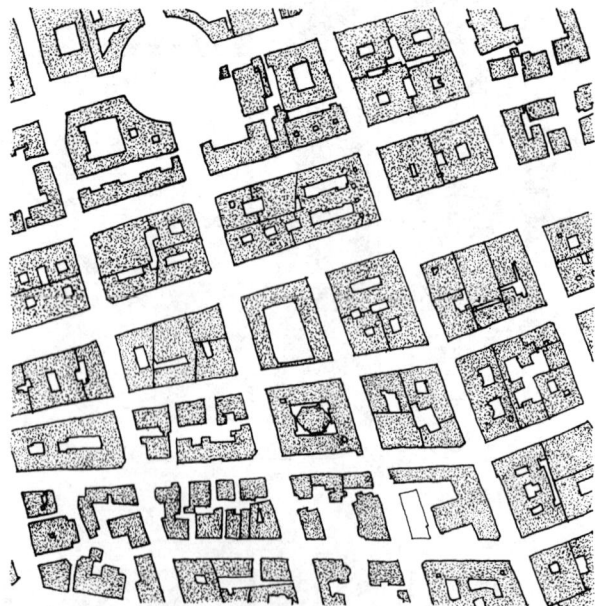

大致比例：1″ =400′ 或 1：4800

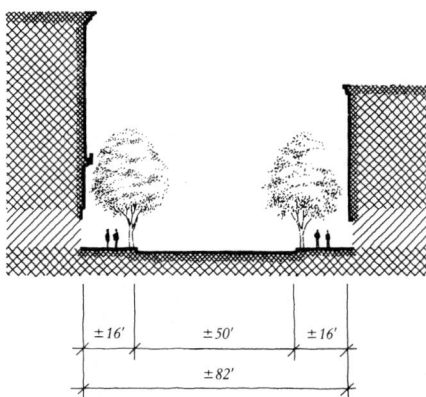

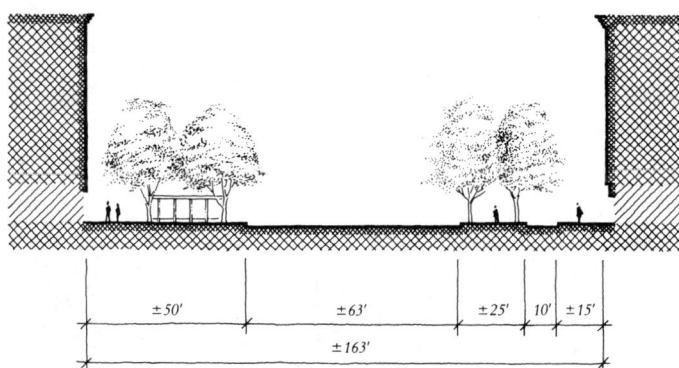

大致比例：1″ =50′ 或 1：600

- 建筑的规模通常都很大，但是在地面层标高上有许多尺度小巧的商店，其中开了很多的窗户与门：沿街建筑的典型面宽是 116 英尺（35.5 米），而商店面宽的平均值为 23 英尺（7 米），入口之间的平均距离为 20 英尺（6.3 米）。

- 在一些转角处设置了露天的货摊，主要商品为皮革制品、鞋子与服装。

- 沿街建筑为典型的新古典主义风格，立面有许多的变化，在其上永远都上演着光与影的戏剧。

- 树木在这条街道上扮演着重要的角色，树种是紫荆香柏（Cercis occidentalis）。

- 树木并不是很高大，栽植的间距为 15 到 18 英尺，一直排列到街道的转角处。

- 在公共市场前时没有种植树木；其效果值得商榷。

- 街灯悬挂在街道的中央，支撑它们的绳索系在两侧的建筑上。这种照明方式非常有效；能将人们的视线吸引到灯下的街道上。

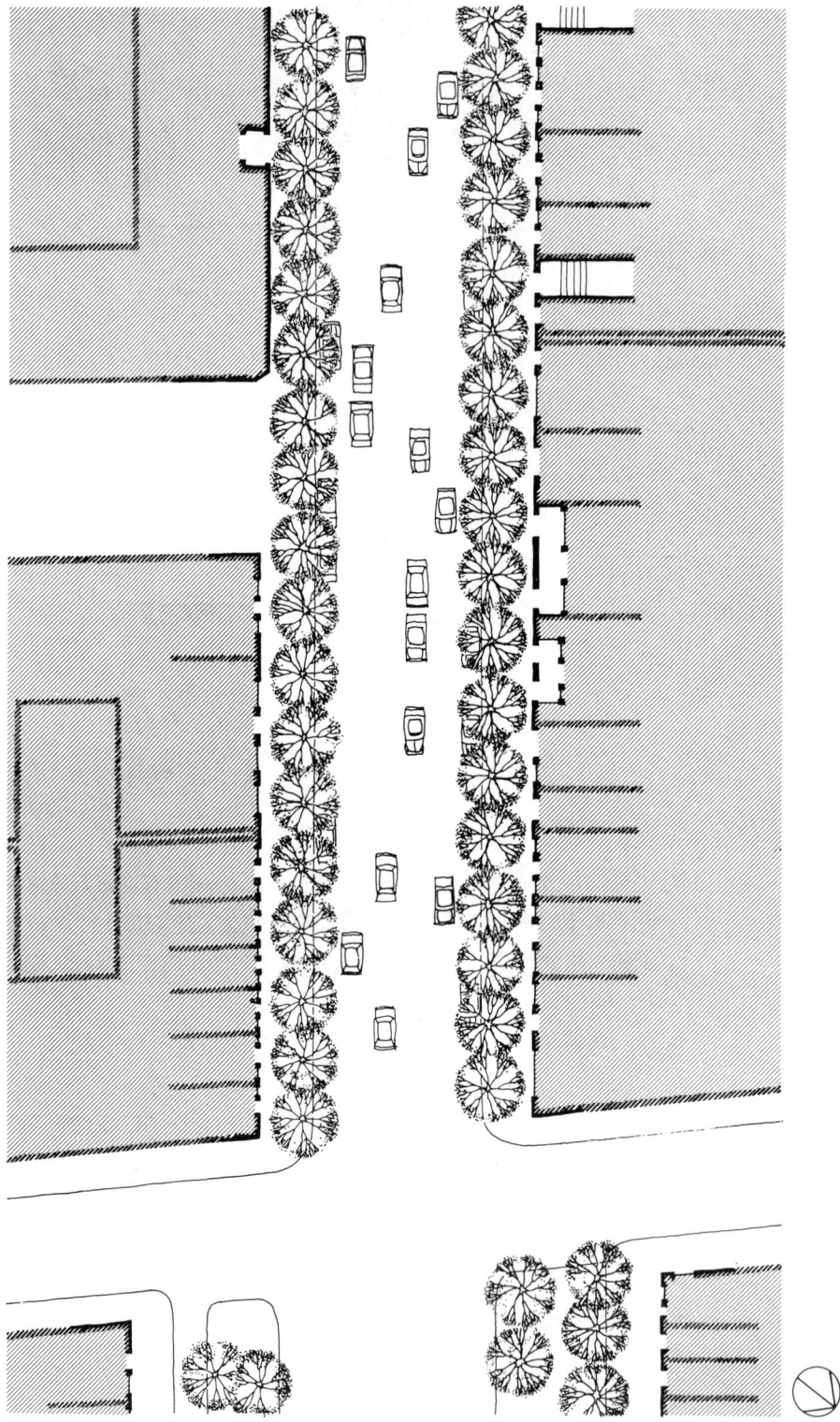

大致比例：1″=50′或1：600

■ 机动车辆行驶得十分缓慢。路缘石旁允许停车的，但不允许停两排车，有警察在协助执行这项规则。

■ 旁边的街道里停满了车辆，它们随时准备驶入这条街道。

■ 停车空间短缺，但这似乎并没有减少人们来到这里的愿望。

**库弗斯坦达姆大街
（Kurfürstendamm），
柏林**

街道概况

■ 这是一条位于城市中心的重要大道，有着悠久的历史，假如我们追溯它的历史到 1810 年前后，会发现那时它还是一条林荫大道。从此以后它就在一直不断地变化并发展至今。

■ 库弗斯坦达姆大街是一条优美的街道。它在 1991 年的时候要比 1973 年时还要好，在当时，中央的绿化带上已经没有多少树木了。

■ 大街上充满了所有年龄的人，或许他们的收入水平也不相同。许多人在这里散步、聊天。这是一个可以漫步的场所。其间充满了一种非正式的愉悦感。

■ 这条街道有一个非常明确的起始点，即凯撒·威廉皇帝纪念教堂（Kaiser-Wilhelm-Gedachtniskirche）。尽管街道有弯曲或转折的地方，即在与莱布尼茨大街（Leibnizstrasse）和博兰登堡大街（Brandenburgische Strasse）的交汇处街道的方向都发生了改变，但是在感觉上却是没有终点的。

■ 街道上有许多商店，出售的商品的范围很广，所有的商店都有橱窗，将人们的目光吸引到室内，街道上还有很多吃饭的地方和电影院，在街角处还要更多。百货商店则位于靠近中心区的位置上。

■ 沿街建筑的上层，尤其是在那些较古老的建筑中，还分布着一些居住单元，但大多数都用于办公与商贸。

■ 旁边的街道都被开发成公寓：不超过 10 层高的建筑形成了高密度的街区，地面层都被开发成商业用途。

■ 从中心区域出发向西行进，建筑与商店的尺度都在不断变大，住宅开始增多。出现了一些更时尚、更昂贵，但规模也更大的商店，被定位为周转相对迅速的卖场开始减少——多数商店都是在出售价值连城的地毯与办公家具——而且吃东西的地方也变少了。

■ 通常，在夏季，人们的视线都停留在较低的标高上，看到的多是树木的枝干、树叶、店面，而不是建筑。

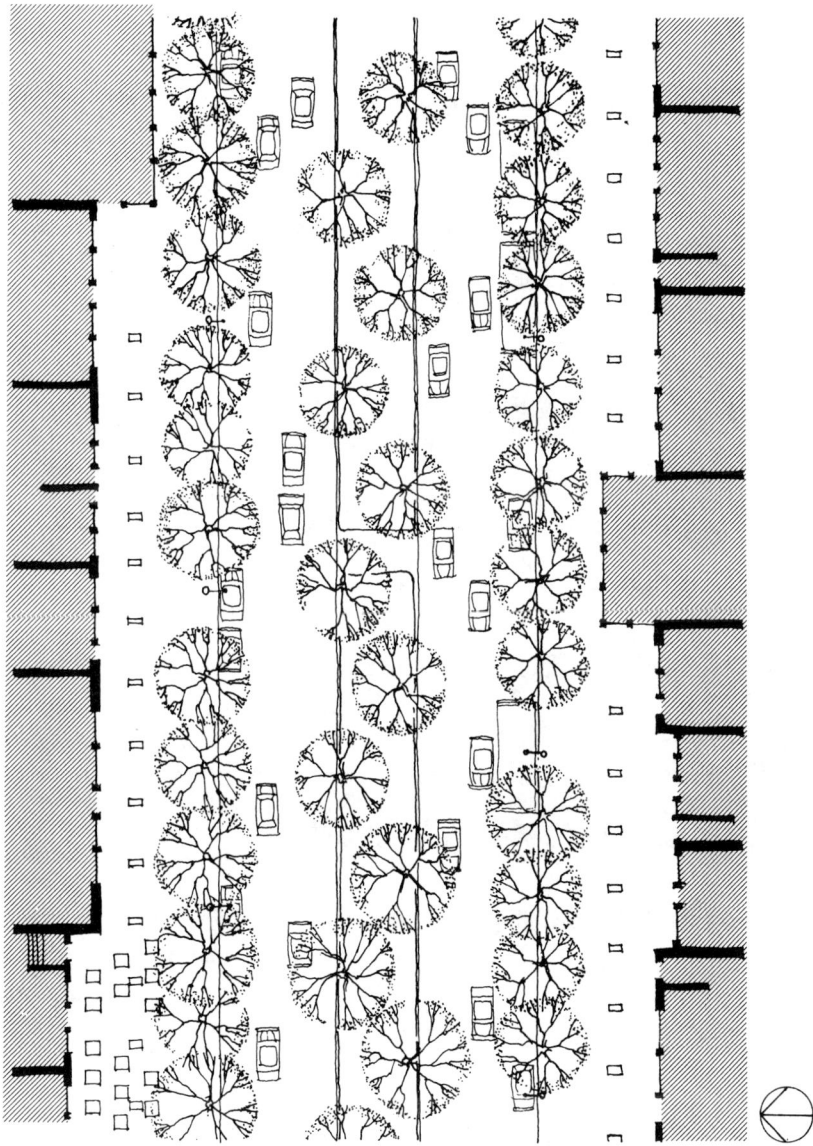

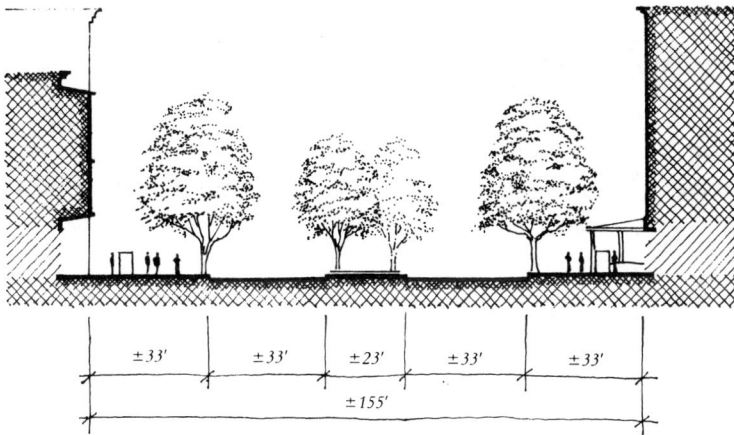

大致比例：1″ =50′ 或 1：600

±33′   ±33′   ±23′   ±33′   ±33′

±155′

建筑

■ 古老的建筑有些沉重，但却富于细节。新的建筑是国际式的，通常都采用毫无特征的压型铝板作为细部与贴面板的材料。尺度较大的建筑数量很少，都位于中心区域以外，沿着街道有一定程度的退进。最新的建筑，接近于中心区的位置，在约阿西姆斯塔勒大街（Joachimstaler Strasse）上就能看得到，能够更好地适应于街道的生活。

■ 建筑的高度似乎被限制在大约 72 英尺以下的范围内，大约有 5 到 7 层高。有时候，在顶层退进的位置上，会多增加一两层的高度。

■ 一些古老的建筑向后退进了大约 2 米的距离，而这些建筑中有一部分在地面层以上又向前突出了 2 米。

■ 建筑上的许多雨篷、标识以及大型广告牌都伸到了人行道的上空。

树木

■ 街道上的树木非常粗壮，品种为伦敦悬铃木。

■ 树木的间距沿步行道不断地发生变化，但通常是在 20 到 24 英尺之间。偶尔"缺失"的树木都被大型的华丽街灯所替代，其间距在 80 到 105 英尺之间浮动。人行道上的树木比中央步行道上的树木还要高大，还要古老。

■ 人行道上树木的枝干生长在建筑 8 英尺以下的范围内，能够有效地遮挡住那些最缺乏生趣的建筑立面。

■ 中央步行道上的树木间距大约是 26 英尺；枝干交叠在一起。

■ 在夏天，这些树木引导并限制着人们的视野，形成了一种树荫之下、低矮、水平的视觉景观，画面的中心是灯火摇曳的店铺。统摄全局的色彩是绿色。

街道转角

■ 街道的转角是主要的开敞空间。部分原因是因为这里有宽阔的道路交叉口，部分是因为许多建筑采取斜向的布局，但同时也是因为树木排列到这里的时候就戛然而止了。

■ 道路交叉口并不总是令人愉快的，尽管人行道旁的咖啡吧多位于街角。部分原因是十字路口过于开敞，部分原因是这里的交通与噪音，部分原因是限定街道转角空间的建筑从建筑学的角度来说太过乏味了。

交通，停车

■ 车辆川流不息，但行驶速度不是很快。

■ 每一侧都有两条车行线路与一条停车线路。

■ 街道上没有设置回车路线，不会打破中央绿化带的连续性。

■ 地铁的入口有时会位于街道的转角处，有时则设置在中央绿化带中。

■ 在经过乌兰大街（Uhlandstrasse）以后，树木仍被保留了下来，但是中央绿化带则被改用作斜向停车场，而中央绿化带外侧的线路也成为平行停车的场地了。

人行道

■ 人行道最显著的面貌特征就是咖啡店的"闯入"。人行道边缘20英尺以内有许多咖啡店的"临时"性结构，但它们并非真的是临时性的。自1973年以来，这些看似临时性的咖啡店就在持续不断地增加。

■ 展示用的灯箱具在人行道边缘大约20英尺的位置上，间隔大约是50英尺，尺寸大约是2英尺乘3英尺。

■ 街头的计时钟、广告标语以及电话亭都没有固定的位置，或者说并没有在空间上形成规律性的排布模式。

■ 美观且华丽的街灯在夏天的时候会被树木的枝叶所遮挡。

库弗斯坦达姆大街的街灯

摄政街（Regent Street），伦敦

- 摄政街最值得关注的地方就在于它将自身宽阔、清晰、果断的形式，出人意料地放置于一个尺度精巧且不太规则的街道模式中，而且街道中那些尺度庞大、形式规范且注定会令人印象深刻的建筑，在它们的周围却是非常谦逊、亲切的建筑环境。

- 街道的起始点是最令人印象深刻的皮卡迪利广场（Piccadilly Circus），在这个新月形的广场区域中引入了一道向北延伸的弧线，一直导向牛津大街（Oxford Street）。

- 进出皮卡迪利广场的时候，人们会有一种满怀期望的感觉，希望能够看到它在哪里结束，或者会想知道它将导向哪里，曲线会给人带来一种封闭感与场所感。皮卡迪利广场是为数不多的场所之一，在其中人们可以同时欣赏到凹与凸两种不同形式的街道。

- 街道剖面基本上是非常简单的：人行道 15 到 18 英尺宽，位于 50 英尺宽的车行道两侧。

- 建筑的高度即便不能做到完全一致，也会是大体类似的，一般为 6 到 7 层，大约 70 英尺。

- 建筑所使用的材料很引人注目：是浅灰色或灰褐色的石灰石。

- 建筑的设计能很好地与街道相呼应：柱子、主要的入口、转角处的穹顶、许许多多的窗户以及强烈的檐口线脚，都能够符合街道的整体风格。

- 大多数的建筑都是斜向转角的入口模式。

- 从建筑的角度来说，在一个统一的街区立面下或许是五栋，甚或是更多独栋建筑。

- 在一个街区中，从海登街（Conduit Street）到新柏林顿大街（New Burlington Street），有 18 个入口，或者说，在看上去是一体的建筑中大约每隔 20 英尺的距离就会有一个入口。

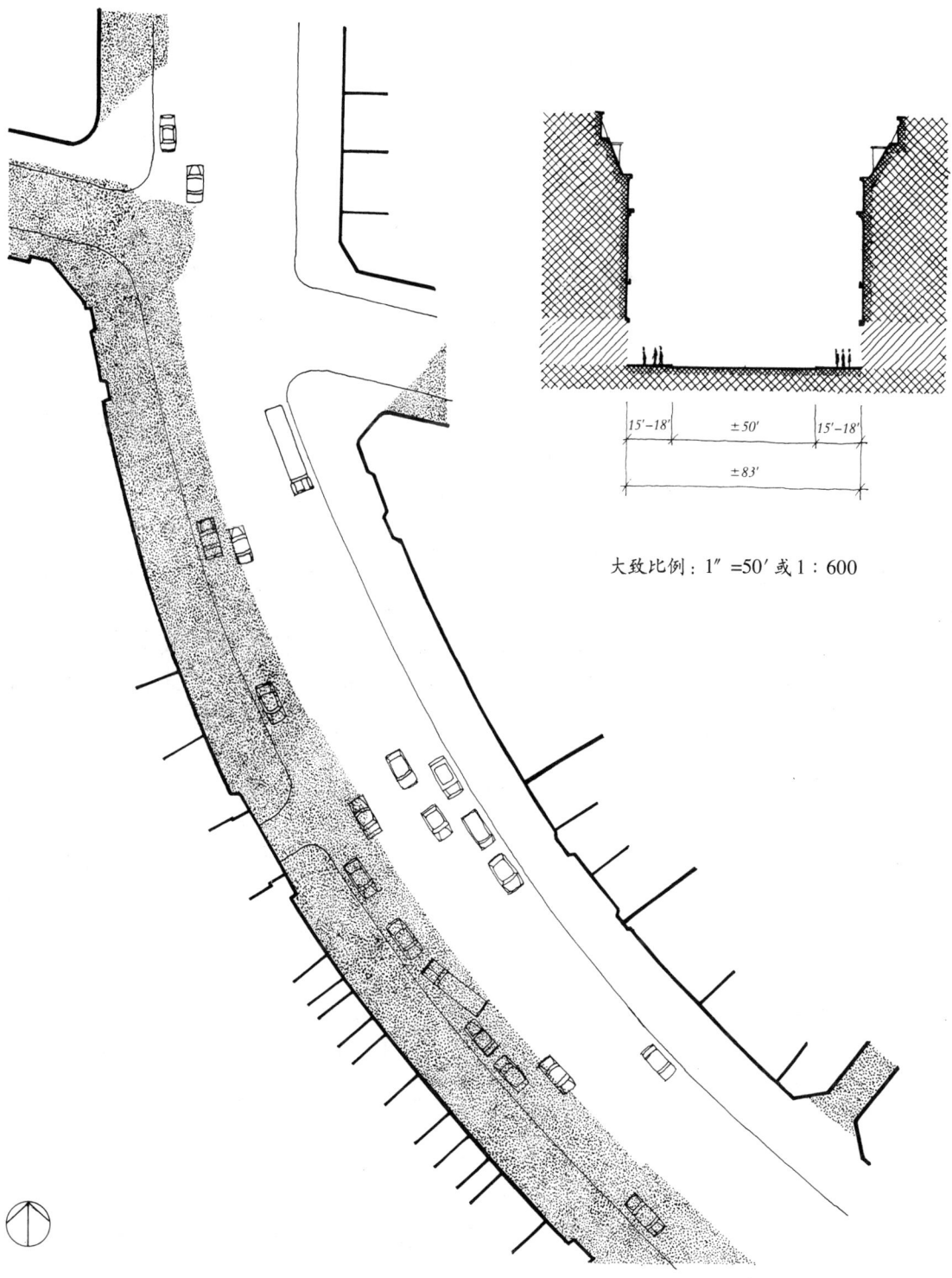

大致比例：1″ = 50′ 或 1：600

■ 这是一条主要的交通街道：其中充满了汽车、噪声与废气。

■ 街道上有许多人，大多数人都步履匆匆；虽然在这里人们可以随心所欲地行走，但只有很少的人或者说几乎没有人会在街道上漫步。

■ 街道的转角处采用了一种特殊的布局模式，有些类似于迷宫，推测起来或许是为了防止人们擅自穿越街道：在摄政街与牛津大街的交汇处的过街迷宫是最著名的。

■ 到了牛津大街以北，街道逐渐平静下来，人也开始变得稀少。

■ 万灵教堂（All Souls Church）的钟塔不能给街道以一个非常有效的结束，部分原因就是因为教堂背后存在着许多杂乱无章的建筑。

■ 这是一条特别的街道，它的功能多元，其中充满了沃特福德（Waterford）、维治伍德（Wedgewood）、积家（Jaeger）、巴宝莉（Burberry）、自由人（Liberty）等等的时尚品牌。建筑物或彼此类似，或彼此互补，因而能增进这种多样的统一感觉，成为街道个性的来源。皮卡迪利广场不足以影响整条街道。

■ 在 1800 年左右，早期的摄政街，是由约翰·纳什（John Nash）设计的，当时的街道想必会比现在还好：柱廊与列柱所组成的人行道，其剖面要更加小巧且低矮，包含了更多的建筑趣味。

注：参见特·埃勒·拉斯姆森（Steen Eiler Rasmussen），《伦敦：独一无二的城市》（London: The Unique City）（伦敦：乔纳森·凯普（Jonathan Cape）出版社，1937 年）。

摄政街

**伯格里奥－皮欧大街
（Borgo Pio），罗马**

- 伯格里奥地区就像一个小城镇，它的南侧处于两条道路之间，这两条道路都是位于围墙之间的道路，自梵蒂冈高地一直延续到圣天使城堡（Castel Sant's Angelo），西侧是马斯凯利诺大街（Via del Mascherino），北侧是伯格里奥－安吉里克镇（Borgo Angelico）与维特莱希大街（Via Vitelleschi），而东侧则完全是天使城堡了。伯格里奥－皮欧大街是一条主街。或者它可以被看作是某一区域中的主要街道，这个区域在城市范围中只是一个很小的部分。

- 西侧的另外一个街区，正好位于梵蒂冈高地之前，其中都是庞大的公共机构的建筑，在尺度上给人以严峻的感觉，它与伯格里奥地区接壤，破坏了伯格里奥－皮欧大街的完整性。

- 这条街道上各种类型的商店混杂，其中包括本地商店、宗教与旅游用品商店以及小型旅馆。

- 这条街道给人以亲切的感觉。其中座椅很少，却十分受欢迎。

- 在 2 月底，下午 7：30，街道上有一两处聚集的人群，他们在三三两两地交谈，小孩子们正在玩英式足球。

- 街道的长度大约是 1000 英尺（300 米），有着明确的开始与结束。

- 建筑为 3 到 6 层高，其中 4 层的占大多数。

- 每一个街区的沿街立面上大约有 5 到 6 栋建筑，平均长度为 37.5 英尺（11.4 米）。

- 在街道立面上，每一家店铺的平均长度为 18.2 英尺（5.5 米）。

- 在街道上，入口之间的平均距离是 12.5 英尺（3.8 米）。

- 街灯悬挂在街道上空的中央，在两侧建筑第三层的位置上系着绳索。它们限定了街道上方的空间，而且它们排成一线，成为人们走在街道上目光所追随的对象。

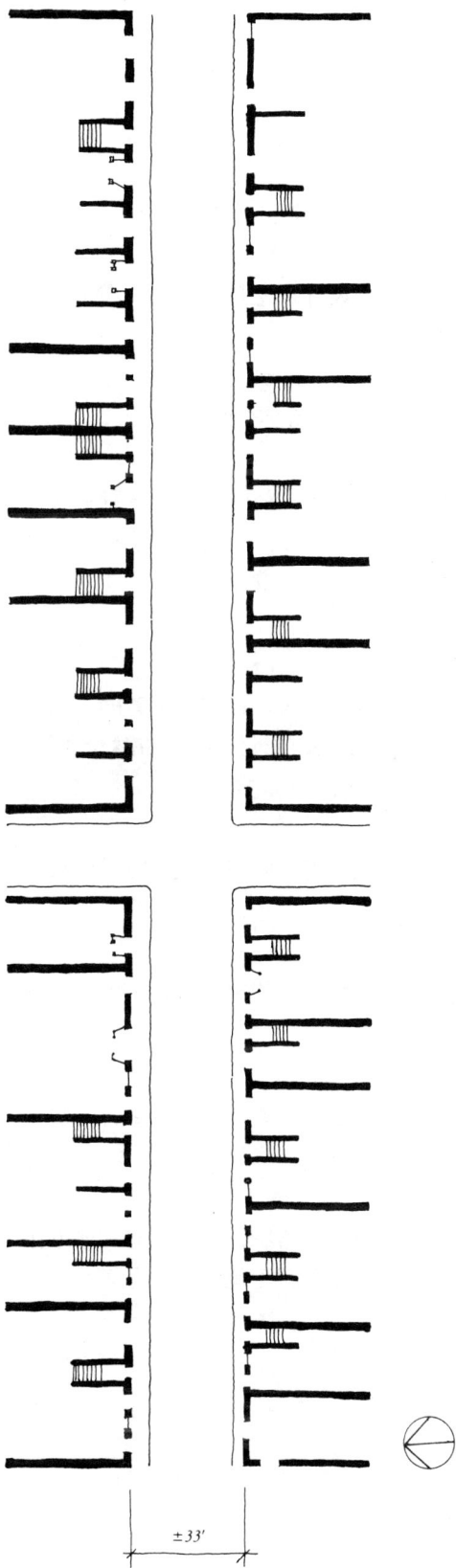

大致比例：1″=50′ 或 1∶600

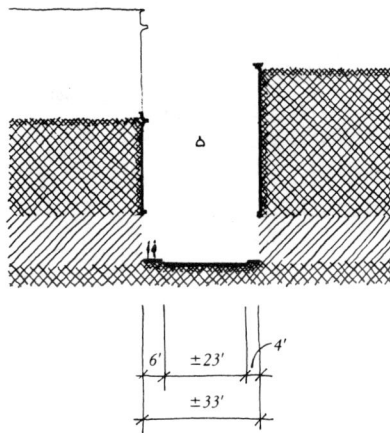

±33′

6′ ±23′ 4′

±33′

**卡斯楚街（Castro Street），
山景城（Mountain View），
加利福尼亚州**

■ 这是一条令人愉快的新建街道，约建于 1990 年左右。

■ 这条街道在一个强烈且清晰的设计理念控制之下，在每个标高上都有精巧的变化与灵活性。

■ 街道共有三个标高：人行道、停车场、车行道。

■ 人行道位于最高的标高上，与其他的街道相比，这种方式能够更有效地将行人与汽车分离开来，而且行人的视线可以越过汽车看到对面的场景，因此相对于一般的模式来说，能获得更好的视觉景观。

■ 在停车平台上，沿着平台外侧的边缘，在朝向街道的方向上种植着行道树，这是一个可以灵活使用的过渡空间，在这个空间中，能够起到决定作用的无疑是行人的节奏。

■ 树木的间距应该更近一些，但是当它们完全长大以后效果就会好起来了。

■ 微小的高差变化以及停车平台所形成的边界线，将人行道与街道清晰地分离开来。

■ 停车平台可以很好地用作户外餐饮或咖啡吧，遇到特殊情况的时候还可以用作展览空间。

■ 从卡斯楚街到它后面地块上的停车场所，两者之间有通道作为联系，通道的设置无论是在设计方面还是在位置方面都非常恰当。

■ 街道上有很多供行人坐下来休息的地方。

■ 这条街道上活跃的商业活动留给我们更多的期待，但是这并不能归因于街道的设计。更准确的说法应为：这条街道的设计是这一区域的魅力所在。

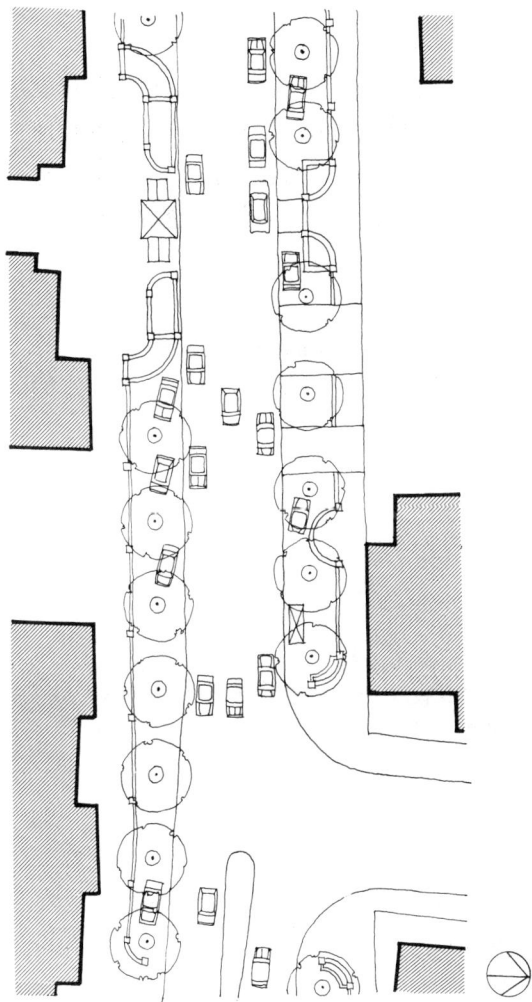

一个可以灵活修改的剖面：用于停车、用于咖啡吧，或用于展览

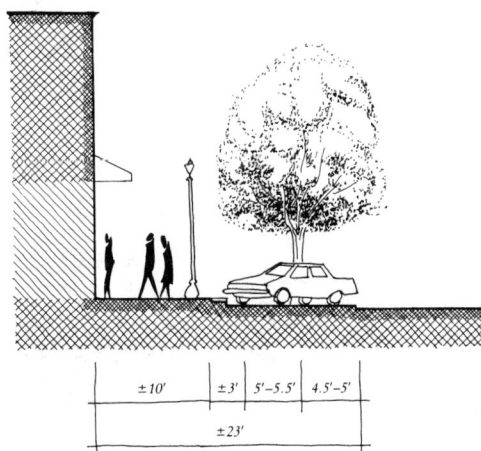

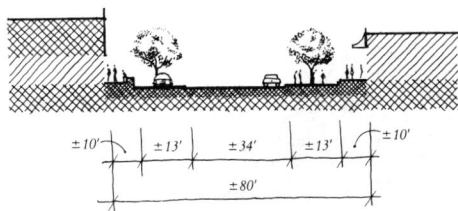

±10′		±3′	5′-5.5′	4.5′-5′
	±23′			

±10′	±13′	±34′	±13′	±10′
		±80′		

大致比例：1″ =50′ 或 1：600

±10′		±3′	5′-5.5′	4.5′-5′
	±23′			

主街,
迪斯尼乐园,
加利福尼亚州

■ 所有的东西都是仿造的,所有的东西都是舞台布景,但它却代表了梦想或记忆中的伟大街道的理想状态,这个舞台布景中的物理环境品质存在于那些最好的街道之中:建筑排列在街道两旁,建筑的细节上永远都充满了光影的变化,地面层是通透的,行人会感觉到舒适,有着家庭与居住的痕迹,有明确的开始与结尾。

■ 路边建筑有许多的入口,每隔18英尺就会有一个,但是有一些不是真实的,而且一些商店在外面看起来各有特色,但里面却彼此雷同。

■ 看上去似乎有许多建筑,平均每22英尺就会有一栋。

■ 街道上有许多的窗户与标识。

■ 上层建筑在比例划分上是正确的,但是它的实际尺度要比真实的建筑小:是足尺模型的微缩版。

■ 干净、整洁。

■ 尽管在概念上相当巧妙,并且施工的质量也很好,但是建筑的实体仍会人一种单薄的感觉,似乎那些墙不是真正的墙,而所有的景物都是由道具搭建起来的。

■ 这是一个实例,它可以告诉我们创造一种文明社会的感觉只需要多么小的一块地方。

主街,迪斯尼乐园

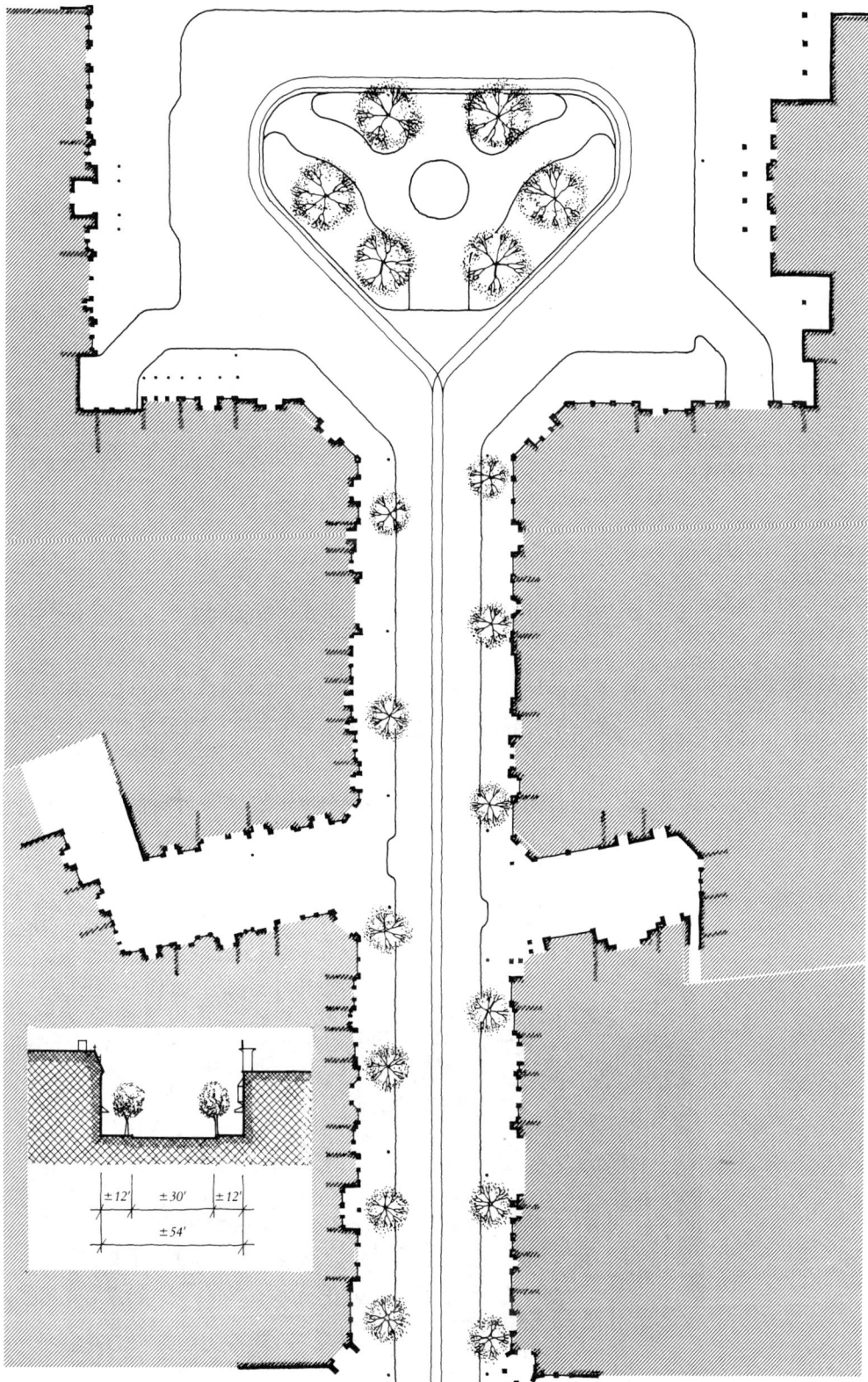

大致比例：1″ =50′ 或 1：600

■ 中央的电车轨道揭示了这条街道身份的摇摆不定——究竟是一座小城镇中的主要街道，还是一座城市中的主要街道。

■ 总而言之，这条街道是一次巨大尺度的演习，其结果看起来像是一种民粹主义的东西。

诺瓦路（Strada Nuova），威尼斯

■ 诺瓦路平行于大运河，从里亚尔托桥（Rialto Bridge）到火车站之间有一条漫长的、连续的人行步道，其中包括了许多街道区间，而诺瓦路就是其中的一个。

■ 它似乎更多的是一条地方性的街道，面向本地人，而不是外地人。

■ 圣乔瓦尼－克里索托莫大桥（Ponte San Giovanni Crisostomo）似乎是一个分界点，街道的定位从面向游客转向更多地为本地人服务。

■ 在3月初，大约下午3：30到4：30之间，街道上出现了许多学校中的孩子、老人，以及带着婴儿的年轻妈妈。

诺瓦路

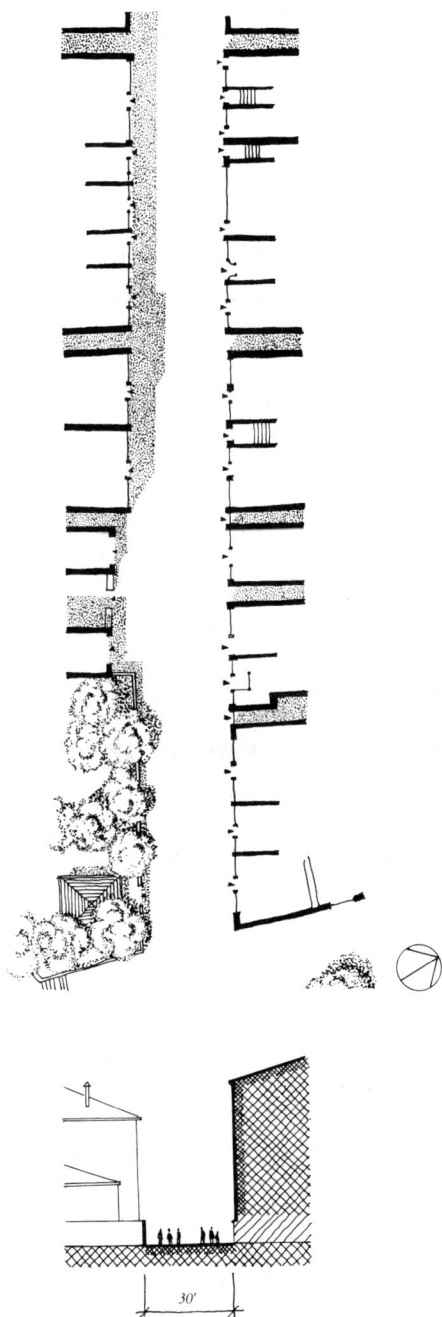

大致比例：1″=50′ 或 1∶600

- 在街道上，有许多人在闲逛，大多数人是在悠闲地散步，步速很快的人则非常少见。

- 在 1 个小时的时段里，有些人已经在街道上出现了两次或三次了。

- 这条街道在大多数的区间都是以本地人的使用为主，至少直至圣安东尼奥桥（Ponte Sant's Antonio）前的区段都是如此。

- 建筑的高度在 1 层到 5 层之间变化，大多数都是 4 层，但是层高并不是很高。

- 大多数的建筑在尺度与设计上都相当谦逊；采用本土风格的建筑形式。

- 街道上有许多小型商店：商店的平均面宽为 20 到 25 英尺（6 到 7.5 米）；而每栋建筑的平均面宽则是 42 英尺（12.7 米）。

- 虽然实际的尺寸并不是很宽，但是在威尼斯这已经是非常宽的沿街建筑了。

- 沿街建筑有许多小尺度的间隔，其间是一条条非常窄的公共通道与街道正交；它们是通往各家住宅的甬路。

- 这是一条令人愉悦的街道！

费茂大街（Fairmount Boulevard），克利夫兰－海茨（Cleveland Heights），俄亥俄州

■ 这条街道并不是很宽，却能够给人带来美好的感受，它是一条稍微弯曲的居住区中的林荫大道，沿线都是规模较大的住宅，住宅退后道路的距离很大，都坐落在维护良好的草坪上。

■ 雪松路（Cedar Road）路口，是一个令人愉快且难忘的起始点，从那里开始，费茂大街与雪松路渐渐分离，并迂回向上。无论向哪个方向移动，都会有一种场所感。

■ 在弯曲的街道中，可以看到连续不断的绿色与住宅。正是因为有了转弯的存在，街道才不至于令人感到枯燥。

■ 街道的尺度恰当，但并不是很大，尽管如此它仍能给人以空间感，这或许是因为建筑及其间隔在退进的区域内都作过深入的景观设计的缘故。

■ 每一个街区在靠近街道较近的位置上都是两到三栋住宅。

■ 沿街的树木没有什么排列规律，或许曾经规则地排列成间距为 27 到 36 英尺的树列，但是现在已经不复往昔风貌。

■ 在有树的地方，步行的感觉就会变得尤其美好。

■ 较为高大的针叶栎树，其高度为 60 到 70 英尺。

■ 人行道上是大块的石板铺面，有 6 英尺宽，这是一种非常特别的铺地。

■ 街道上通常都很安静，带着一种慵懒的亲切感。

■ 费茂大街与一些尺度较小的、优秀的居住区的次要街道相交叉。

■ 车行道的宽度为 18 英尺，可以容纳两车并行，但是这只是刚好达到必须的宽度，没有任何富余了，而且明显是增扩过的结果。

■ 街道中央的绿化分隔带足够宽阔，具有令人瞩目的潜力，但是却没有充分利用。

■ 隔离带，曾经是一条电车的通行线路，现在只是随意地做了一些绿化，其间有几组小树和一些不自然的空间。如果能够有规律地种植一些大树，效果会好得多。

6' 10' 18' 20' 18' 10' 6'

±90'

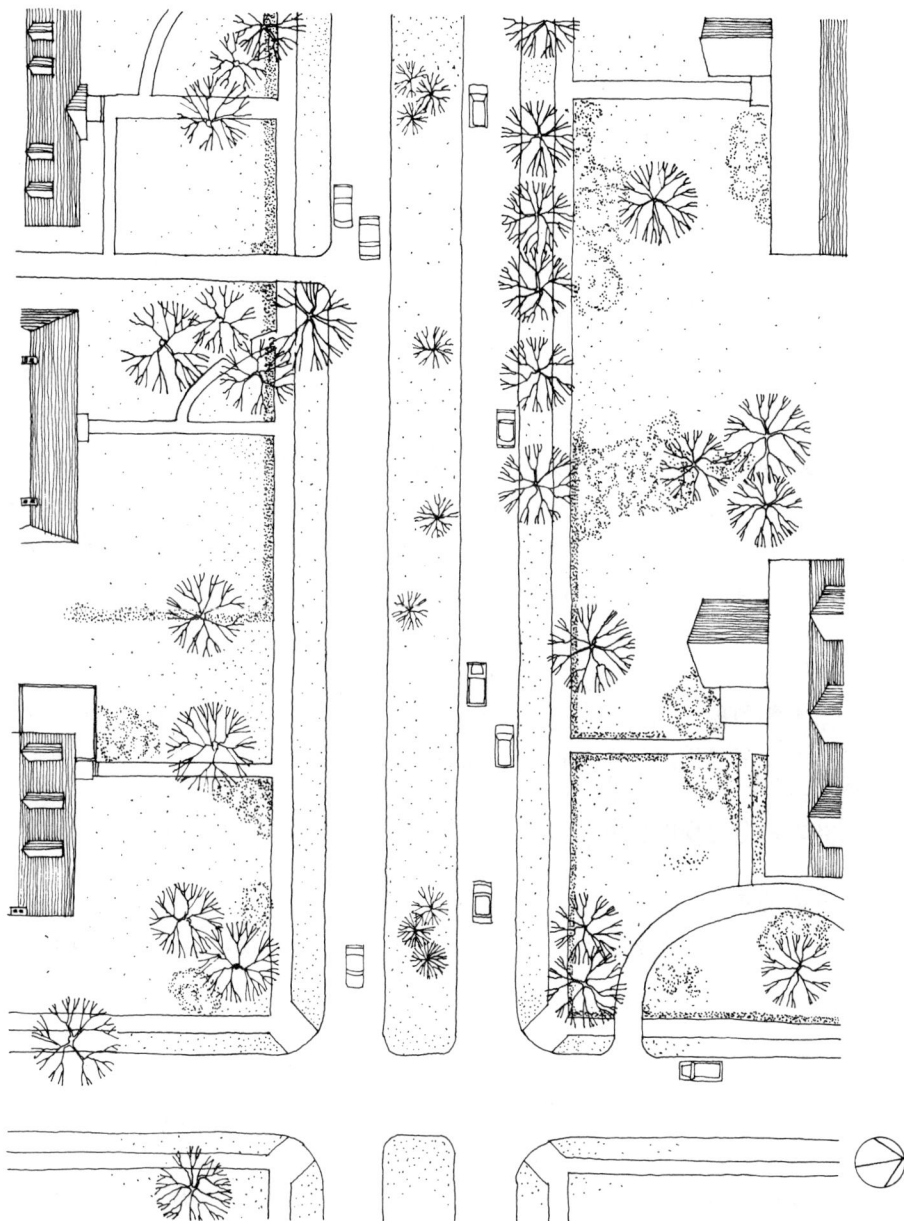

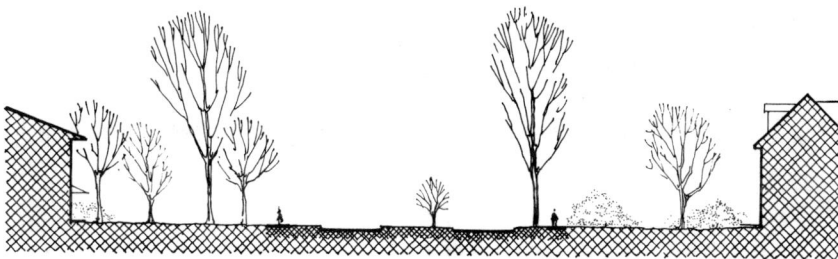

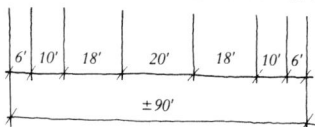

大致比例：1″=50′ 或 1∶600

■ 总的来说，最吸引人的是那些住宅及其丰富的外表，尤其是私人领域的景观设计。而街道本身并没有多少魅力。

■ 虽然街道的可通行空间保持得非常洁净，但是反过来说，它并没有被维护得很好，并没有很好地理解街道的历史，同时也没有栽植中央隔离带与草坪上所需要的线性排列的树木。

桔树林大道（Orange Grove Boulevard），帕萨迪纳（Pasadena），加利福尼亚州

■ 从远处看过来，或者以适中的速度驾驶汽车在街道上穿行的时候，都会发现这条街道格外的迷人。行道树采用高大的加利福尼亚扇叶棕榈树（又名：华盛顿棕榈 Washingtonia filifera）与低矮、深绿色且枝叶舒展的木兰树交替种植，在树木的前方是不透明的白色球形街灯。街道的整体背景是一片浓重的暗绿色的树林。

■ 街灯的白颜色与绿色背景形成了鲜明的对比，在吸引人们的视线并引导沿街的景致方面起到了关键性的作用。

■ 时隐时现的住宅以及宅前大片的草坪，显示着主人的富有。

■ 靠近这条街道，或在其中行走，都会令人感觉到愉悦，但是从远处看过去街道则会显得更加迷人。两种类型的树木并没有完全地相互交替，而树木之间的间距也是不确定的。

■ 街灯的间隔同样也是不规律的。

■ 在很长的一段路上，所有的棕榈树都不见了，街道的景观遭到了破坏。

■ 棕榈树，从地面开始到有叶子的地方高度大约有 40 英尺；树叶从树干开始向各个方向伸展，伸展出去的距离大约有 6 到 10 英尺。

■ 木兰树的高度为 25 到 30 英尺，枝干伸展出去的距离大约有 30 到 40 英尺。低矮的枝干高出地面的距离是 10 到 12 英尺，有时还会更少。

■ 建筑，包括规模较大的独户住宅与多户的公寓，两到三层高。建筑退后道路的距离是 40 英尺。

■ 街道上树木的养护工作做得良莠不齐。

■ 在科罗拉多大道（Colorado Boulevard）处的柔和曲线给街道带来了最佳的视野。

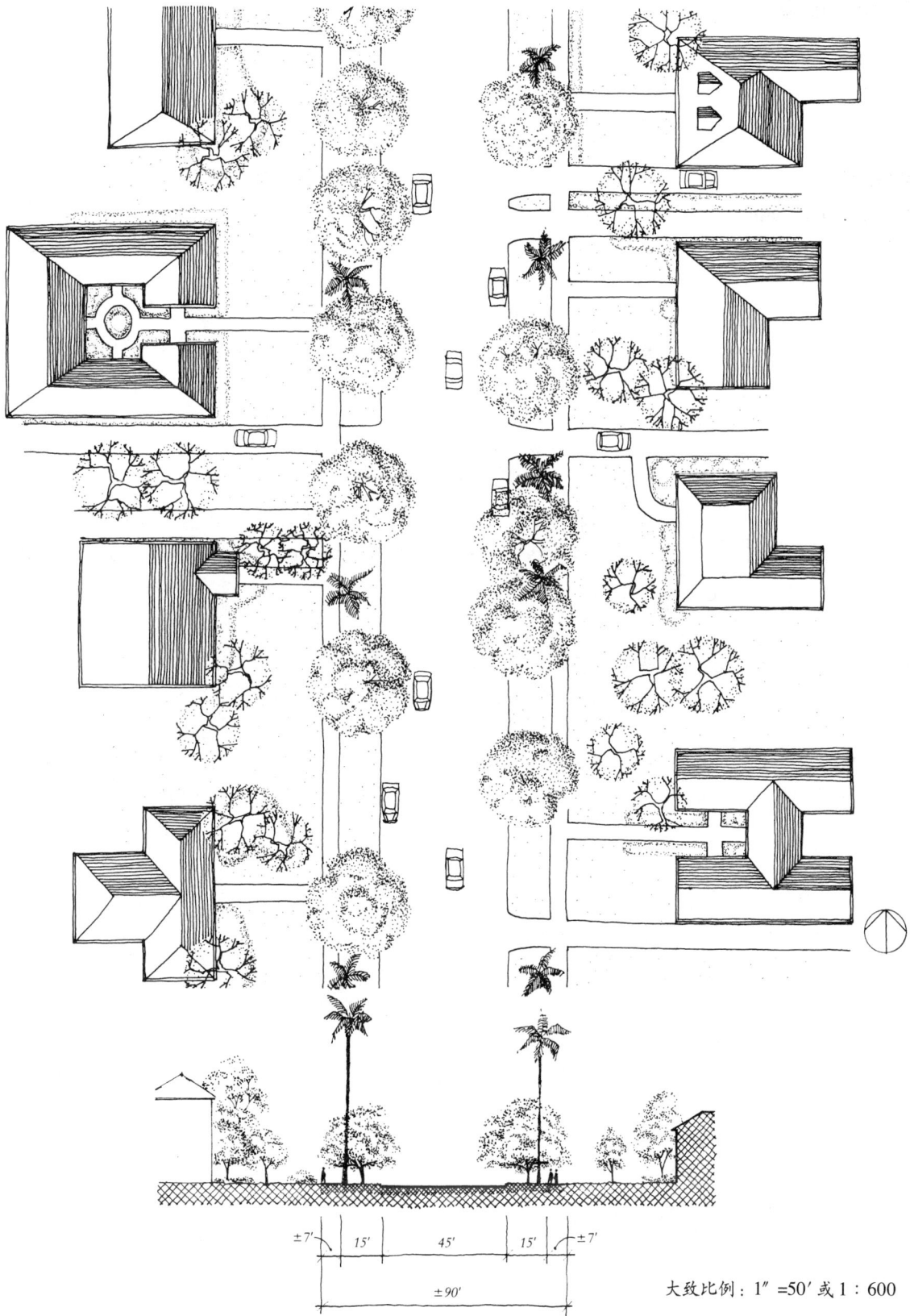

±7' | 15' | 45' | 15' | ±7'

±90'

大致比例：1″=50′ 或 1：600

用贺街区
(Yohga Promenade),
世田谷 (Setagaya),
日本

■ 这是一系列相互联系的、富于细节设计的街道群，它位于某个使用功能混合——居住、一些工业——的区域中，下一个路口就是一条非常繁忙的主干道，设计的意图是为了创造一个安静的、不受交通干扰的区域。

■ 它是一个范例，可以告诉我们居住区域可以在多大程度上不受外界的干扰。

■ 它是一个在尺度较小的横剖面中能够包含多少设计内容的杰出例证：树木，雕塑，在铺地与绿化交界的地方采用了柔性的处理手法，而没有使用路缘石，为儿童设计的独特的活动场所，袖珍剧院，水景元素，特别的铺地砖使用了本地的材料，其设计充满变化但又非常统一。

■ 汽车的通行是允许的，甚至在尺度最小的街道——一条 12 英尺的车行道——上也是如此，但整体的设计感觉都是人行的。

■ 在街道表面有着连续的水景设计，它唤起了人们对小溪的回忆，曾经有一条小溪沿着某条街道流淌。最初的溪流蜿蜒绵长，后来被引入水渠，但是这个设计唤醒了人们的回忆。

±12'

±26'

±24' ±20' ±8'

±52'

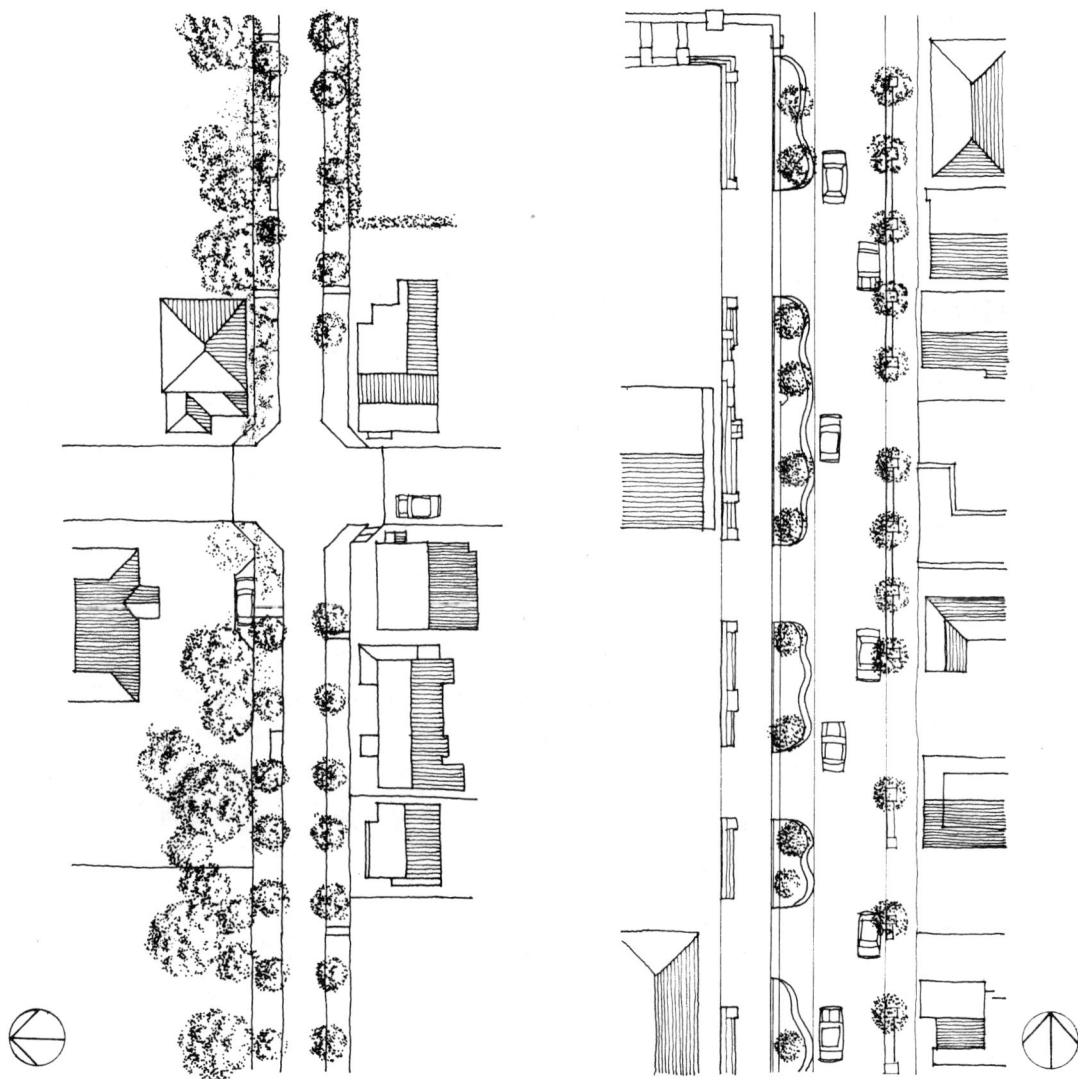

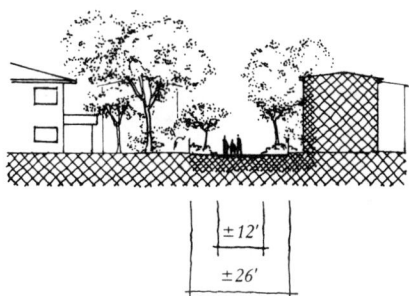

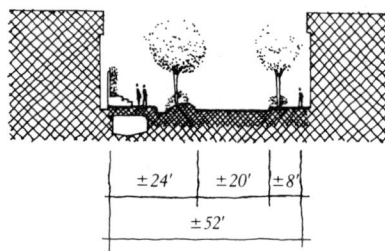

大致比例：1″=50′或1∶600

罗克斯伯勒路（Roxboro Road）与图托尔路（Tutor Road），克利夫兰－海茨，俄亥俄州

■ 这两条街道是 20 世纪早期美国郊区街道的范例。

■ 独自设计并建造的住宅形成一片片规模很大的居住区：临街的长度为 65 英尺，地块面积为 10000 平方英尺，每英亩的净居住户数为 4 户。其定位与施工满足了小康居民心中的理想。

■ 这些街道本身就是充满魅力的，尤其是它们的尺度，与 20 世纪 80 年代至 90 年代为低收入的家庭建造的超大尺度的街道形成了强烈的反差。罗克斯伯勒路与图托尔路的布局都是很紧密的（相对于美国的街道而言），但是建筑退后街道的距离却很大，在建筑与街道之间的前庭院中植有浓密的绿化（不止是草坪），与那些有着相同退进的、更宽阔的街道的做法截然相反，后者的屋前绿化只是稀疏的草坪。

■ 沿着街道有一行植树带，6 到 8 米宽，使街道显得比其真实尺寸要小一些。

■ 从路缘石到路缘石的宽度为 22 到 24 英尺，这个宽度是足够的，能够实现双侧停车。

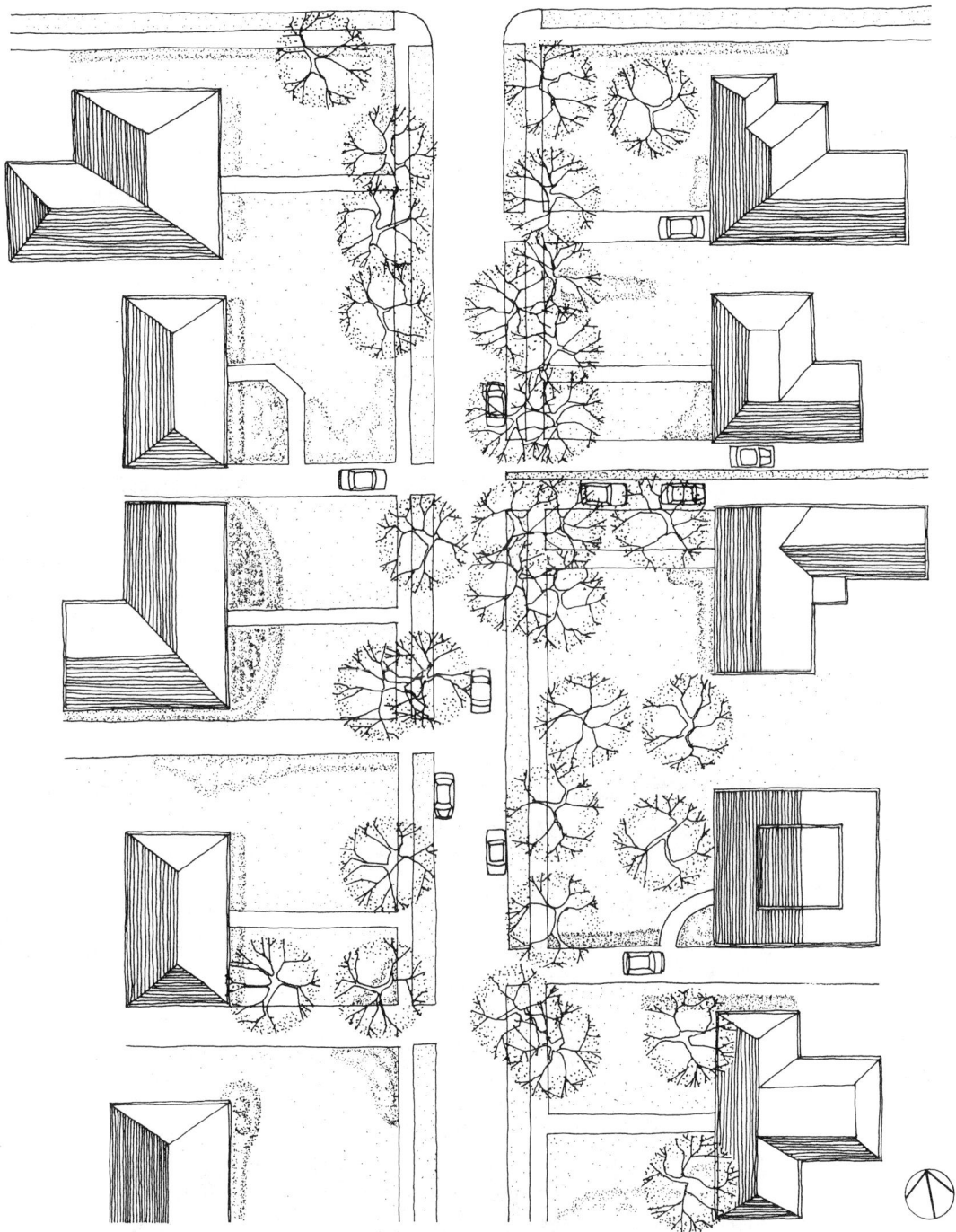

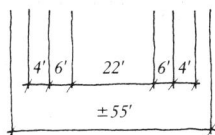

大致比例：1″=50′ 或 1：600

帕丁顿地区的街道
（Paddington Streets），
悉尼

■ 这是一个具有令人惊讶的高密度、小尺度的区域，由独户及联排住宅组成。许多住宅都已经小到了只有 12 英尺宽。在一些街道的沿线，净居住密度达到每英亩 50 个居住单元。

■ 公共道路的宽度为 40 英尺，这在帕丁顿地区是比较普遍的。

■ 没有街道外的停车，汽车停在狭窄的街道上（20 英尺），街道很拥挤，汽车的行驶速度很慢。整个公共道路都成为适于步行的空间。

■ 一些只有 4 英尺宽的人行道沿线还种植着树木。

■ 在建筑退后 5 英尺的距离内，通常种植着灌木。建筑退进与狭窄的柱廊都是社会活动与社区建筑的主要领地。

■ 街道的可通行空间与匹斯堡的罗斯林街（Roslyn Place）没有多少不同。最本质的差别就在于帕丁顿的住宅在朝向街道的方向上是封闭的，而且沿街的立面则是延续的。

帕丁顿地区，悉尼：
街道与建筑的肌理

大致比例：1″=400′ 或 1：4800

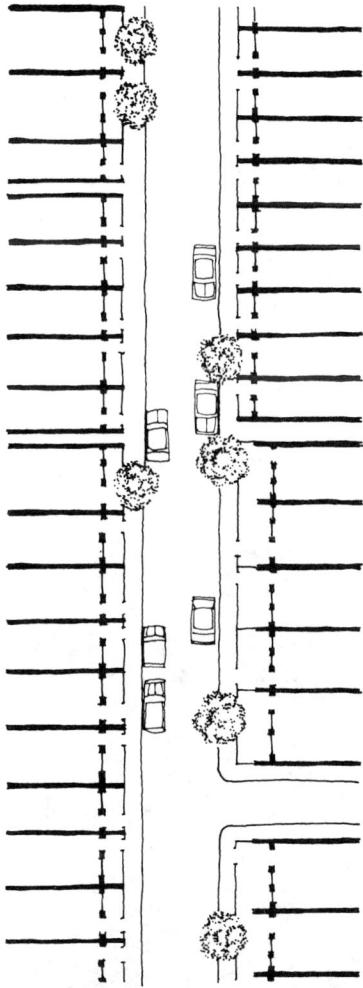

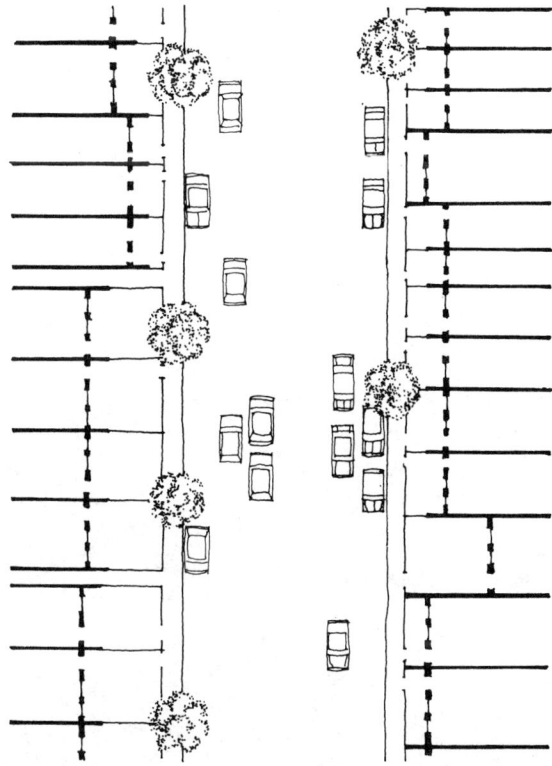

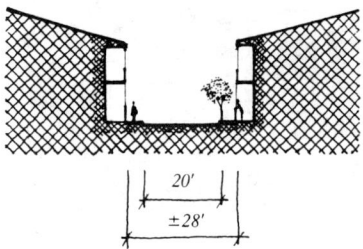

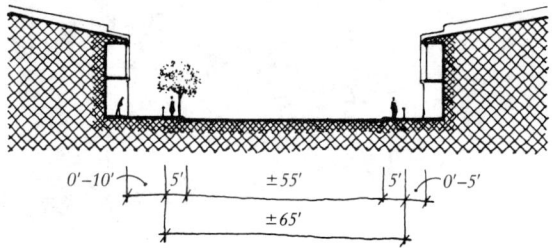

大致比例: 1″ =50′ 或 1 : 600

$20'$

$\pm 28'$

$0'-10'$ $5'$ $\pm 55'$ $5'$ $0'-5'$

$\pm 65'$

阿姆斯特丹的"街道"
（**Amsterdam "Streets"**）

■ 与美国许多居住区中的街道相比较，甚至再狭窄的运河都是宽阔的——位于市中心的埃克特伯高（Achterburgwal）运河大约有 75 米宽，而劳耶斯运河（Looiersgracht）的宽度则大约是 86 英尺，尽管如此，人在其中会感到狭窄且紧密。这种情形部分是因为运河两岸建筑的高度，部分是因为运河上有太多的内容：从街上的步道一直到水面，这中间有着多种彼此分明的高差变化，另外还有分隔空间的树列，入口的门廊，而横跨运河的桥梁还会给人带来围合感，桥梁的标高要高于人行道与船只。

■ 建筑通常都是 3 到 5 层高，另外还要加上高耸的坡屋顶区域。砖使用得比其他任何材料都要多。

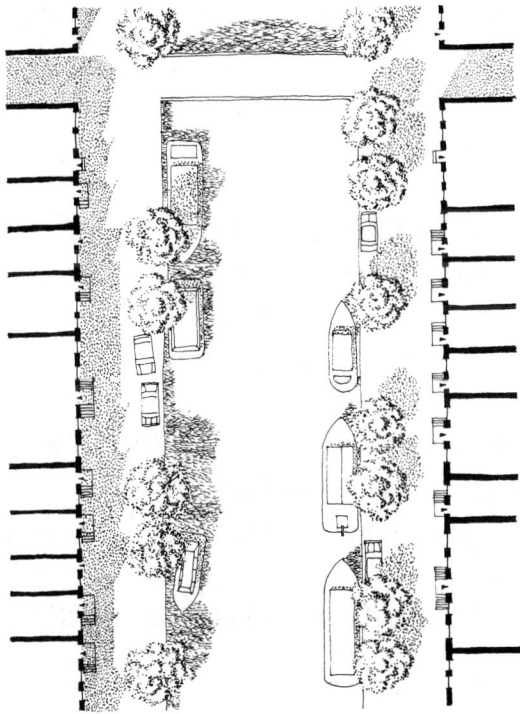

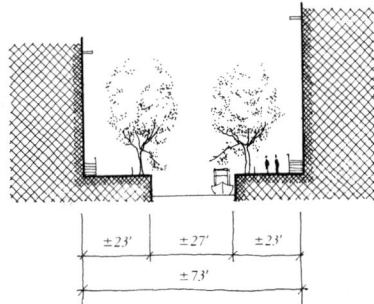

埃克特伯高运河

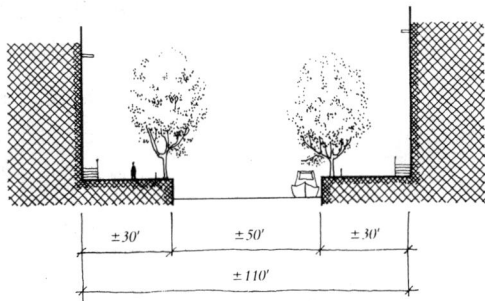

±23'　±27'　±23'

±73'

修士运河

±30'　±50'　±30'

±110'

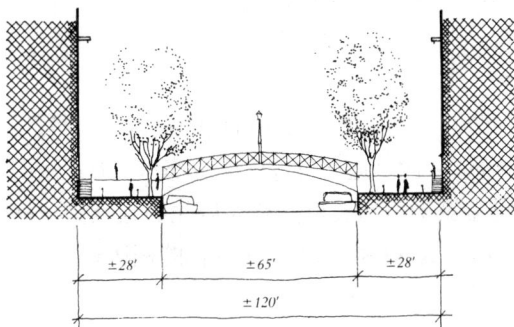

沃伯格沃运河

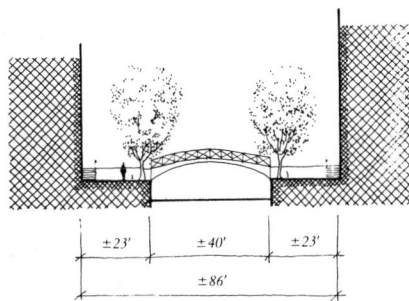

±28'　±65'　±28'

±120'

劳耶斯运河

±23'　±40'　±23'

±86'

大致比例：1″=50′ 或 1：600

- 建筑的面宽通常很狭窄，强调垂直感与高度：例如，埃克特伯高运河沿岸建筑的平均宽度为 20 英尺，而在较宽的普林森运河（Prinsengracht）河畔，建筑的面宽平均为 21 英尺。较新的建筑往往会更宽一些。

- 在运河的交叉处，街道需要抬升起来与桥梁相衔接，桥梁的起点必须要有足够的高度，以保证其下驳船的顺利通行。这些高差的变化带来了优美的景观，站在一个有些许抬升的位置上，看运河，看平行的步道，都是一幅令人赏心悦目的画面。

- 沿着较狭窄的运河边栽植的树木通常会比沿着较宽的环城运河边栽植的树木间距近一些，前者的间距通常为 20 英尺，而后者则超过了 43 英尺。有时三条小艇会在狭窄的水域中遭遇。

- 铺地通常是略带桃色的砖或者是明亮的粉红色与紫色的砖组合而成。

- 小小的系船柱，用以明确的标示出平行停车的区域界线，创造了一种积极的差别，使步行区域免受汽车的干扰。

- 许多物质环境的细节都为运河沿岸居住氛围的塑造做出了贡献，尤其是那些细小的部分：门（通常每栋建筑上都不只有一扇门）、门廊、窗台上的花盆箱街角的长椅、有人居住的且别具一格的驳船与水上人家，所有的这些共同塑造了浓郁的栖居感。

- 作为一个潜在的居住场所，尺度较小的运河要比尺度较大的运河更具吸引力。

植物公园，里约热内卢
（**Rio de Janeiro**）

- 这是一条由树木营造出来的公共街道的极佳范例。

- 这个迷人的空间靠高大、巍峨的棕榈树所构成间，树木的间距只有 12 英尺，界定了 33 英尺宽的人行走道的边界。

- 一个高耸、垂直且绵长的空间，大约有 1/3 英里；最终是空间本身而不是其他的任何东西，成为整个环境中最富魅力的部分。

- 这个空间会给人一种明亮且开敞的哥特教堂般的感受。

- 树木大约有 50 到 60 英尺，看上去似乎还要更高些。

- 道路两侧都栽植着浓密的植物，有助于限定一个更大范围的空间，但它并不是整个空间中最精华的部分；或许树木本身才是整个空间中的精华。

- 中央步行道采用碎花岗石铺地。

400'
34 trees

150'

1,200' ±12' o.c.
±100 trees

33'

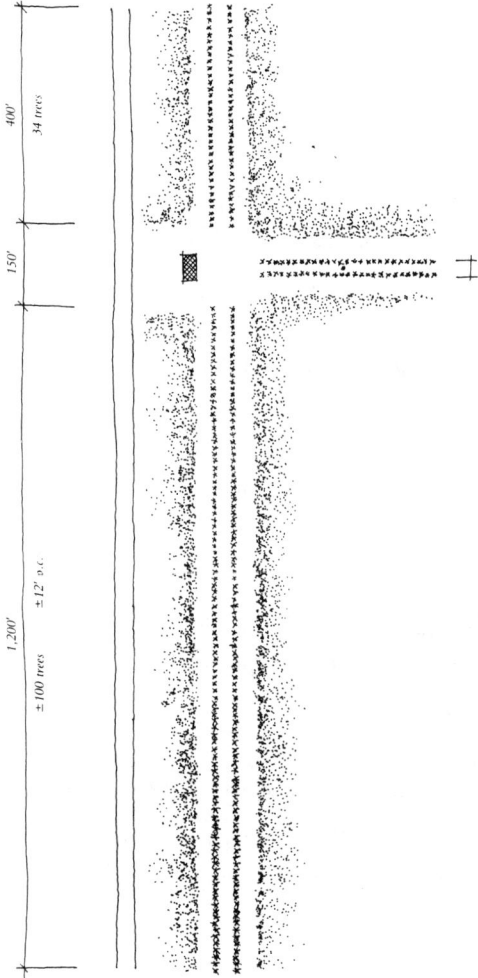

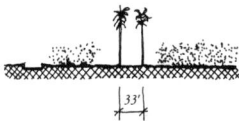

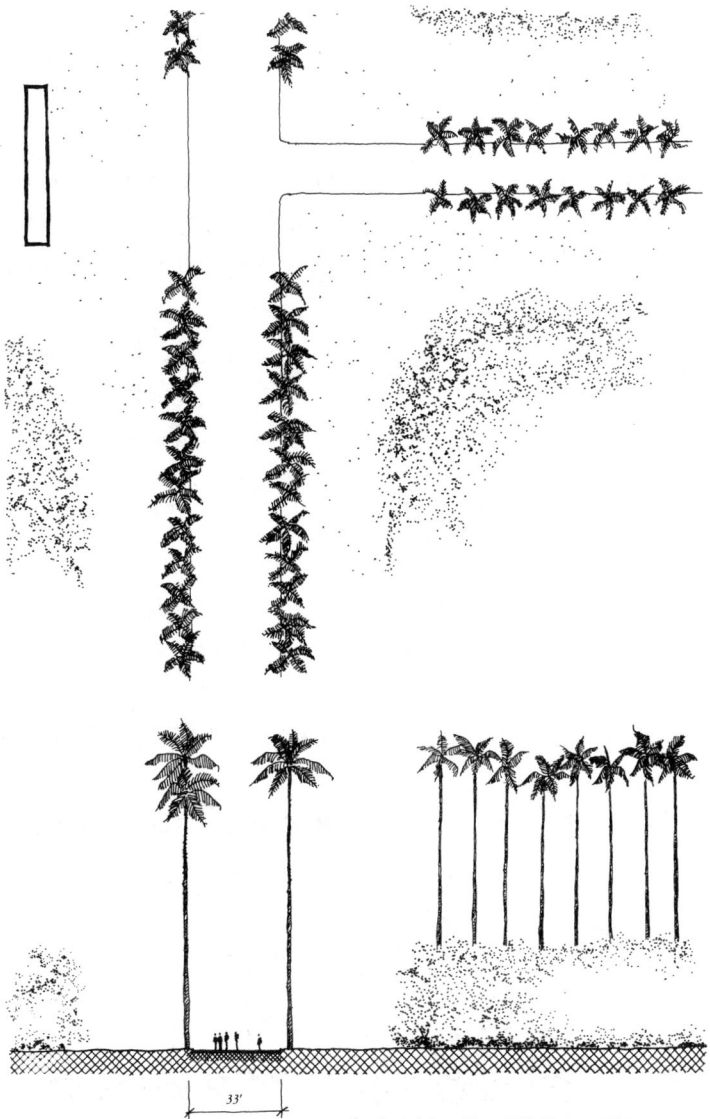

大致比例：1″ =50′ 或 1：600

33'

香榭丽舍大街

**从协和广场到环岛区间，
巴黎**

- 除了宽阔的中央车行道以外，它都是一条出色的街道，仅由树木所组成。十条机动车道将街道分割成三个独立的环境，在街道的一侧很难感受到街道另一侧的情形：整体感已经缺失了。

- 每一侧都很完美，每一侧都具有出色的环境，人们可以在其中漫步，坐下休息，再接着漫步。

- 建筑通常都位于附属绿化空间之后，并不是街道上显而易见的组成部分。

- 街道的南侧是线状的丛林，有4排不同的榆树，在两个方向上的间隔都是16英尺（5米）。街道的北侧通常会有3排树，但在道路交叉口处，会再加上第4排。

- 这里有安静、阴凉的散步场所，采用碎花岗石铺地；同时这里还有一条充满阳光的、开敞的人行道，采用光滑的灰色组合铺面材料，以某种铺砌方式形成大约0.5平方米的铺面分割，如果希望晒太阳的话，这里就会是一处很好的散步场所。

- 街灯与高大的伦敦悬铃木混合在一起，沿着中央车行道排列下去，街灯的间距在33到50英尺（10到15米）之间上下浮动。而伦敦悬铃木之间的间距则为26到33英尺（8到10米）。

- 杰出的细部设计：雨篷、长椅、街灯、卫生间、食杂店，一应俱全。

- 所有的树木都一直栽到离街角与十字路口很贴近的位置上。

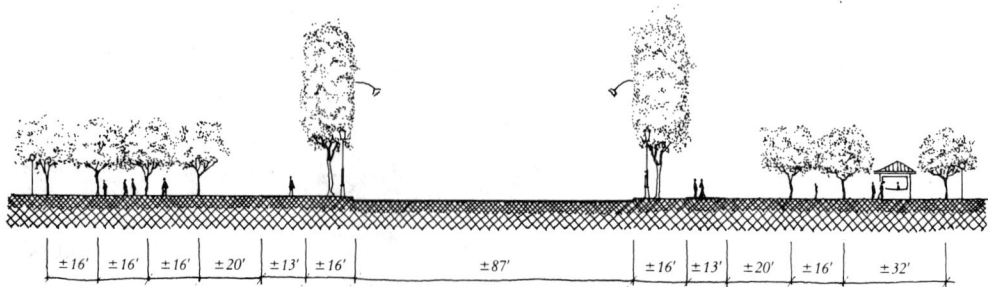

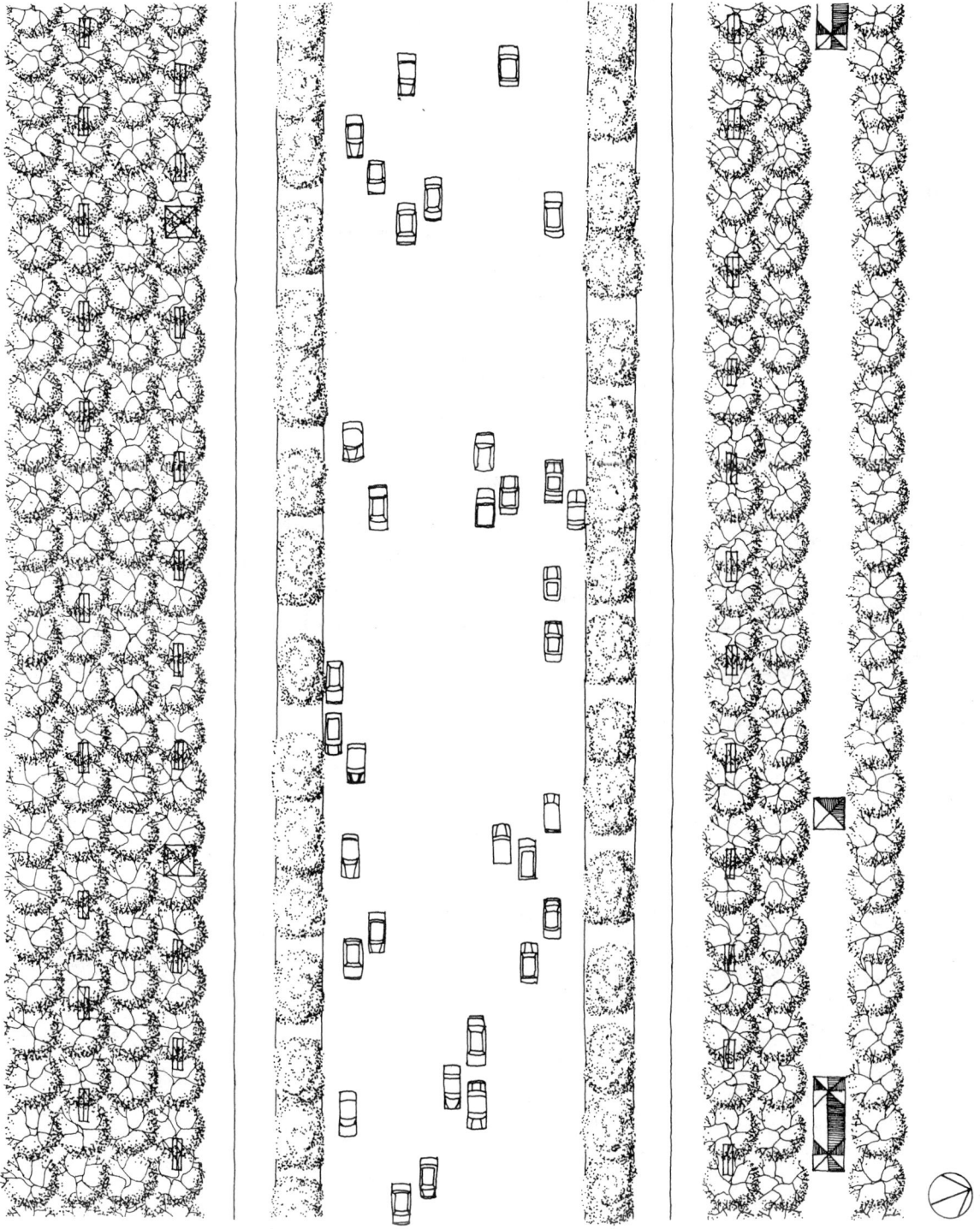

大致比例：1″=50′ 或 1：600

皇家棕榈大道（Royal Palm Way），
棕榈滩（Palm Beach），
佛罗里达州

- 街道上植有四排棕榈树，像列柱一样，是街道的精华所在。

- 位于中央隔离带上的棕榈树，其间隔是统一的 30 英尺。而沿着人行道栽植的棕榈树之间的距离则是不均匀的，且没有试图与中央或对面的树木彼此对位。

- 这是一条宏伟的进城大道，它的起始点位于内陆的航道旁，但却没有一个集中的结束点。

- 街道南侧的建筑，虽然都位于同一条直线上，但它们却不是街道上主要的景观，因为它们都很朴素，同时也因为它们色彩上的协调，因而能够与周围的环境融合在一起，而且棕榈树也就因其魅力成功地吸引了人们的视线。

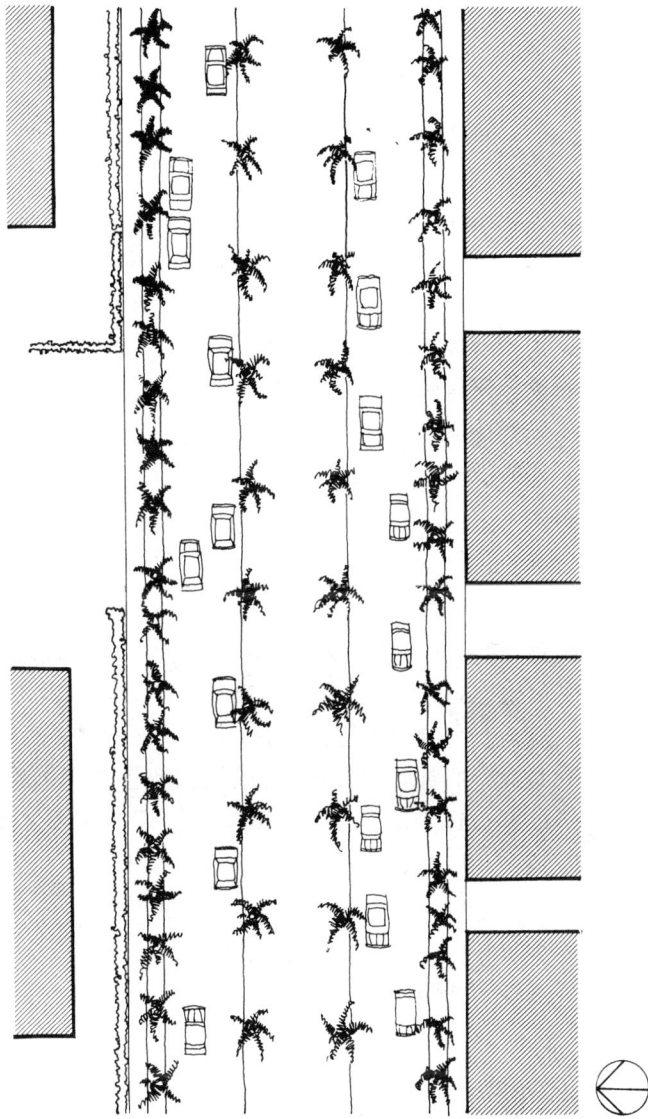

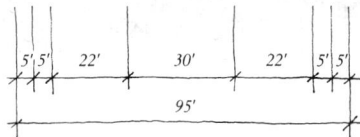

大致比例：1″=50′ 或 1：600

5′ 5′ 22′ 30′ 22′ 5′ 5′

95′

王子街（Princes Street），爱丁堡

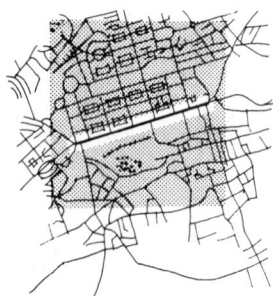

- 王子街的设计旨在成为一条伟大的街道，它是城市的中心街道，在这里有许多一流城市设计的实例。

- 这是一条"单侧"的街道，街道的一侧是由一排建筑所界定的，而在另一侧则是一条步道，步道的侧向与公园以及开敞的空间相衔接。

- 街道上的建筑尺寸与设计是没有规律的，建筑之间的间隔也是如此，这都有损于街道的品质。

- 街道很长，大约有4250英尺（1300米），有着明确的起始点与终点，但是两者之间的距离较长，街道的起点与终点并不是由街道自身的形式所标志出来的，位于街道的西侧端点的标志物是教堂的钟塔，东侧端点的标志物是位于山坡上正对街道中央的纪念碑。而位于地面上的真正的终点则是不确定的，似乎街道到了那里就逐渐消失了。

- 街道在西侧的终点是五条街道的交汇处，如果做成圆周的形式或许会更舒服一些。

王子街东段

- 沿着王子街，在每一个道路交叉口处都会有一些明确的地标，它们或者是建筑，或者是雕塑，在与乔治大街（George Street）相交处就有一些雕塑，能够说明这一规律。每隔一个街区就会有大约 12 到 15 英尺的高差变化。在整个地区中，王子街并不属于水准最高的街道，但是无疑它通过这些雕塑与整个区域结合成为一个整体。

- 王子街是一条非常繁忙的街道，在它的一侧聚集着这座城市主要的商店与旅馆。同时它也是公共汽车与小汽车的主要干道。

- 在午餐时段，会有许多人汇集在街道的商店一侧，人们都充满生气，没有人在漫无目的的懒洋洋地前行，却不会造成拥挤的感觉。而在临近公园一侧的行人会占到街道上总人数的 10% 到 15%。

- 在一些地方，沿公园一侧的街道宽度会变窄以容纳重要的建筑：旅馆、纪念碑、艺术博物馆。

- 街道的一侧结合了购物功能，而另一侧的步道与公园接壤，而且在街道中还能够看到旧城区的优美景色，其中包括爱丁堡城堡（Edingburgh Castle），所有的这些都使得这条街道与众不同。

- 在公园一侧栽植了高大的树木，树间距为 30 英尺；树木的枝干在头顶上空相互交错。

- 在弗里德里希大街（Frederick Street）西侧种植有开花的树木，在大多数地段的人行道上方都有，只略微高出人的头顶。

- 长椅很简单，木制，坚固，街道上所有的长椅都采用相似的设计，而且出现的频率很高。长椅是由团体或个人捐赠的，这个信息在每个长椅上面以一种简单的方式标记出来。

- 这是一个令人愉快的场所，可以在其中漫步、消磨时光，也可以走进公园，走到公园里那些高高低低的环境中去。

- 公共汽车停靠站是由铝和玻璃制成，结构奇特，用以安装标识（间距大约为 240 英尺），它的出现使得公园一侧的街道黯然失色。

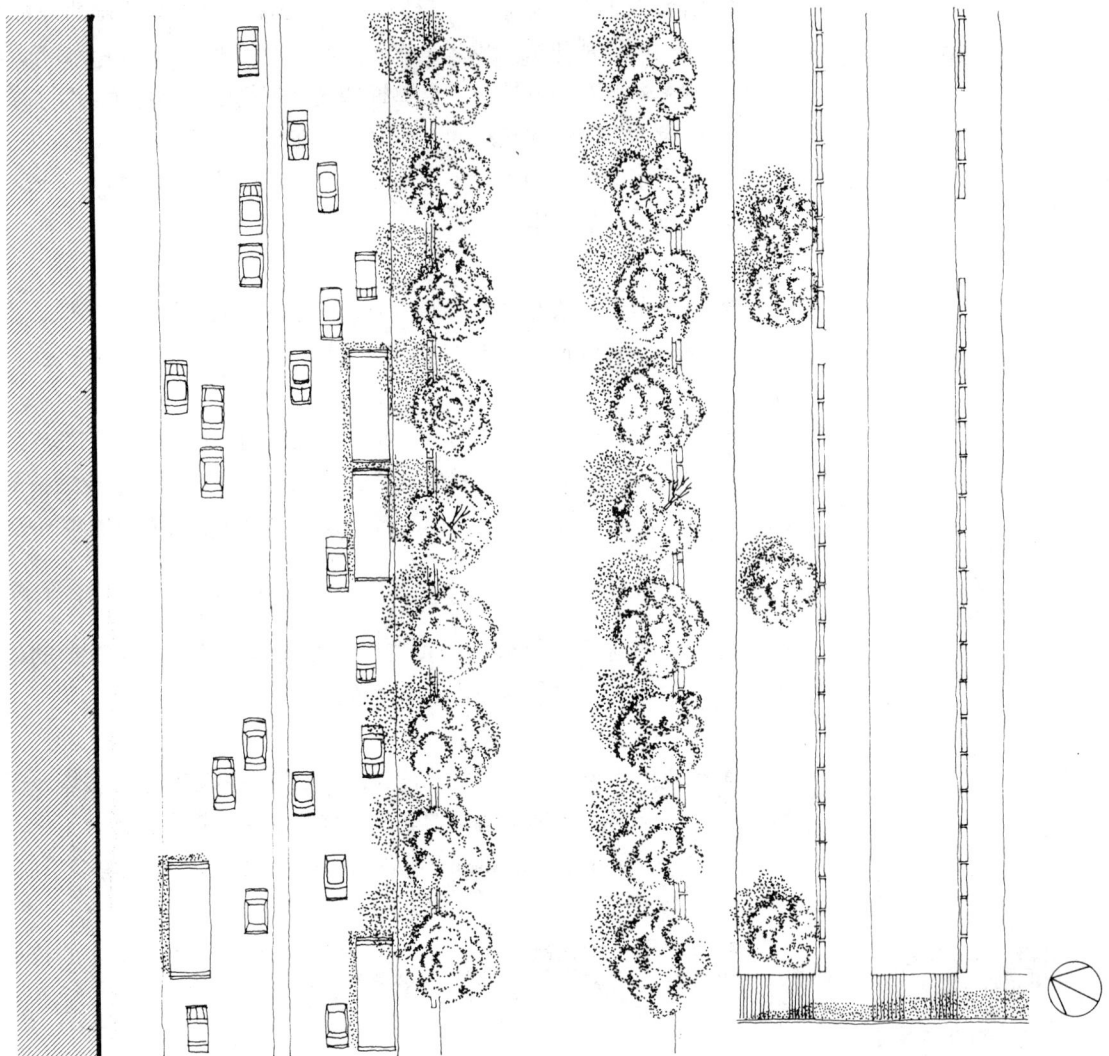

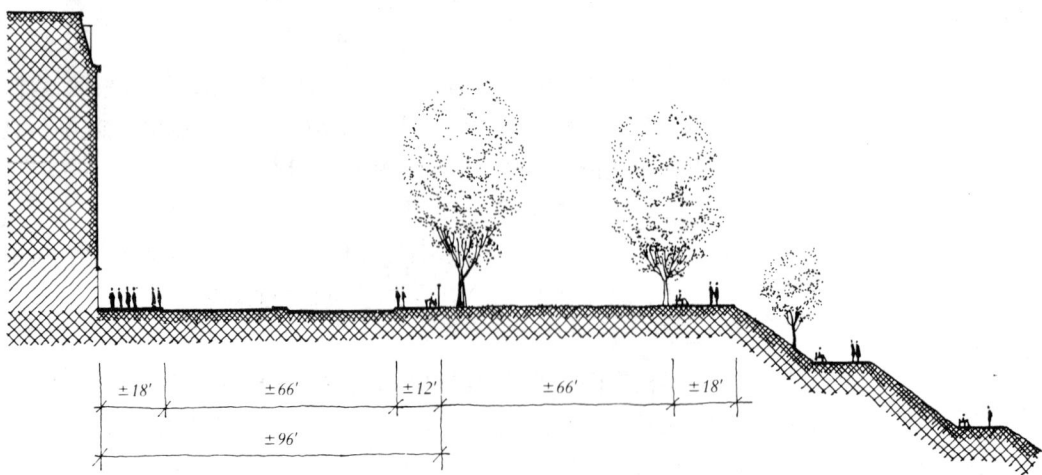

大致比例：1″=50′或1：600

在王子大街上看到的风景

- 人行道是富于魅力的，采用光滑的、高密度的铺面材料，典型的铺面砖是 36 英寸乘 20 英寸的大小，厚度为 2 英寸，组合在一起形成图案。

- 一张早期的地图告诉我们，街道有建筑的一侧原来是三四层楼高的联排住宅。较高的建筑，有 60 到 70 英尺高，如果能够保持高度相似的话，就能更好地与街道相匹配。

第五大道（沿中央公园一侧），纽约

- 这是一条优雅的、极富魅力的街道，在中央公园一侧的部分更是如此，比起第 59 街以后的部分要好一些。

- 第五大道是一条单行道，交通力量大，同时也是一条快速路。

- 每个街区的沿街建筑可多达五栋，但通常会少于这个数目。

- 一些建筑前面还留有小面积的绿化。

- 沿着建筑铺设的人行道尺度亲切。人行道上的树木排布没有遵循特定的规律。

- 虽然沿街建筑的高度多变，但给人的总体印象是一排高层豪华公寓，中间夹杂着一些较古老、较低矮的建筑（过去是宅邸，现在用作博物馆或私人俱乐部）。

- 那些古老的、尺度较小的建筑，给人带来一种历史感与延续性。

- 走在街道东侧的路人，或许会感觉到没有受到邀请而进入这些建筑是不受欢迎的，但是沿街的窗户仍能给街道带来一种生活的气息，一种附近就充满了他人活动的感觉。

- 街道的西侧，毗邻中央公园，无疑是向所有人敞开的。

- 在街道的西侧种植有两排树木，它们没有明确的空间组合规律，却清楚地定义了街道在这一侧的边界。

- 公园一侧人行道上的铺面材料非常漂亮：步道上是六边形的沥青砖铺面，而树木的栽植区则采用鹅卵石铺面。

- 矮墙与长椅能够吸引路人驻足休息，并且形成看向中央公园的视觉通道。无论是公园还是街道，看起来都是那么平易近人。

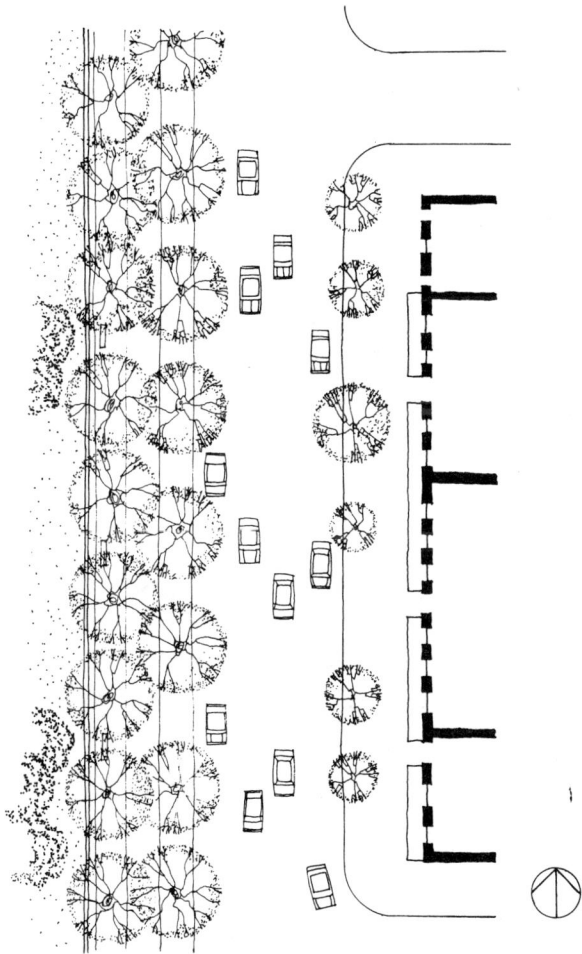

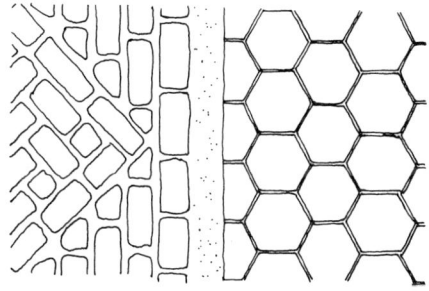

铺地细部

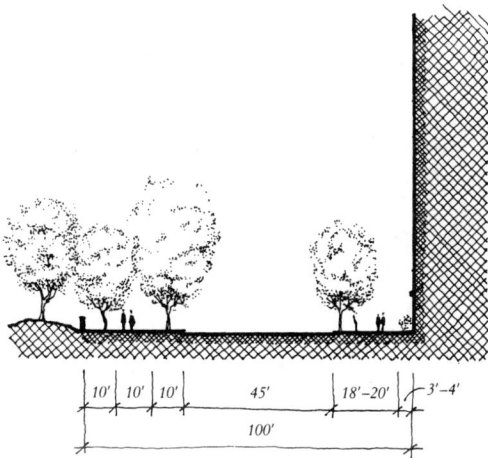

大致比例：1″=50′ 或 1：600

第三部分　　　　街道与城市肌理：
　　　　　　　　街道与人赖以存在的环境

17 March 91

如果你准备走遍威尼斯1平方英里范围以内的所有道路、并探访其中所有的运河，那么你将会经过至少900个街区中超过1500个单独的道路交叉口或者环岛。作为对照，在巴西利亚（Brasília），每1平方英里的区域中你只能找到不足100个道路交叉口以及不超过50个街区。这些数字本身就能够说明城市物质属性之间的巨大差别：在城市尺度方面，在视觉与空间复杂程度方面，在一个区域与另一个区域之间各种元素的纯数字比较方面，在空间的数量与尺度方面，以及在人们所能够获得选择点的多少方面，这些差别都可以通过数字体现。在每一个城市的每一个道路交叉口上——在那里有两条不同的公共道路相遇——至少可以做出一种选择，是沿着这条街道走还是沿着另外的街道走。在这个意义上来说，威尼斯1平方英里的区域中就有超过1500个需要选择的点，而在巴西利亚，同样大小的区域中选择点则少于100个。

　　街道与街区的肌理所能够反映出的城市之间的差别，远不只是那些尺度、复杂度、可能的选择以及空间属性的差别。它们与城市修建的历史时期相关，与地理环境相关，与文化差别相关，与城市的功能与目标相关，与设计或政治的哲学态度相关，另外它还与技术要求、与那些更加显而易见的名誉相关。与此同时，它们也提供了一个框架，可以在这个框架中建造伟大的与不那么伟大的街道。

　　我们头脑中关于街道规划以及城市街区模式的种种设想，都会受到那些最优秀街道中物质因素和可设计特征的影响。在确定什么是最好的街道、又是什么造就了最好的街道的过程中，我们一开始想了解一些关于街道与街区的背景信息，这样做也许只是为了弄清楚它们在城市中的定位，搞清楚它们的确切位置。但是随着我们对街道与街区了解的加深，那些网格、脉络和肌理对我们的吸引力就变得不可阻挡。不仅针对单独的一条条街道进行设计或重新设计，而且要对其所在的城市区域作整体的思考，在一座新城中作街道设计就更不用说了。一座完全崭新的城市，成败的关键就在于它的街道布局。或许完全的新城在世纪之交并不多见，但是新建的城区却是非常之多。在20世纪90年代，小块土地的设计项目很多，正如在18、19世纪间的美国，土地测量员与工程师为城市所作的整体布局也非常多一样[1]，两者的情况十分类似。在城市发展计划中，包括为大的城市区域所作的新的街道布局，有时目标定位就是要创造伟大的街道，这种情况通常会引起我们的关注。[2]我们构思街道上的建筑，不仅服务于街道本身，也服务于街区肌理，上述模式允许我们将这种构想同那些已建成的实例进行比较。接下来，我们还想知道，那些伟大的街道赖以存在的特定的街道与街区的布局，对街道的特殊品质到底有没有贡献，是否起到了决定作用。我们认为，关于物质环境文脉的知识会帮助我们更好地理解街道的异同，与此同时，也会帮助我们正确理解、并指出是什么使得特定的街道在我们的记忆中凸现出来，这项工作面临着什么样的困难；究竟是街道自身如此特别，还是某种或某些环境中的物质变量使得街道脱颖而出？

我们已经知道，朱伯纳里大街狭窄而弯曲，但是仍然可以被看作是有序的，如果将它置于周边的环境中来看，朱伯纳里大街甚至还可以说是整齐、规则的。但是如果将朱伯纳里大街放置在科索大街旁边的话，这种规整的感觉就荡然无存了，因为科索大街在它的城市肌理中无疑是一条真正笔直、漫长且宽阔的街道。然而在威尼斯，朱伯纳里大街就会显得又宽又直了。反过来说，如果拿科索大街与大运河相比较的话，它就只能被看作是一条狭窄的小巷，而香榭丽舍大街虽然受其影响，在宽度上却不可同日而语。大运河，在威尼斯是如此的宽广，与其周边城市肌理的对比如此明显，若跟香榭丽舍大街放在一起比较，却显得如此窄小。香榭丽舍大街之所以具有如此宏大的尺度，不仅仅是因为与其周边街道尺寸间的对比关系，也是因为其中的道路交叉口相对较少。我们需要知道街道所在街区的肌理和特征，这样接下来才能够更加方便地加以比较、展开研究，并解释究竟是什么因素造就了杰出的街道。

一些街道可以看作是"游戏规则制定者"。它们能将明晰的概念与秩序带给一座城市或一个区域。它们可以形成一个边界，例如维也纳的环城大道，或者也可以形成一个有魅力的中心，例如苏黎世的班霍夫大街(Bahnhofstrasse)或柏林的库弗斯坦达姆大街(Kurfürstendamm)。它们能让你知道自己身在何处。在相当大的程度上，街道的肌理，即街道自身或相互之间的关系，可以带来一种初始的秩序或混沌，个别的街道正是在这样的局面中扮演着自己的角色。街道与街区的肌理是个别街道设计的出发点。

有很多原因促使我们去了解城市街道与街区的环境肌理与尺度，其中最重要的原因就是作为一种肌理它们自身就是有其魅力的。但是我们应该选择哪种城市肌理加以表现，而又该如何表现它们呢？要尝试理解一个特定城市或区域的本质特征，又要知道城市之间的差别所在，在相同的尺度上来比较相同尺寸的区域是十分重要的。通过观察不同尺寸的区域——比方说，一座城市中1平方英里的区域与另一座城市中200英亩的区域相比较——来了解两个或多个城市之间的不同，是非常困难的事情，在某种意义上讲，几乎是不可能的；假如这两个区域再以不同的尺度出现会发生什么事情，就可想而知了。然而，谈到体验与认知，真可谓是众说纷纭。我们可以随着时间的流逝对洛杉矶(Los Angeles)的某个区域进行体验，经常是在汽车中得到信息，并且开始在心理上建立认知。我们也可以在罗马的市中心做同样的事，当然较多采用步行方式。我们也许会在观看两幅同一地区的不同地图时，忽略比例的因素，这是因为我们熟悉这些城市。但是如果用相同的比例绘制两个区域的图纸，而在纸面上覆盖了相同大小的面积，我们就会惊异于它们的相关尺寸、街道的尺寸、街区的尺寸，等等，因为我们并没有在体验它们的时候进行相互比较。观察以相同的比例绘制的不同城市中相同面积的区域的图纸，能够获得相对尺寸的认知，它必将与我们的主观经验大相径庭。在这里，我们希望让比较更加客观。我们选择了 1 平方英里（2.59 平方公里或 259 公顷）的面积的区域以及 1 英寸比 1000 英尺的比例（1″=1000′或 1：12000）来绘制图纸。在这样的面积中，不同尺寸的街道肌理都可以清晰辨别（通常能显示一种以上的肌理），而且图纸能够覆盖到老城区中相当大部分的区域。图纸所表达出来的区域尺寸可以方便读者进行比较。

要选择哪些城市以及城市中的哪些部分作为本书的实例是另一个问题。选择过程涉及诸多因素，其中尤为重要的因素就是在图纸表现的范围内能够完整地显示那些特别值得关注的街道：例如，兰布拉斯大街、市场街或哥本哈根步行街等街道的城市背景。同时也尽量包括那些典型的城市：远古的、中世纪的、老旧的、新建的、中东的、亚洲的、欧洲的、西方的，或是工业城市、首都、山城以及城市的中心与周边的区域，等等，诸如此类。有时候，这种选择表现出非常规的特征或浓厚的个人色彩，或许只是为了回应某个不经意的提议，如"我想知道东京在这个尺度上看起来是什么样子，"或"你应该看看开罗。"但伟大街道的表现、地理区域覆盖面积的大小，以及可获得信息的多寡，仍然是本书选择城市的主要决定因素。下面就是这些实例。

艾哈迈达巴德

印度

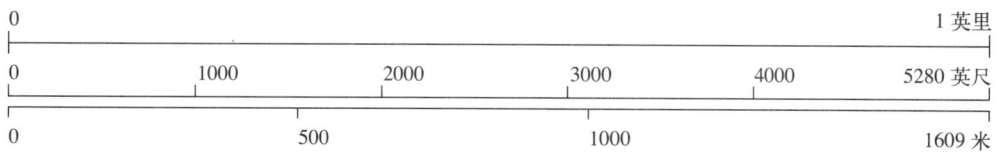

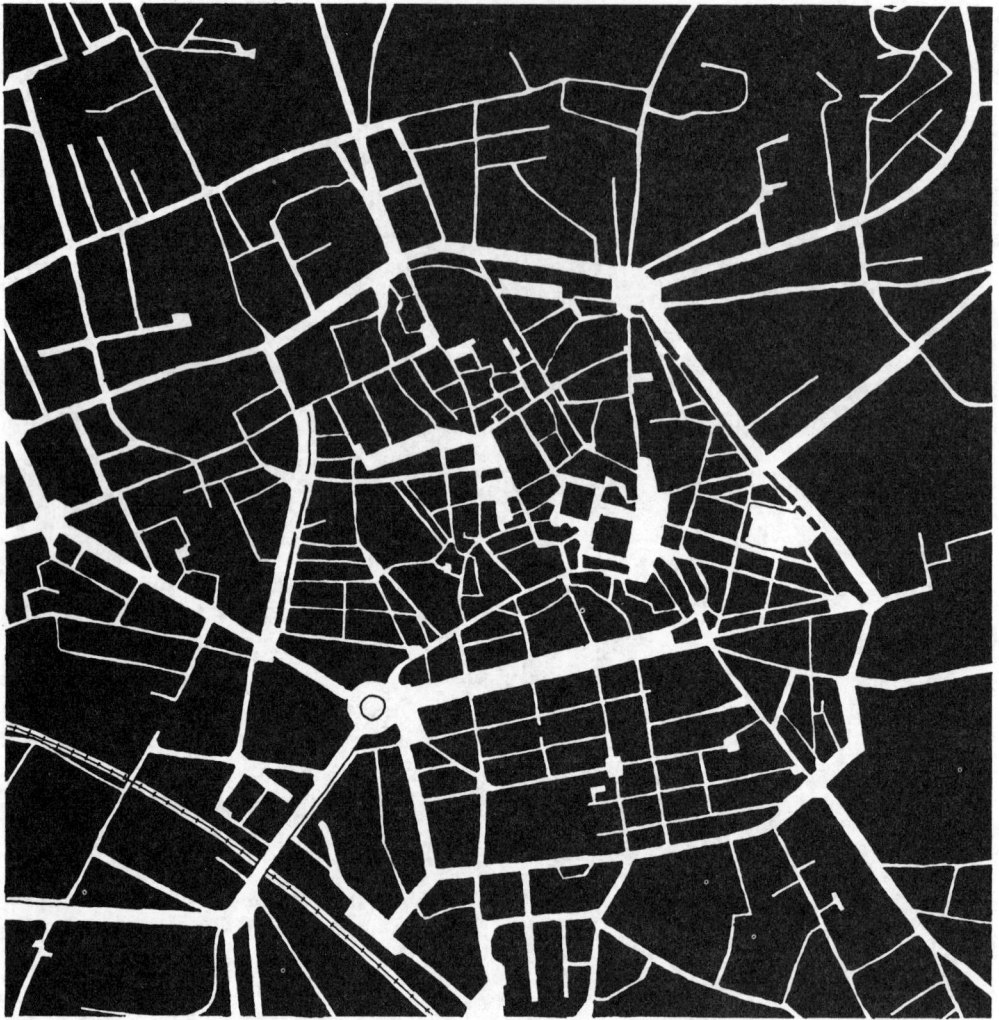

普罗旺斯地区的艾克斯

法国

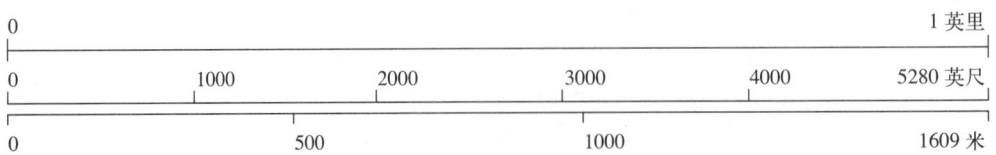

阿姆斯特丹

荷兰

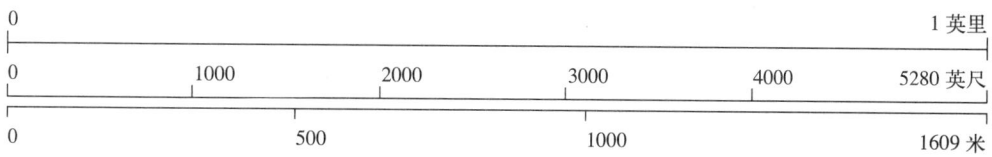

巴塞罗那

格拉西亚大道

———————————

西班牙

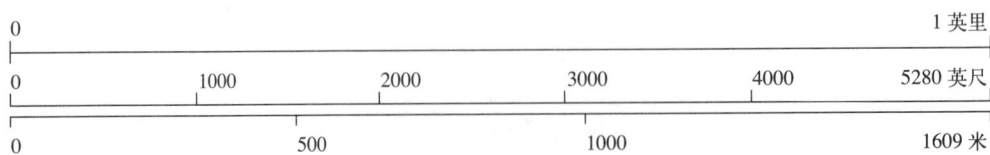

巴塞罗那

兰布拉斯大街

西班牙

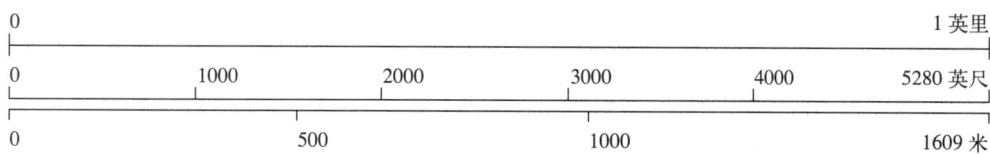

巴里

意大利

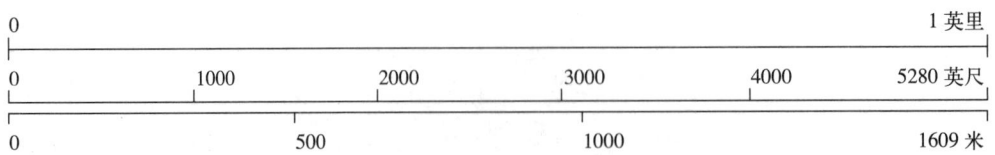

巴斯

英国

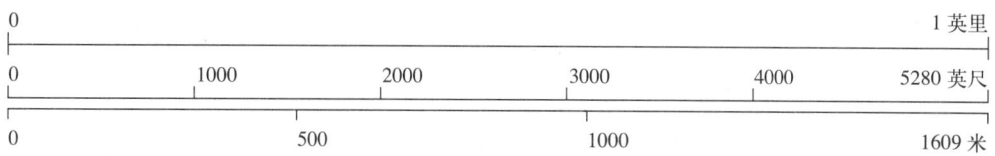

柏林

（历史街区的中心地段，1750 年）

德国

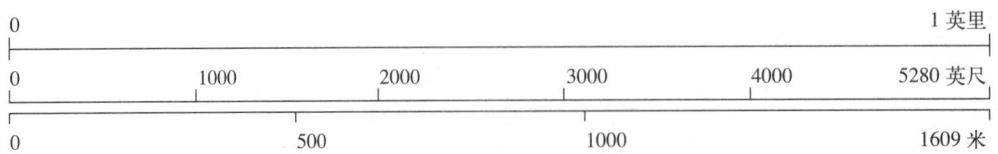

柏林

（历史街区的中心地段，1986 年）

———————————

德国

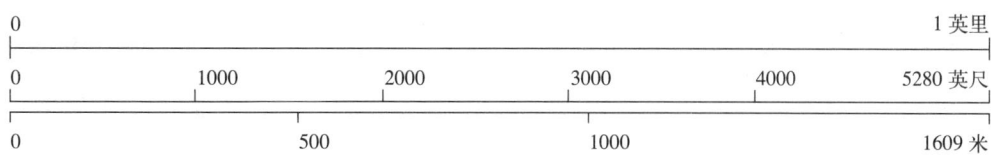

博洛尼亚

(城市中心)

意大利

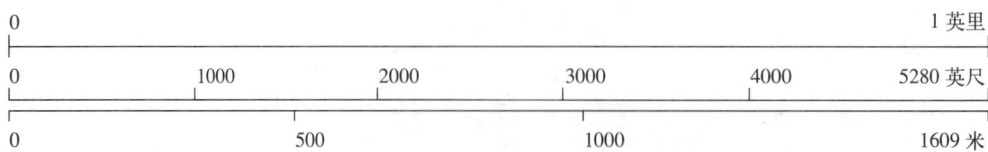

博洛尼亚

科蒂切洛大街 (Via di Corticello)

意大利

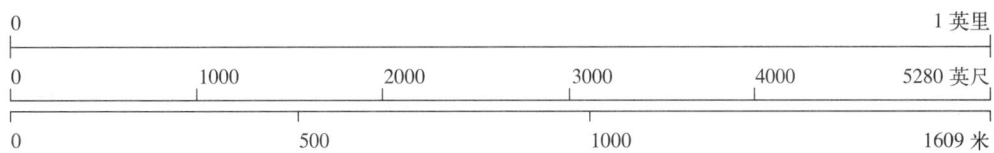

波士顿

(1980 年)

美国

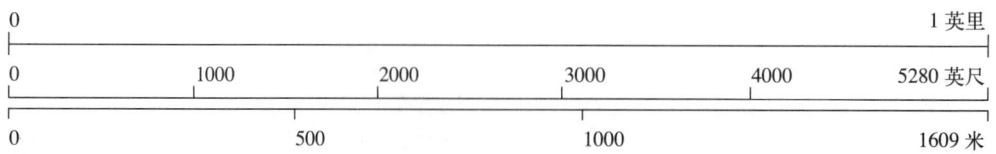

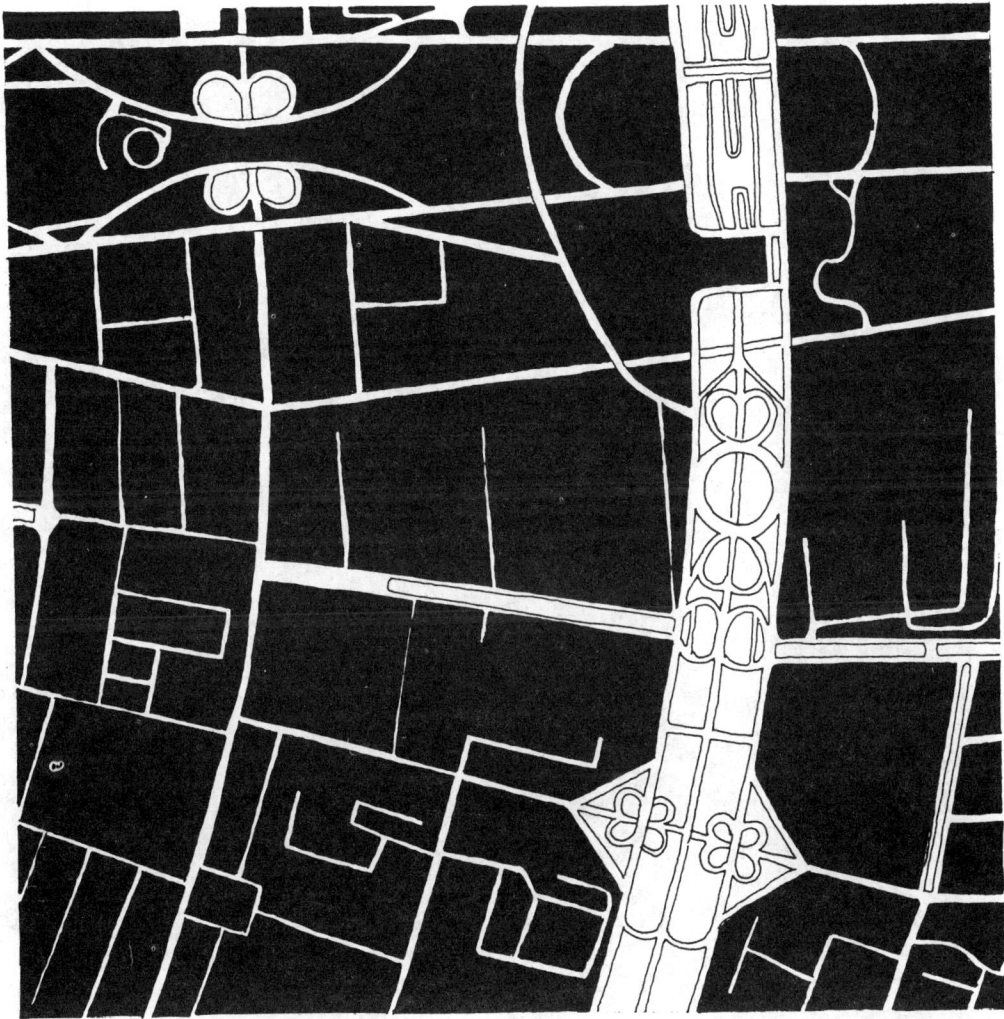

巴西利亚

(城市中心)

巴西

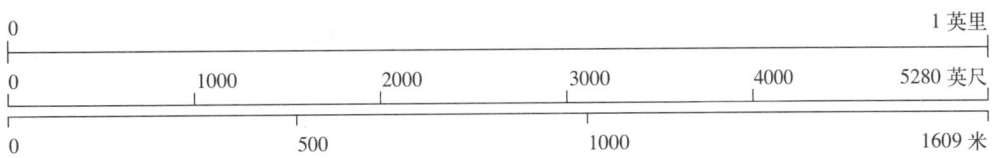

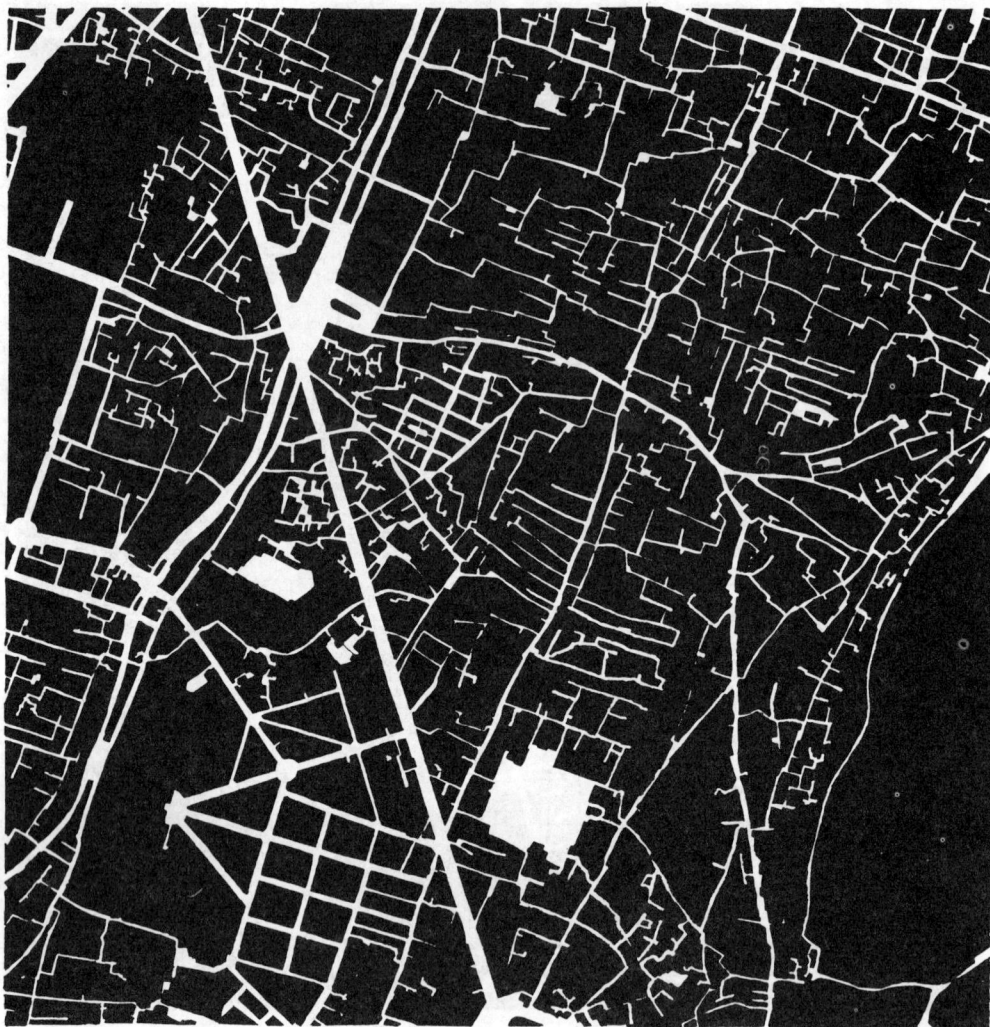

开罗

埃及

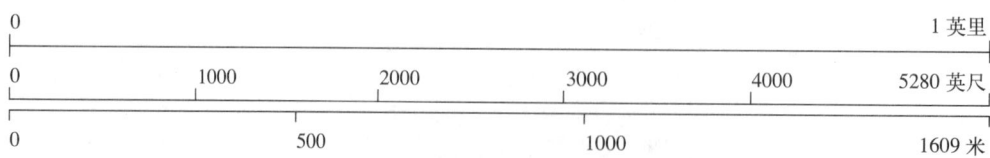

哥本哈根

丹麦

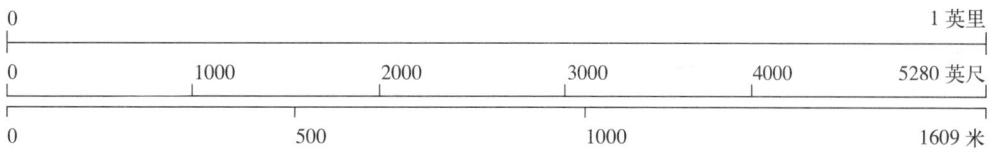

佛罗伦萨

意大利

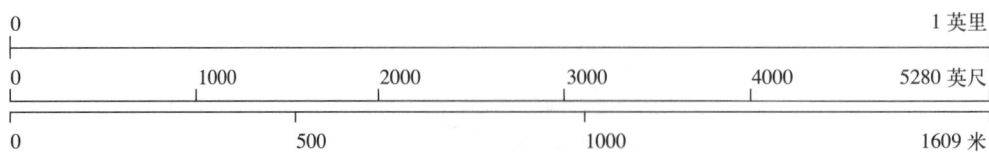

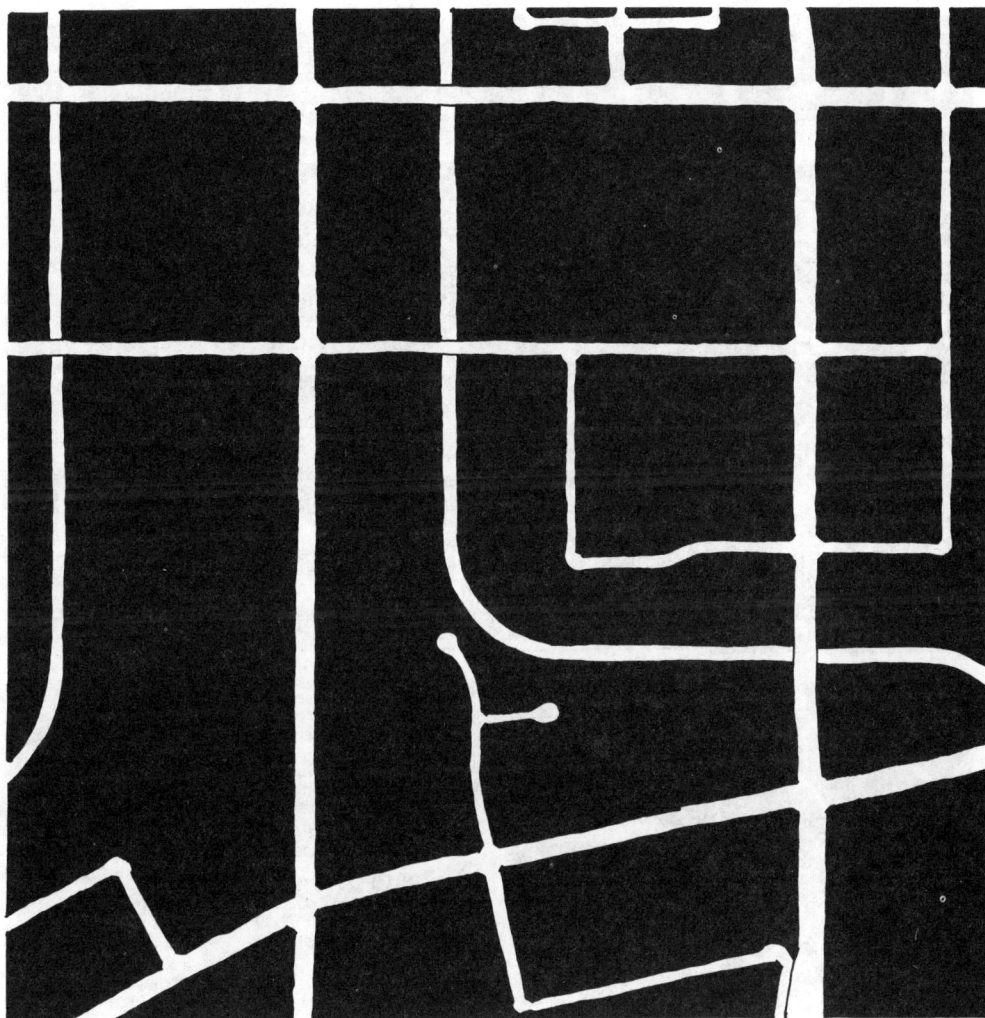

欧文

（商务区）

美国

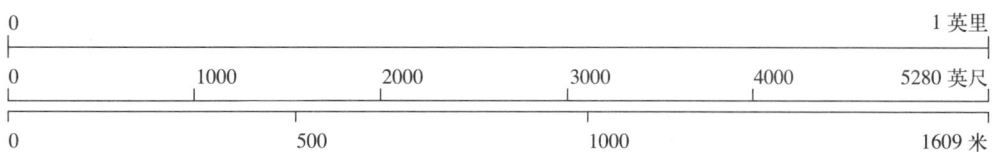

欧文

（居住区）

美国

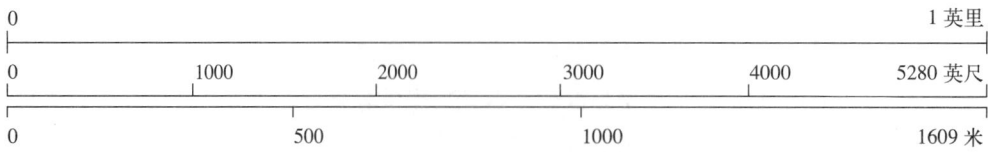

伦敦
（位于伦敦西区的高级住宅区）

英国

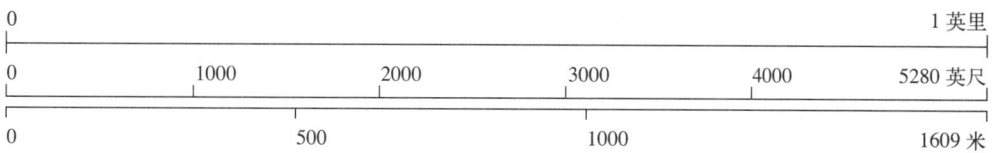

伦敦

(市区)

英国

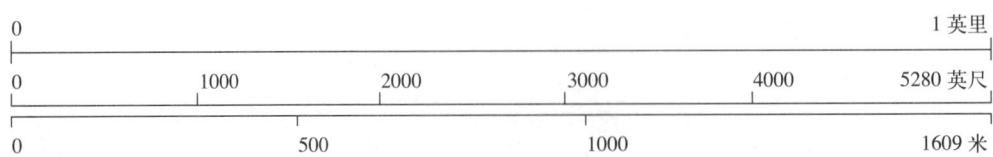

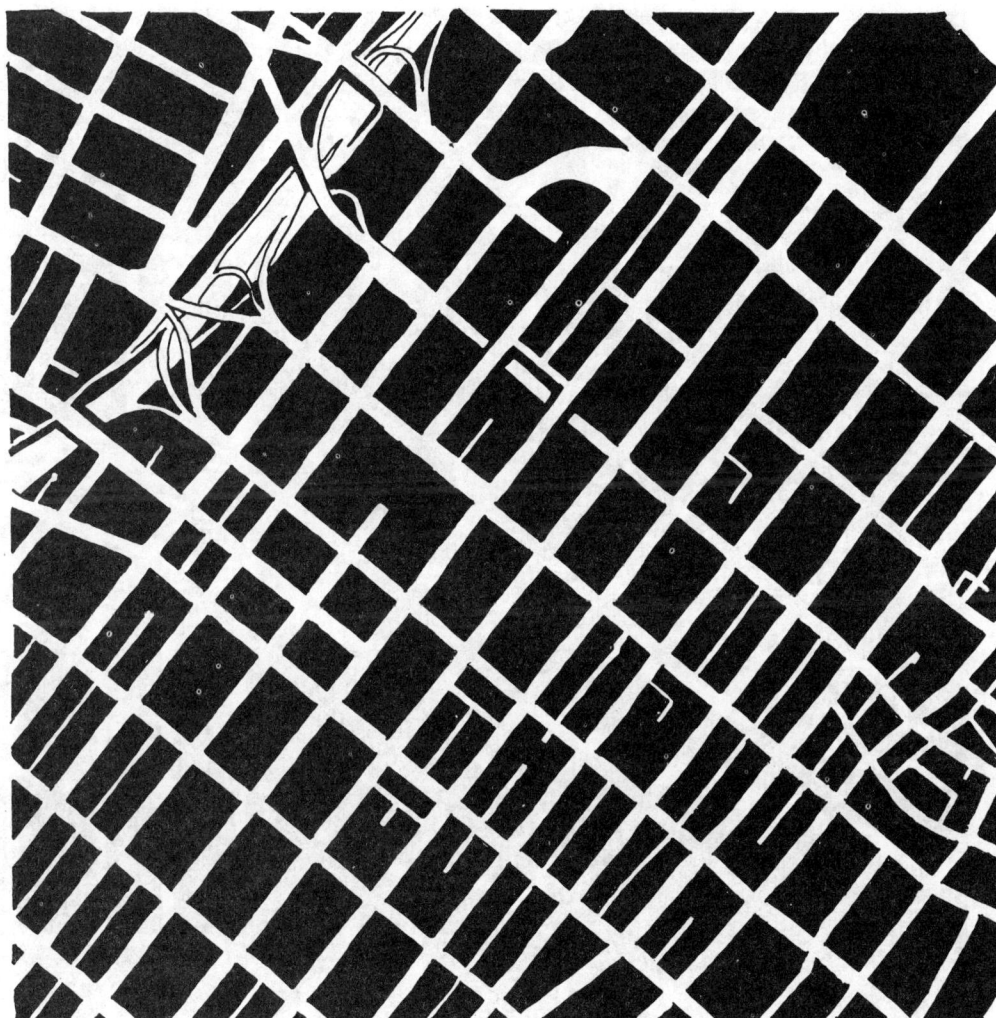

洛杉矶

（市中心区）

美国

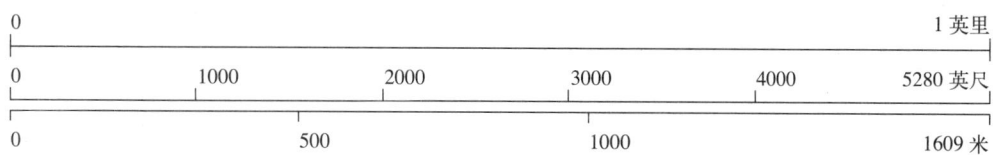

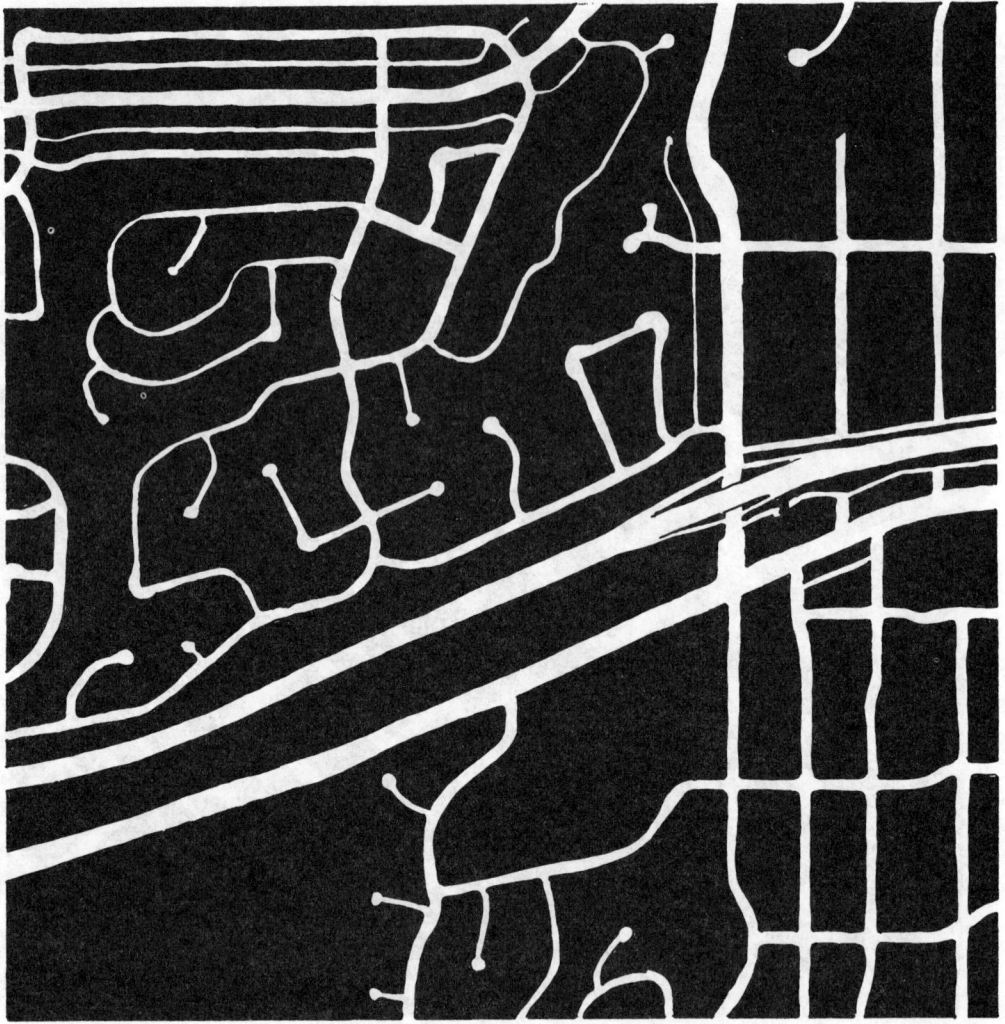

洛杉矶

圣费尔南多山谷区 (San Fernando Valley)

美国

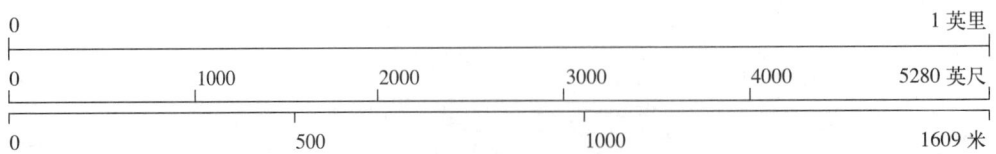

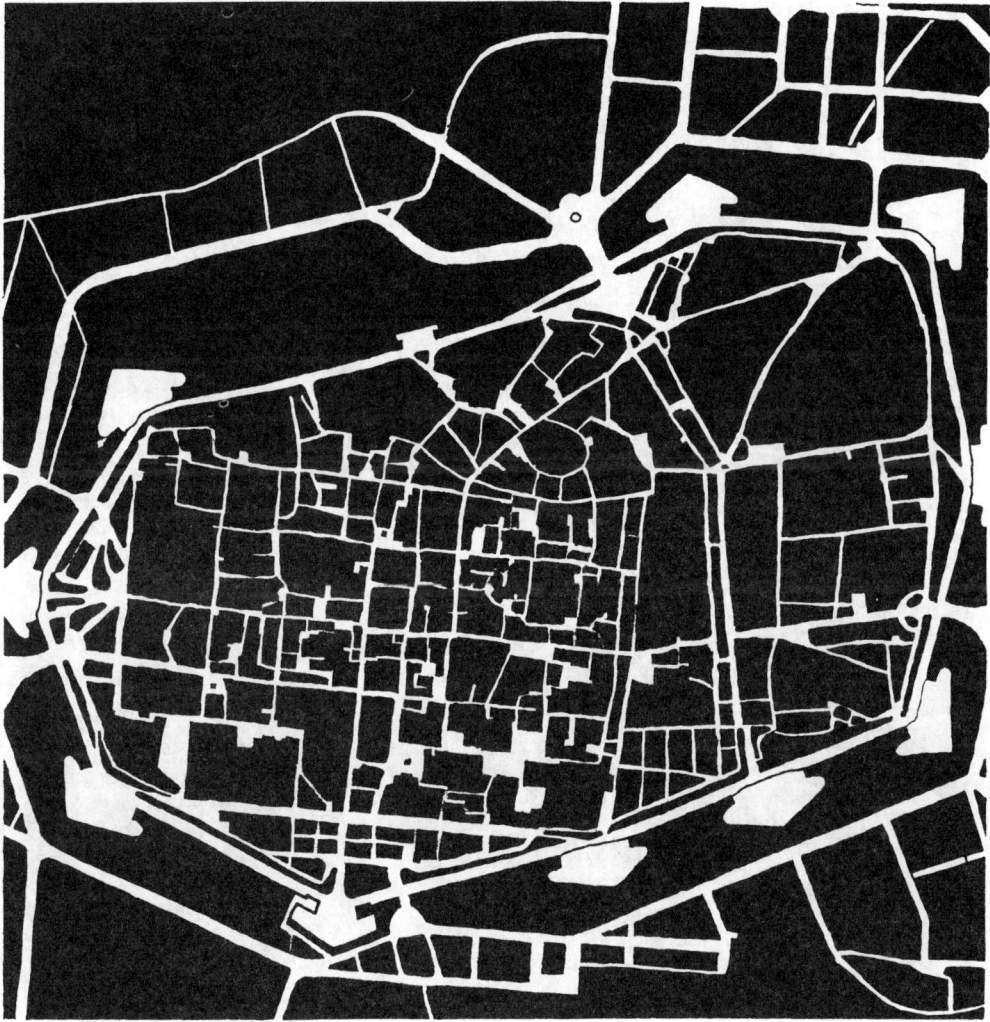

卢卡

意大利

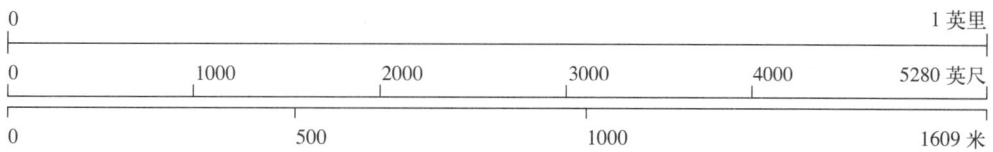

0					1 英里
0	1000	2000	3000	4000	5280 英尺
0	500		1000		1609 米

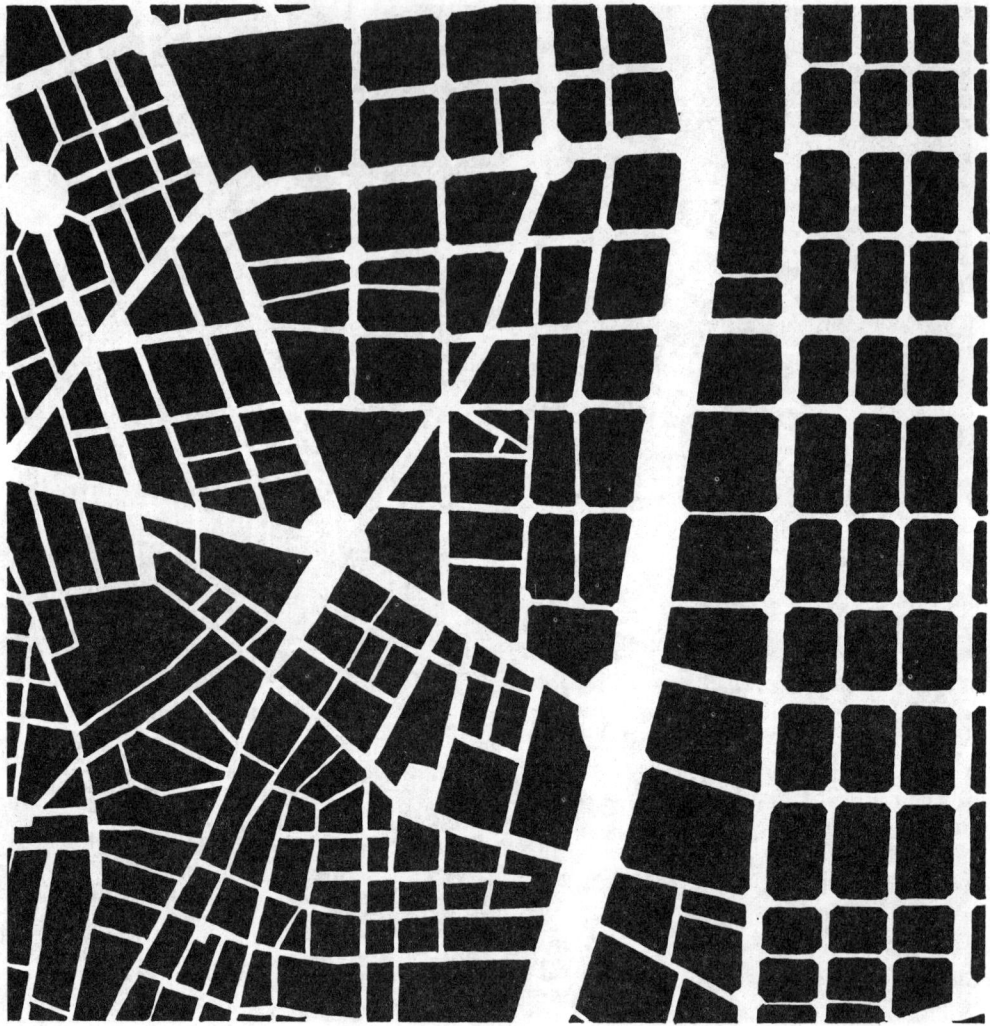

马德里

———————

西班牙

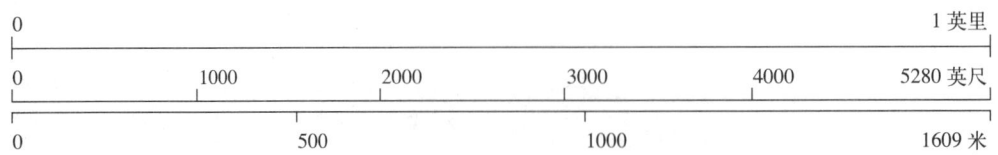

新德里

老城——红堡

印度

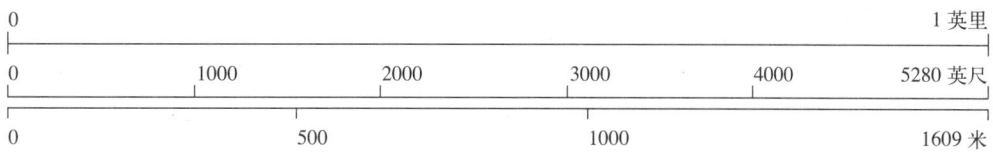

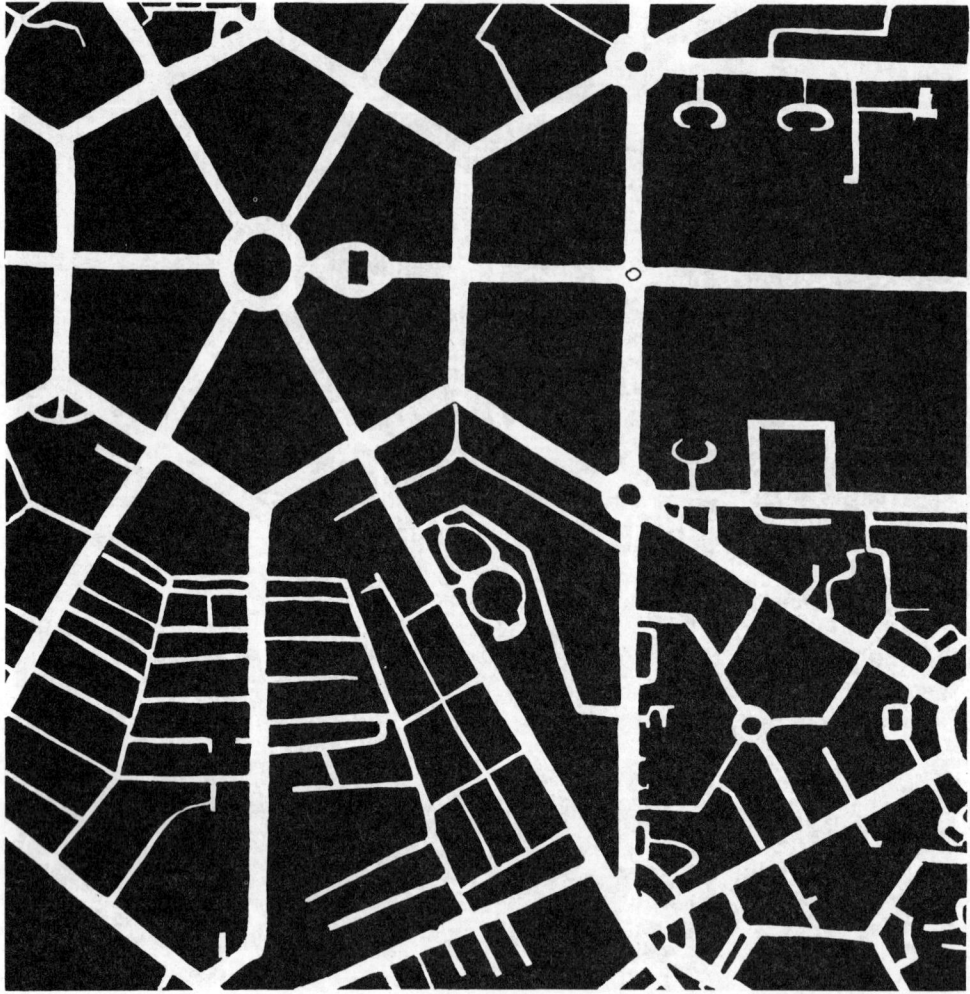

新德里

印度门

———————————

印度

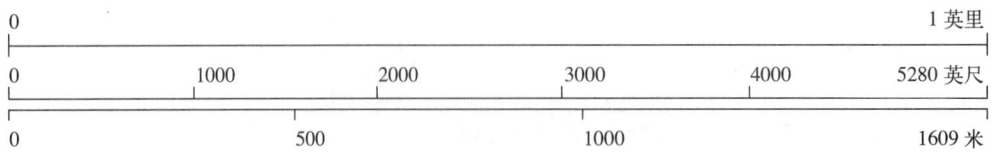

纽约

曼哈顿下城

────────────

美国

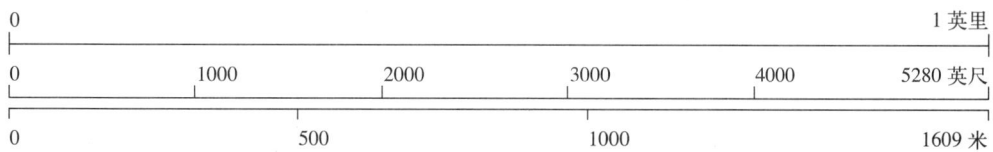

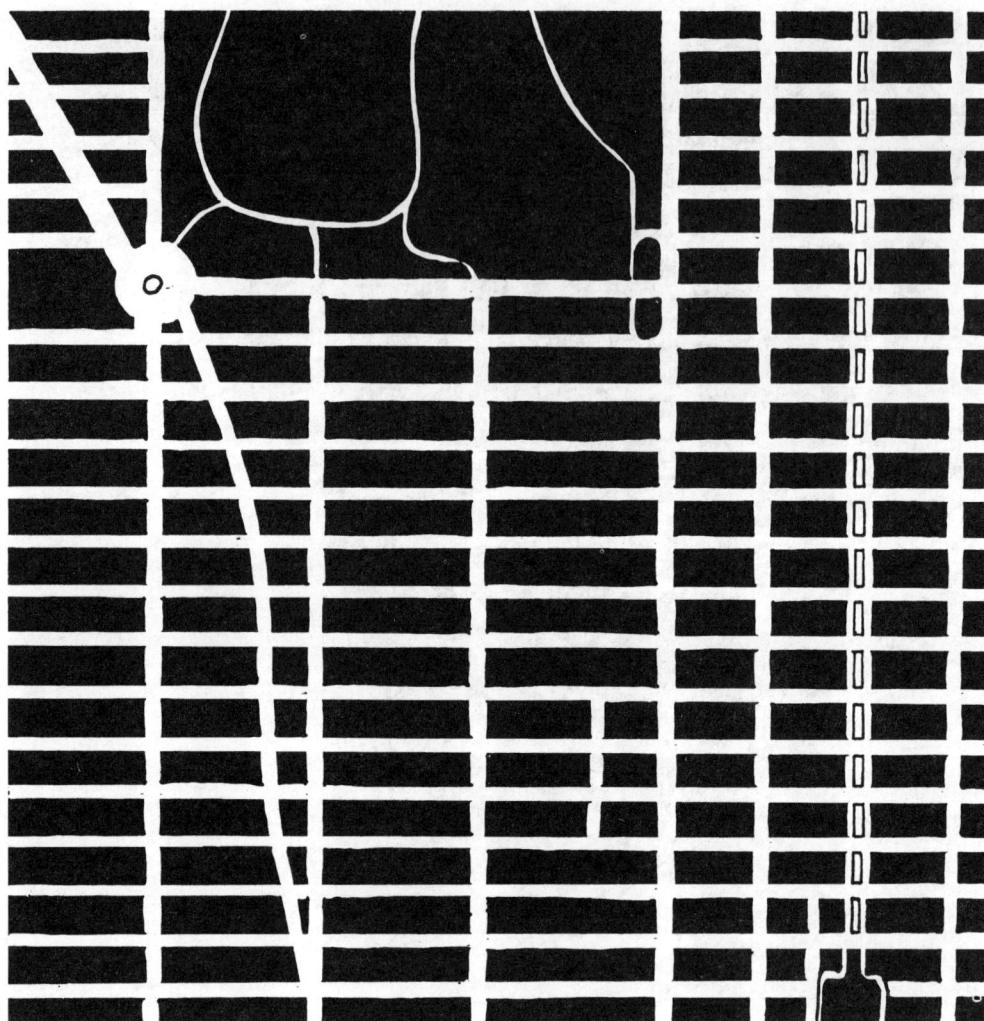

纽约

曼哈顿中城 (Midtown Manhattan)

美国

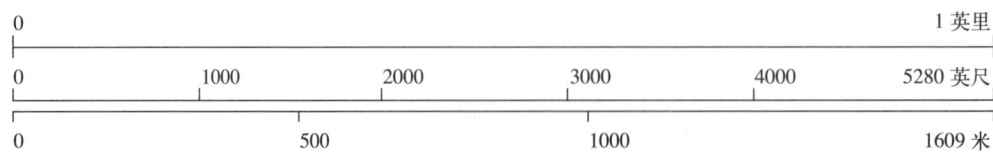

奥克兰

美国

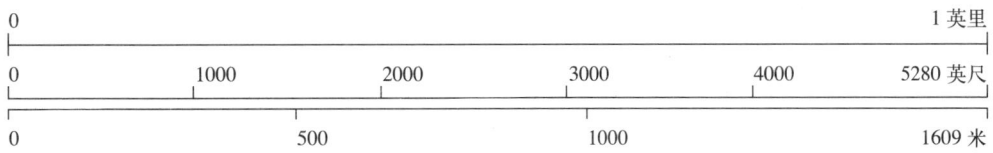

巴黎

星形环岛区域 (Etoile—Rond-Point)

法国

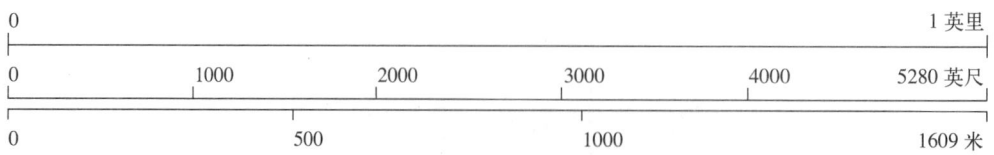

0					1 英里
0	1000	2000	3000	4000	5280 英尺
0		500		1000	1609 米

巴黎

卢浮尔宫——王室宫殿 (Louvre—Palais-Royal)

法国

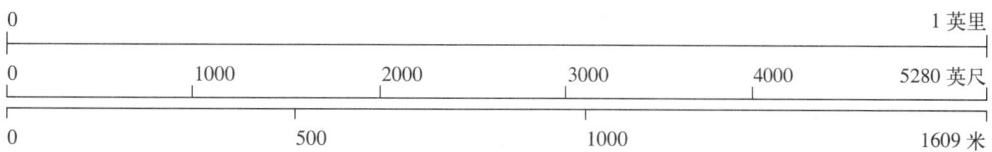

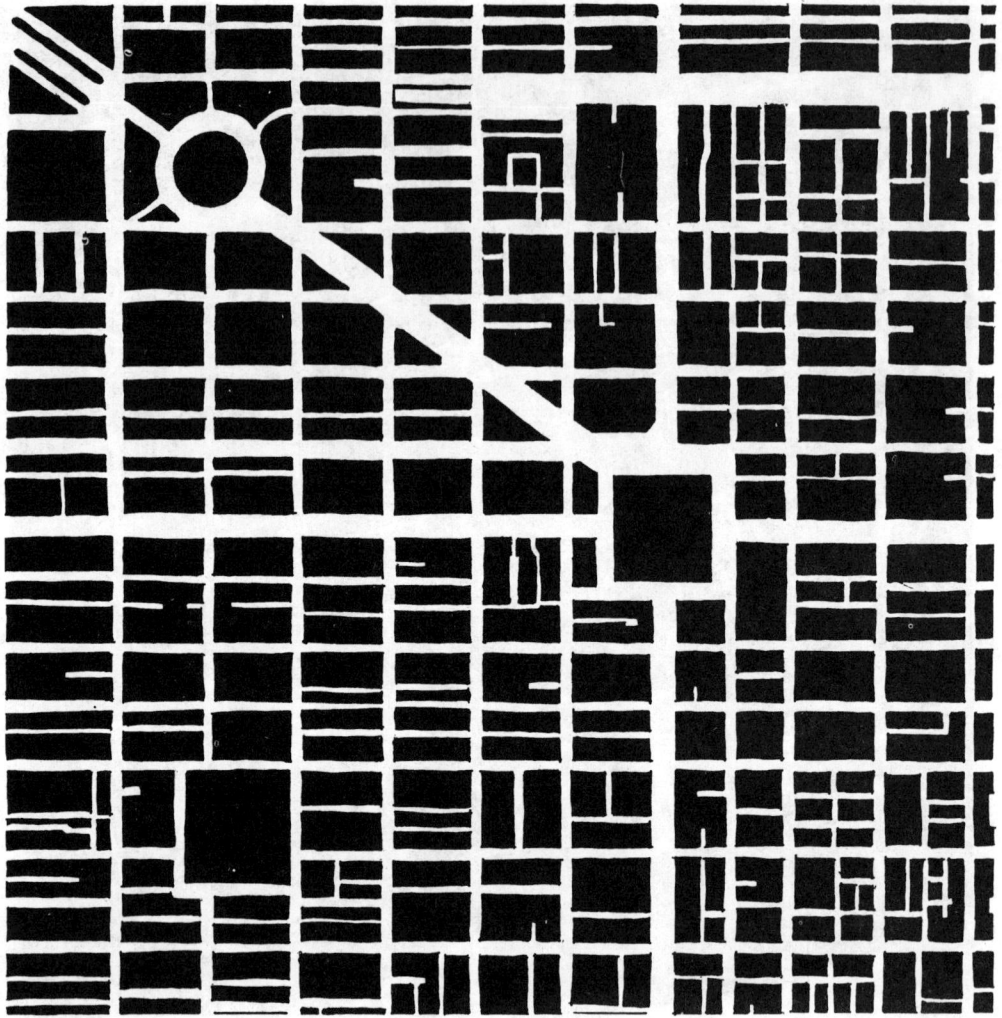

费城

（*市中心区*）

美国

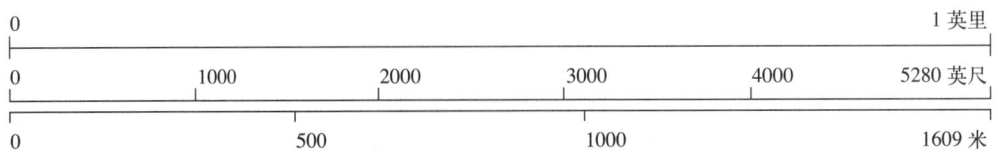

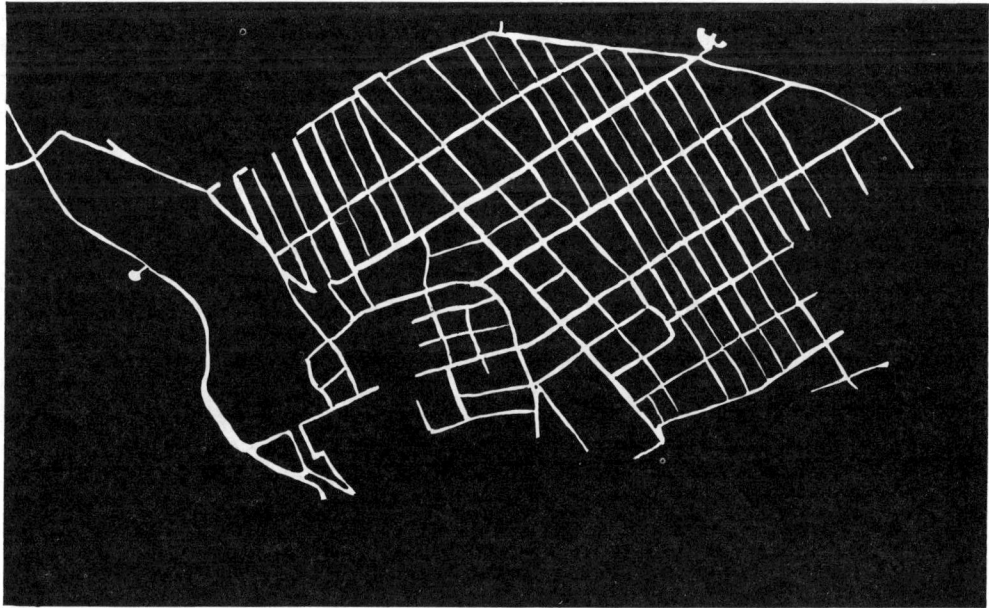

庞培

意大利

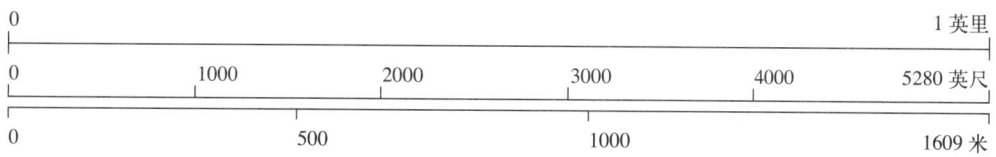

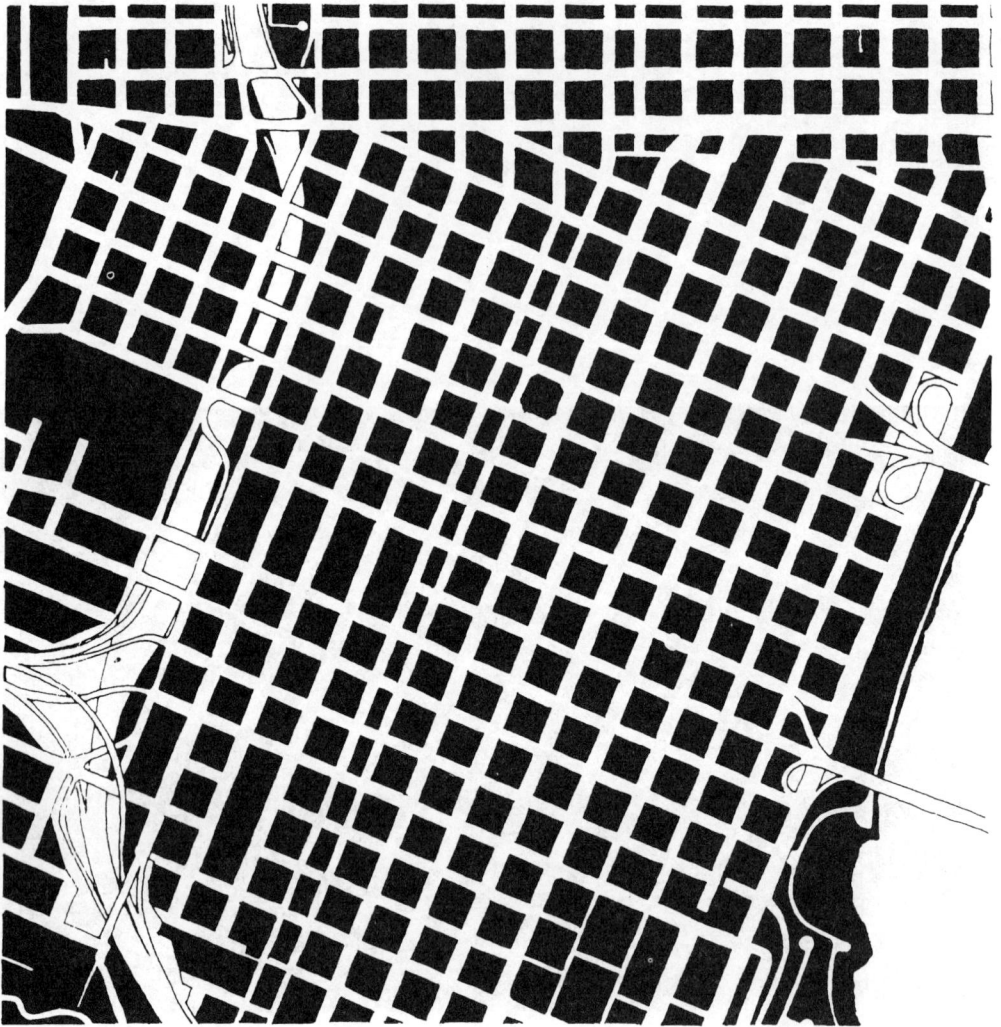

波特兰

————————

美国

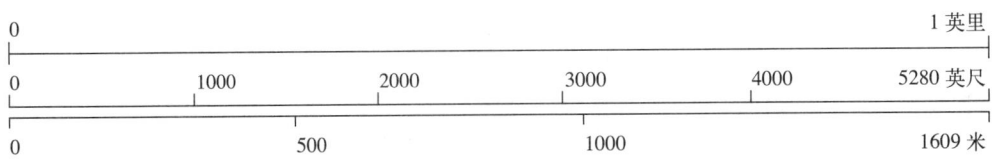

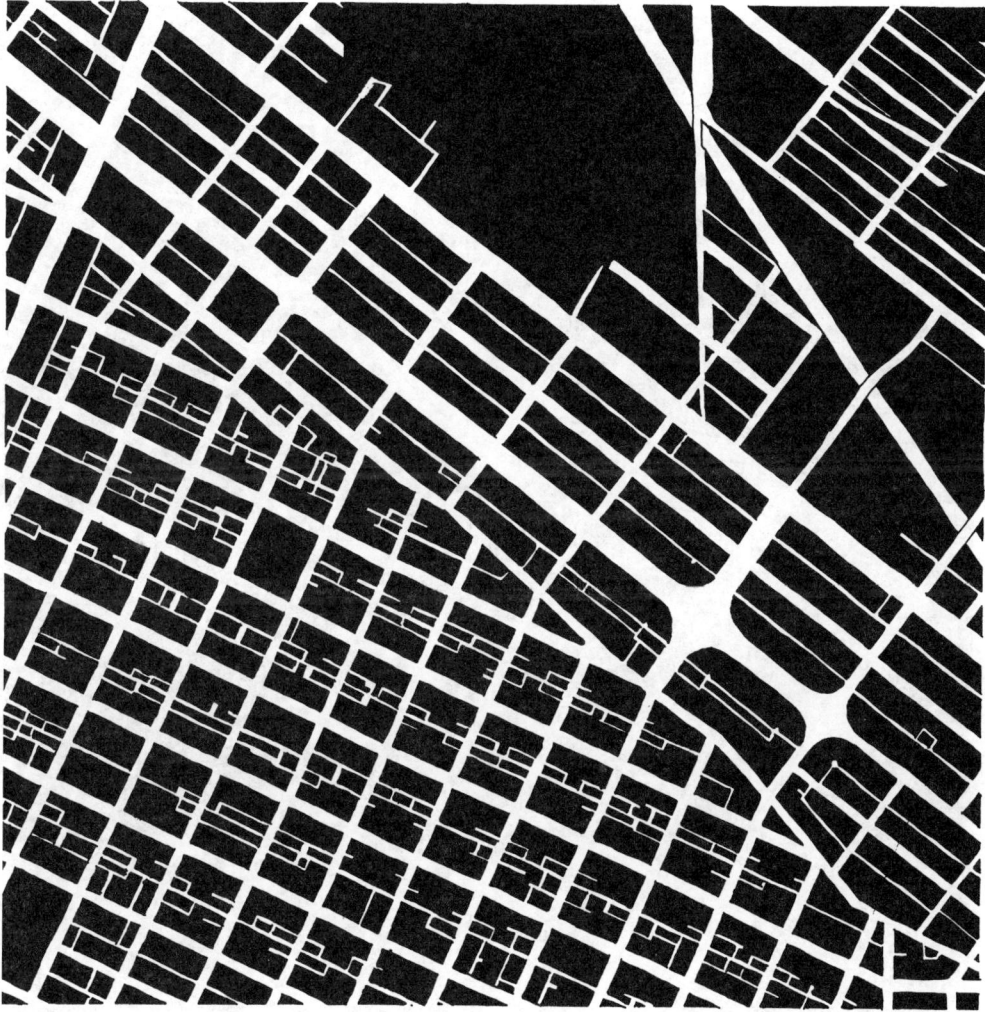

里士满

美国

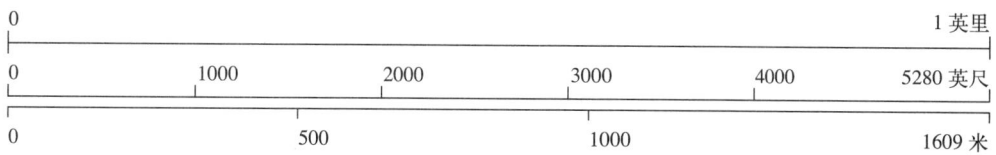

罗马

意大利

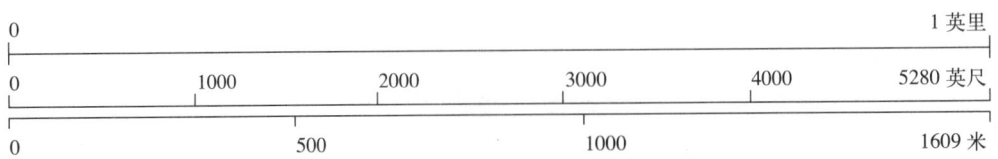

　　　第三部分　街道与城市肌理：街道与人赖以存在的环境

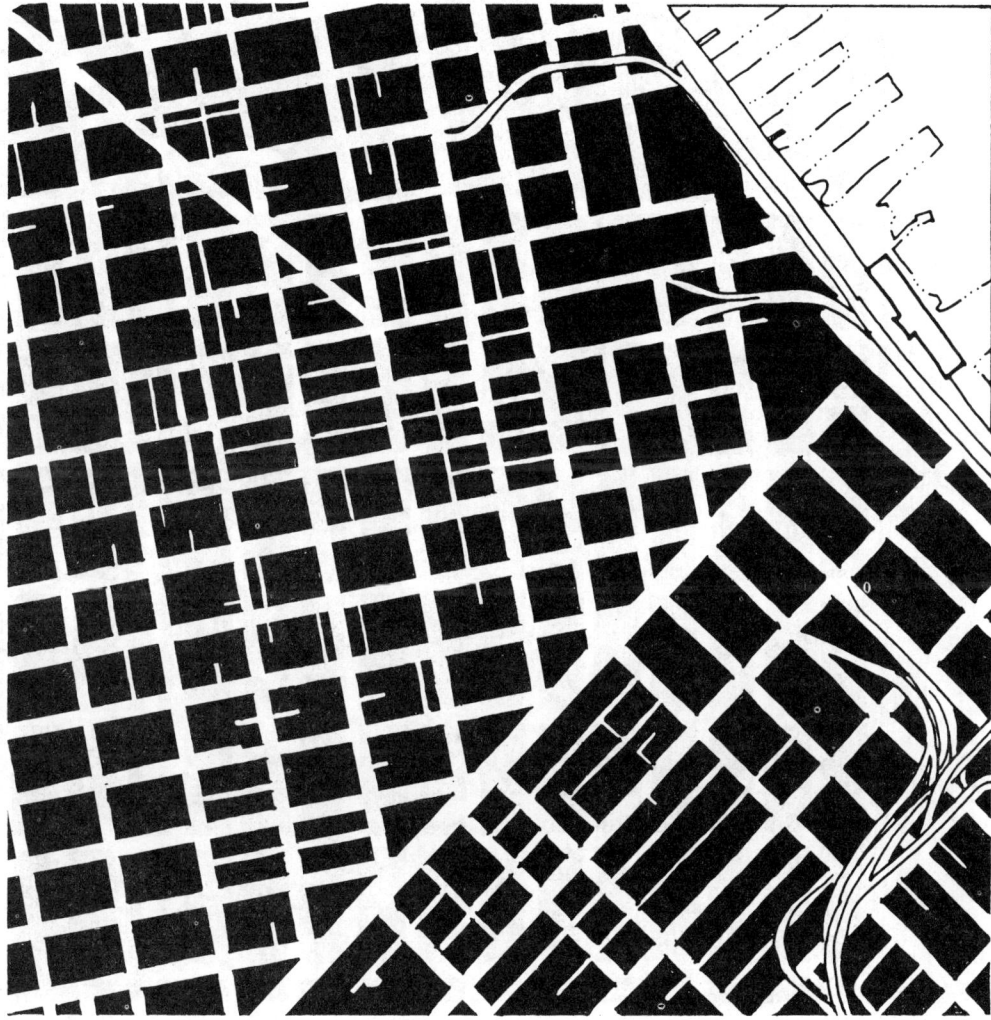

旧金山

（市中心区）

美国

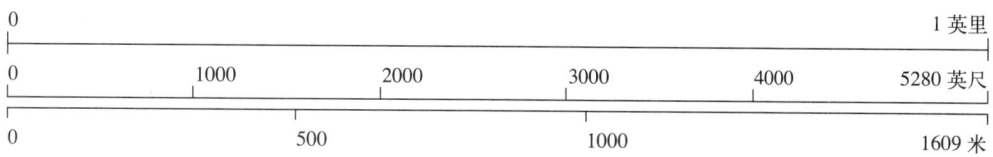

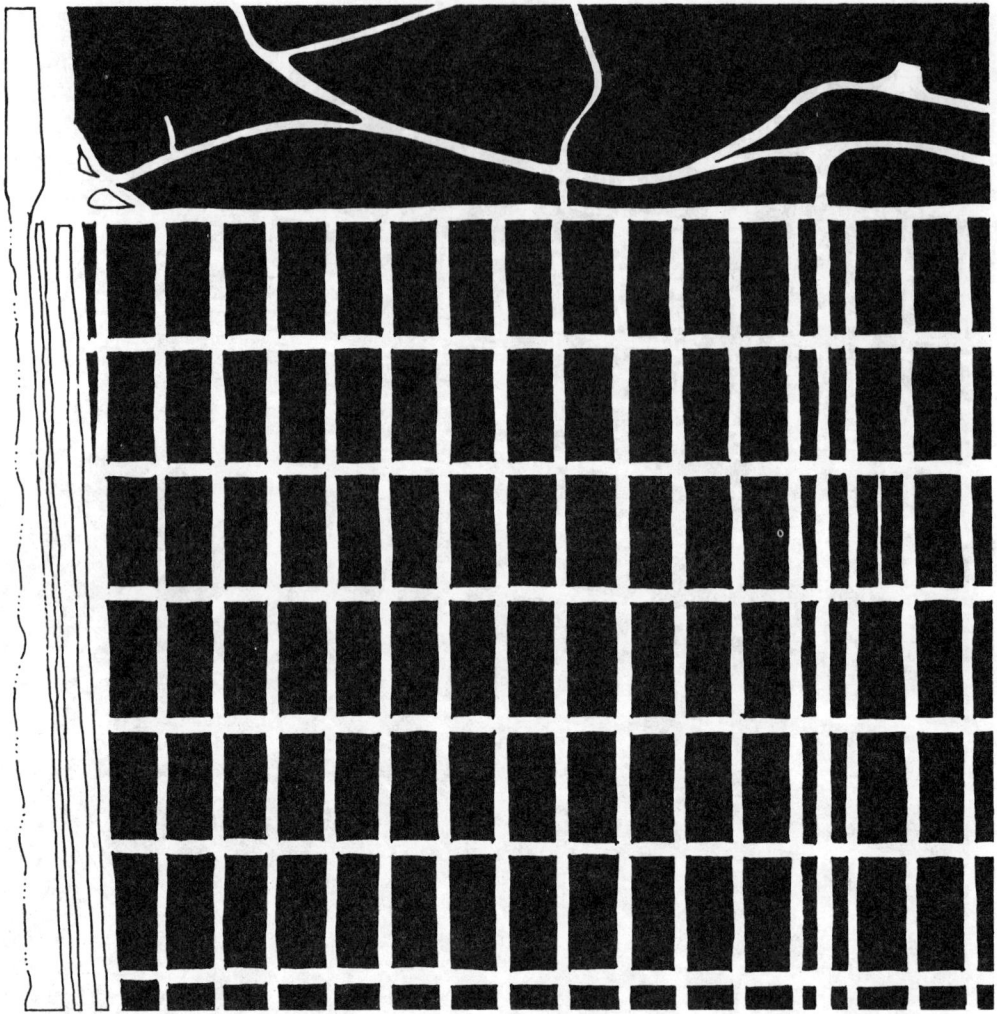

旧金山

（市外的日落区）

美国

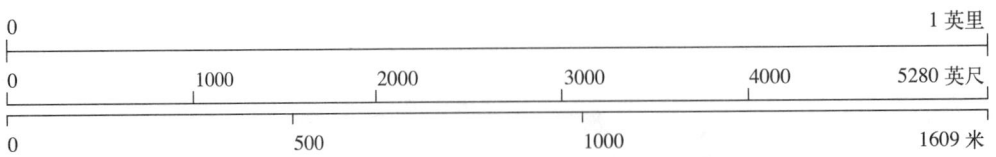

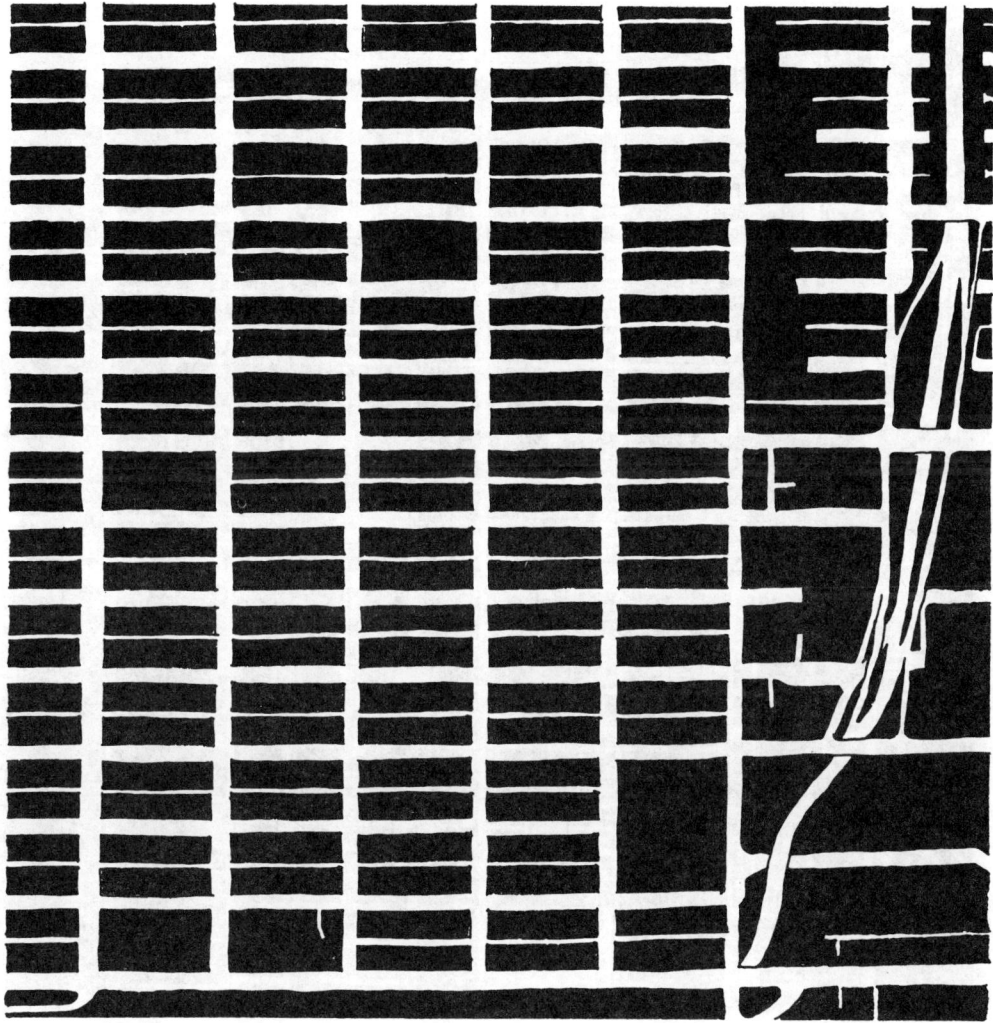

圣莫尼卡

美国

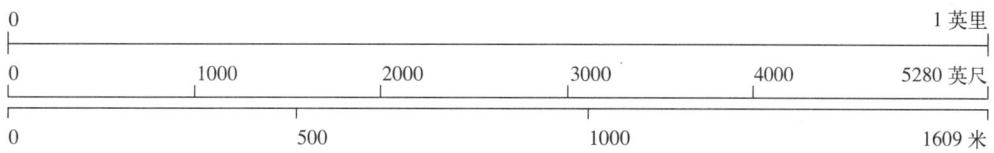

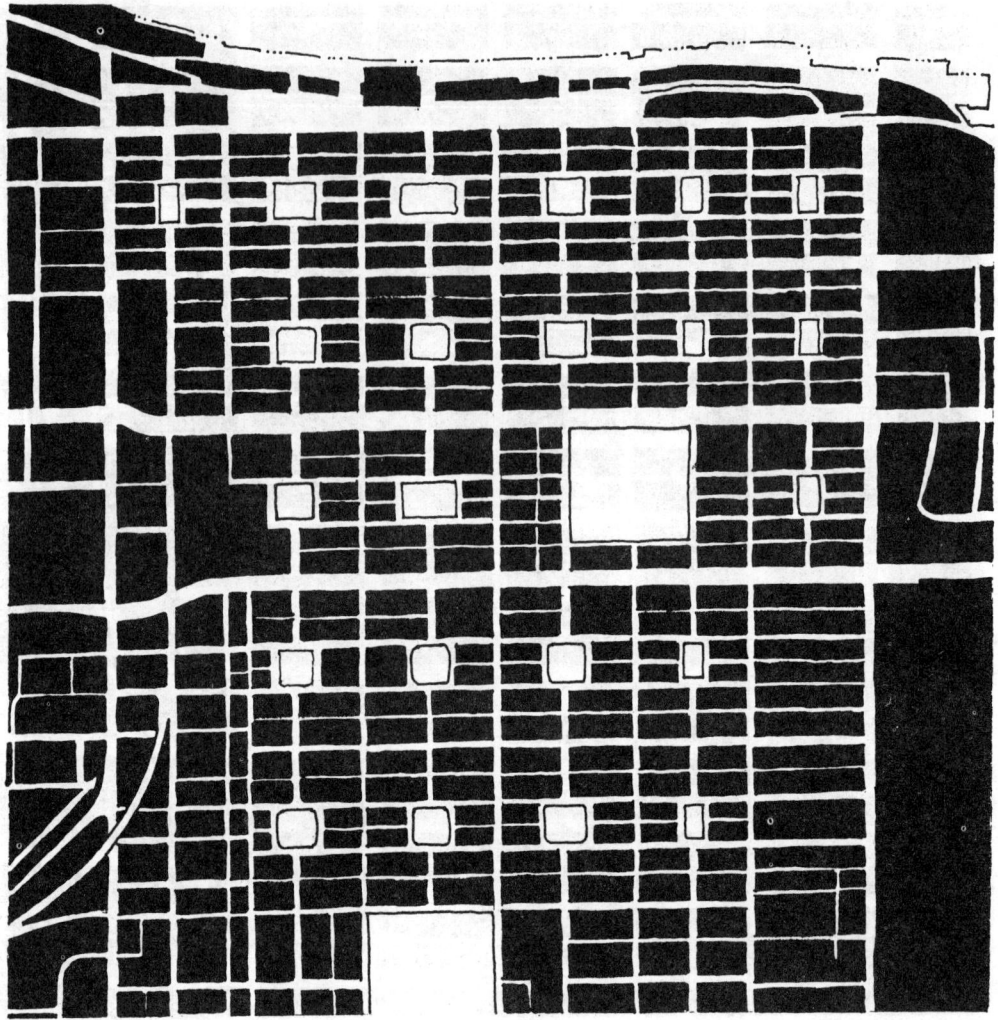

萨凡纳

美国

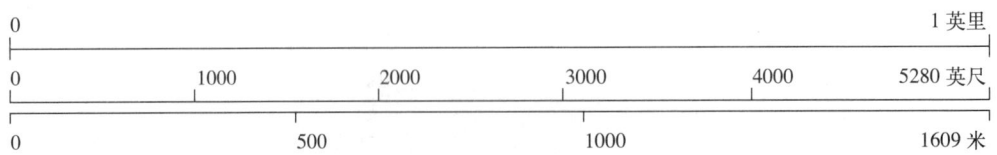

首尔

———————————————

韩国

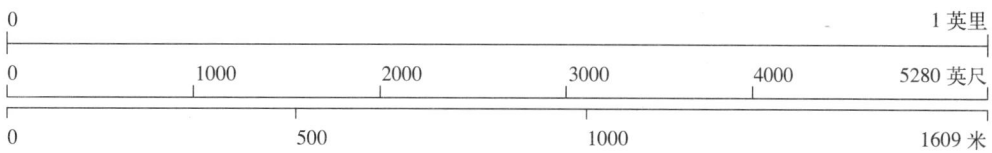

图卢兹

法国

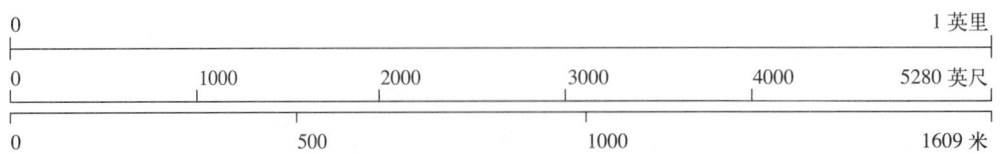

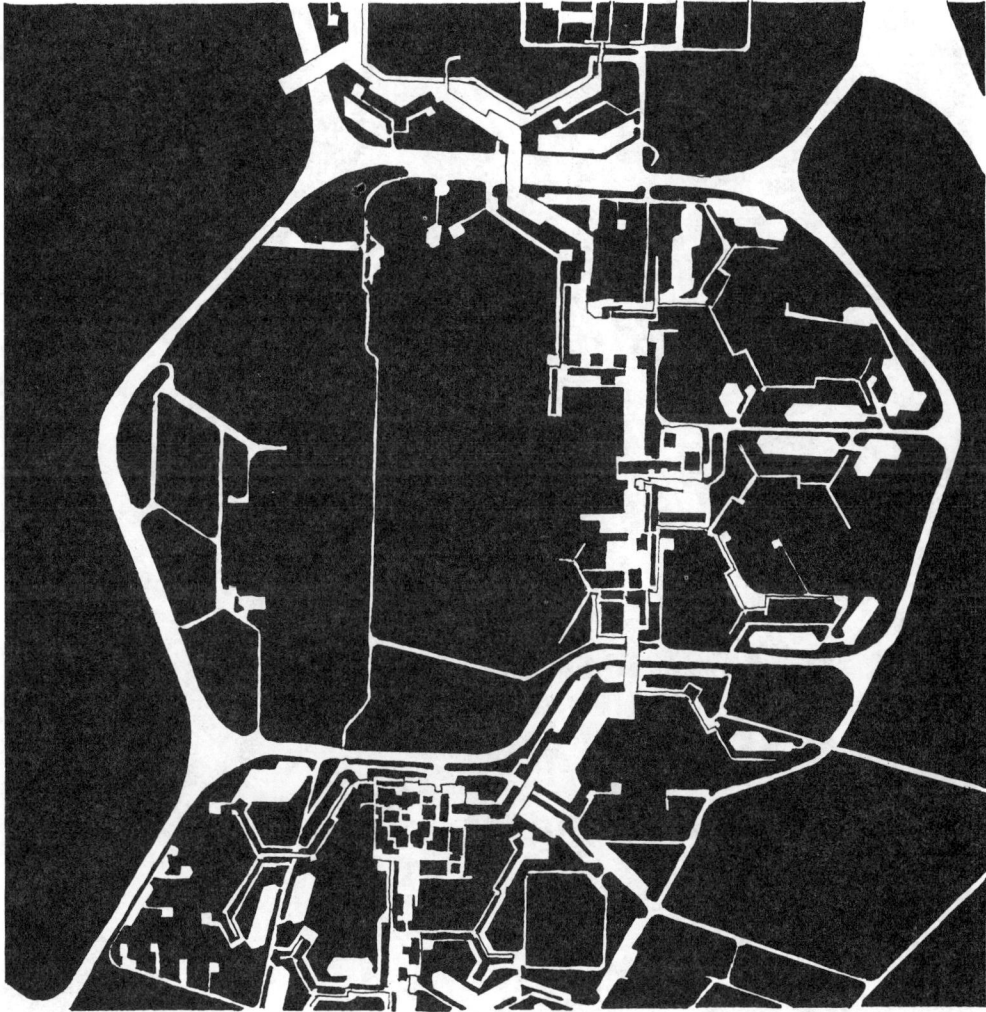

图卢兹的米雷尔

法国

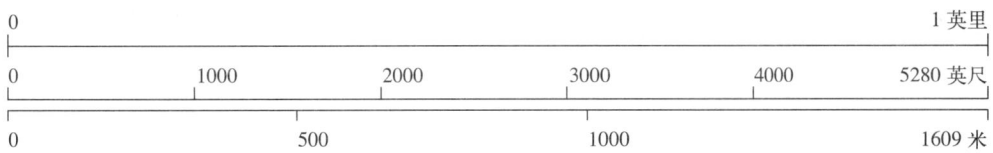

东京

日本桥（Nihonbashi）

日本

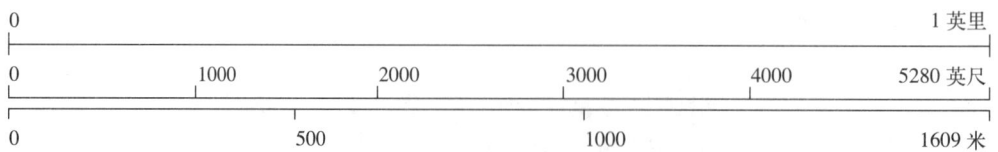

威尼斯

意大利

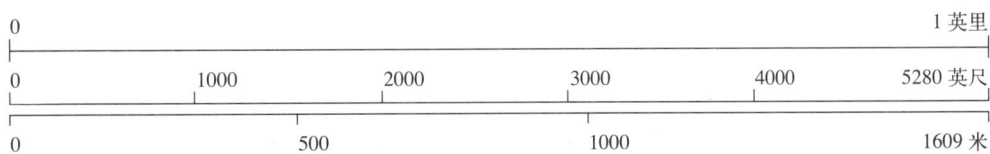

維也納

环城大道（Ringstrasse）

奥地利

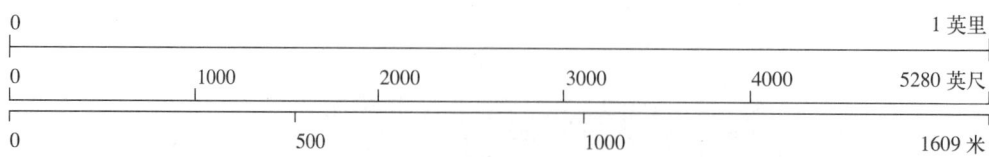

核桃溪市

（居住区）

美国

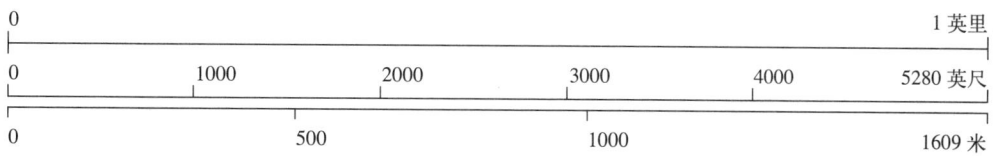

华盛顿
(市中心)

美国

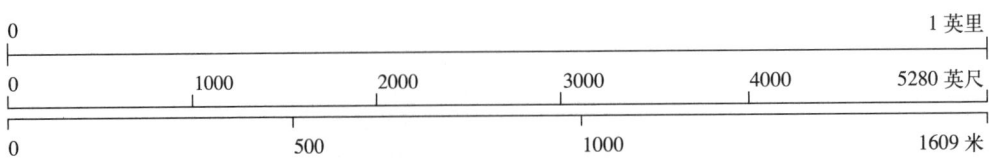

苏黎世

(1860 年)

瑞士

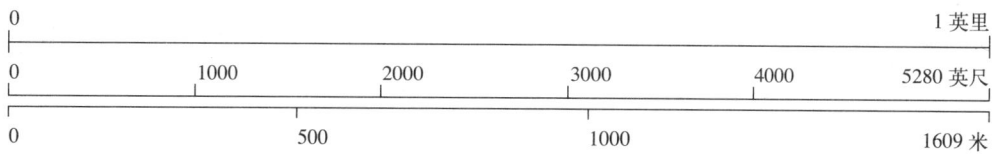

苏黎世

(1985 年)

瑞士

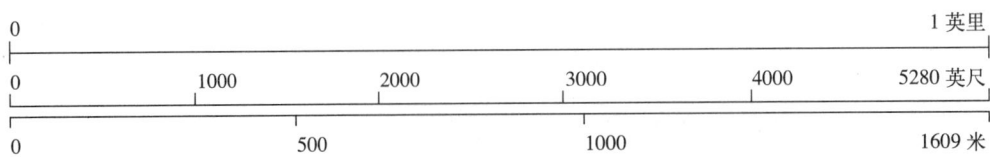

多样性：差异性与相似性

    这些表现1平方英里面积区域的图纸能够清晰地告诉我们，城市街道的肌理是多种多样的，而其中许多个别的街道令人难以忘怀。即便是那种在北美随处可见的、招牌式的城市肌理，也并不是像表面上看起来那样毫无出入、整齐划一。城市肌理之间也存在相似性，但突现出来的是其多样性。人们一旦见过以下的城市，就不会再将它们混淆了：罗马、威尼斯，或者曼哈顿的上城、巴黎、阿姆斯特丹、开罗与巴西利亚，或者是加利福尼亚的欧文（Irvine）。除了城市肌理的类型不同以外——例如网格、曲线、斜向叠加、中心偏移等——街区的尺寸与形状、街道的宽度与长度，以及这些元素的组合方式等都存在着很大的差别。对于有些人来说，有着相当大面积的白色区域代表着大面积的街道空间，与黑色的街区形成了鲜明的对照，而对于有些人来说，他们看到的图底关系则是相反的。对于有些人来说，图纸上似乎有一些焦点或秩序井然的街道，而对于其他的人来说城市的肌理是由相同的元素组成的——没有什么能够凸现出来。

    许多大城市都共同经历了相似的发展时期，因此整体结构或许会有许多相似之处，但是它们的街道与街区的肌理的差异却通常都是显而易见的。例如，卢卡、博洛尼亚、哥本哈根及早期的巴塞罗那，它们的肌理都不相同。三条笔直、整齐的街道从人民广场呈扇形发散出去，穿过罗马市中心那些拥挤的街道，成为罗马城市特征的写照。经过了很长一段时期的酝酿，佐治亚州（Georgia）的萨凡纳形成了独特的城市网格肌理，因其尺度恰当且易于辨识的广场而区别于我们所熟识的那些城市。在世纪之交，巴塞罗那的城市规划网格，因其斜向转角而独树一帜，甚至它也不同于由同一位设计师在马德里设计的类似网格。巴黎与首尔或许都是用大尺度的街道肌理覆盖在以前尺度相对精巧的网格上，但两者的相似之处仅止于此。威尼斯是独一无二的。巴西利亚在1平方英里的区域中，与其他的城市几乎没有类似之处，或许除了其他的一些新建城市，如欧文。华盛顿特区的潜在网格，甚至还包括它的某个斜向网格，都与意大利的巴里（Bari）出奇地相似；在两个城市中，平行街道间的距离都有着数不清的变化。但是如果将它们放在一处，以相同的比例绘制图纸，人们的目光就会立刻聚焦于它们的不同之处。

    说到城市肌理的相似之处，人们可以预见那些美国的网格规划城市都是相当类似的——如旧金山的外城、曼哈顿的中城、圣莫尼卡（Santa Monica），以及洛杉矶（Los Angeles）的市区等等。在这些城市中，街区的尺寸与街道的宽度看上去都很相似，至少在比例上是相似的。区分记忆中美国郊外的居住区之间的差别也是十分困难的，例如要区分加利福尼亚州核桃溪市（Walnut Creek）的一个居住区域与另一个加利福尼亚州欧文市的居住区就十分困难，再与第三个例子——亚利桑那州（Arizona）的菲尼克斯（Phoenix）的外城相比也是如此，虽然它们实际上并不相同。在它们整体的肌理中，街道的排布都很相似，而且它们通常都没有明确的中心。

对于极少数的城市来说，街道与街区的肌理设计本身就有一种抽象的美感，令人过目难忘。一旦见过萨凡纳的城市网格就再也不会忘记，经过实施以后，它就成为真正的生活体验了。如果在地面上游览过一遍萨凡纳，就不难画出它的肌理。而如果在一张地图上看到了它的平面，也同样会在现实的环境中认出它。阿姆斯特丹公共街道路的肌理，是由运河所决定的，它既是令人难忘的，又是美丽优雅的。在东京高桥（Nihobashi）地区，格子图案的肌理则是另外一个实例。

相似性是存在的。怎么可能不存在呢？但是在开始的时候差异性总是最能打动人的。

地形与自然环境特征的体现

在有的地方，地形与自然环境的特征，例如河流，在街道的肌理中表现出来，这其中还要包括那些随意放置在多山地形中的城市肌理。

在苏黎世，纹理细密的中世纪街道杂乱无章地挤在湖泊或河流的沿岸，直至发展的压力与技术的进步允许在更加多山的地形上进行更大面积的、但却非网格肌理的开发，这种状况才得以缓解。在早期欧洲的山区城市中，街道与街区的肌理都反映了地貌的特征。与山地相似，河流的影响不仅仅表现为街道与街区地产开发之间的带状公共空间的线性波动，同时它还是地产开发肌理本身的决定性因素。主要的水路，因为难于逾越，所以通常都会将城市的发展限制在它的一侧。可是，随着城市发展压力的增大以及技术的不断发展，城市总是会跨过河流，土地开发蔓延到原来不可到达的区域。但是，通常在新开发的区域中，城市肌理与河流对岸的历史肌理形成明显的差别。从这个角度来看，通常高速公路与快速交通对城市的影响也类似于河流或水滨。它们或者会打破城市的肌理，或者出现在肌理已经发生变化的地方，这种无人地带有时会是两种肌理的衔接处。旧金山的中央高速公路（Central Freeway）与码头高速公路（Embarcadero Freeway）就是例证之一。高速公路也会出现在地形变化较大的地方。但上述情况都不能够用以解释位于波士顿中央的高速公路，它是人类刚恢自用缺陷的一次大演练。或许最具戏剧性的部分是那些相对较晚建造的区域，网格状的肌理撞上了难于处理的地形。旧金山早期的土地测量员与工程师决定在他们的城市布局中忽视地形的因素，这种观点是众所周知的。但是在某些地方，城市网格就不可能再继续下去了，因为地形过于陡峭，或者地产开发就此停止，等过些年以后，只有将之前绘制过的公共街道的图纸遵循土地的等高线重新绘制，土地开发才能够继续下去；假如设计师在一开始就不是那么死脑筋，让土地的形状来决定街道与街区的布局。无论以哪种方式，土地的形状都会反映在街道的肌理中。

秩序与城市结构

不论是通过精心设计，还是通过日积月累的演进，城市街道与街区的肌理都能给一座城市、城市中的一个区域或者一片居住区带来秩序，并能成为这一地区的空间结构。在很大程度上，这正是它们存在的目的：不仅仅是为了促进交流，还要帮助人们判断自己在居住环境中、在社区中或者更大的区域关系中所身处的位置。个别的街道可以比其他的街道更宽、更直、更长或更有凝聚力，这样就能够帮助使用者建立一种方位感。街道肌理本身，通过自己的属性、通过设计、通过与其他街道的并置，也同样能给人以方位感。通常，伟大的街道能够为一个区域或一座城市带来凝聚力并提供框架。所有的这些都可以发生在二维的层面中，而不用考虑第三个维度，如地形或建筑的高度，同时也不用考虑第四个维度，其中包括土地的使用与建筑的密度——这些因素自身就能够建立起秩序与结构，它们或者能够参与强化二维的城市肌理，或者会适得其反。

在罗马人的心目中，划定南北向的轴线（cardo）与东西向的轴线（decumanus）意味着将秩序与中心带给一座城市，所以 2000 年以后他们在博洛尼亚的市中心仍然坚持这种做法。有趣的是，虽然在博洛尼亚有着更为迷人的街道肌理，但是无论是在图纸上还是在现实世界中，能给人留下强烈印象的却是汇聚到古老的城市东门的五条街道。与这种情况类似，三条笔直且相对较宽的街道汇集到了人民广场，限定了罗马市中心的格局，巴黎宽阔的林荫大道的结构作用也是如此。兰布拉斯大街穿过了巴塞罗那的哥特地区；而格拉西亚大道，在后来的城市扩张中，则成为最强有力的街道，为该区域、乃至整个城市奠定了秩序与结构。大运河是威尼斯的伟大街道，它要比其他的运河更宽、更长、更优雅，是城市结构方位的脊梁，或许其两岸的建筑就不那么重要了。在加利福尼亚州的奥克兰，从宽街（Broadway）、电报街（Telegraph Avenue）以及圣保罗大街（San Pablo Avenue）发散出去的街道都是长长的街道，共同组成市区的中心区域。市政厅就位于这些街道汇聚的地方。旧金山的市场街，曾经是一条伟大的街道，比城市中其他的街道更宽、更长，是两种不同的城市网格相会的地方。

如果将萨凡纳的城市肌理再延续 1 英里，或者在每个方向上都延续 1 英里，人们就只能去想像该怎样定位其中街道与广场的肌理。如果那样，萨凡纳是否会变得单调枯燥，甚至方向感错乱？或许有人会这样回应这个问题，"优美、高雅的单调也要好过平淡无奇、弯弯曲曲且毫无特征的郊区布局。"这个回答或许已经偏离了将城市肌理延续下去的讨论，但是在细微之处却仍是关乎于肌理的话题——例如，将两条宽阔的东西向林荫大道并置于城市肌理的中央。而在阿姆斯特丹，马蹄铁形状的运河系统聚焦于城市的中央核心区以及目前位于水岸边的火车站。在其中人们很容易就能辨明自己的位置。

有一系列的城市具有网格状的街道肌理，诸如俄勒冈州的波特兰市、洛杉矶（中心区的位置）、圣莫尼卡、旧金山的外城，甚至在某种程度上来说连曼哈顿都可以包括在内，虽然它的街道与街区的肌理本身并不是十分整齐。这些网格为区域提供了一种有秩序的排布方式，它们在组织城市，创造一种连续性，并且还界定着自己的范围，但是单独看来，它们也只是一种没有中心或对比的肌理而已。自然，在纽约，南北向的街道通常要比东西向的宽，但其中的百老汇大街（Broadway）与公园大道

（Park Avenue）却不同于其他的街道。在波特兰，南北向与东西向的道路分别为 60 英尺与 80 英尺，但是在上述的城市，整个 1 平方英里的区域中，大都是满铺的地毯式的肌理。因此在这样的区域中，建筑高度、地标、土地利用以及地形，例如在旧金山的外城所能够看到的太平洋的景色，都将变得更加重要。百老汇大街打破了纽约的网格，有人会认为它是曼哈顿最好的街道。

　　一些城市是在非常巨大的尺度上设计出来的，因此在给定的 1 平方英里的区域中只能看到非常少的东西。从空中看，巴西利亚整体的"飞机"形状是很清晰的，但如果仅从地面上看，或只关注给定的 1 平方英里的区域，形式感就要削弱很多了。堪培拉（Canberra）也存在相同的问题。

　　摄政街（Regent Street）、牛津大街（Oxford Street）、派克路（Park Lane）以及皮卡迪利大街（Piccadilly）一同为伦敦西区的高级住宅区（Mayfair）带来了秩序与方向感。一些其他的主要街道——例如，伦敦城中的舰队街（Fleet Street）——在其他的区域中也起到类似的作用。还有一些古老的主干道通常也是其所在区域的中心。虽然有这些街道的存在，但是想在伦敦找到方向感还是非常困难的。因为街道与街区的肌理本身不但不能够给人们提供帮助，甚至还会令人迷惑。可是，路面上的体验则令人十分愉快，在小尺度的街坊中尤其如此，其不规则的街道肌理中"恰到好处地出现"了一些小的视觉焦点。然而在城市尺度中，甚或在 1 平方英里的区域中，都会令人迷失方向。在人们的想像中，艾哈迈达巴德（Ahmedabad）城内的街道是一个充满了尽端小路的系统，会更加的令人迷惘，除非是那些真正了解这些小路或者居住在这里的人才能够辨明方向，但是客观来说，确实没有必要再为城外的人或新来的人去组织城市元素。有趣的是，对于居住区细分的肌理来说，无论是现状还是未来的规划，上述的观点同样是适用的，例如在核桃溪市、欧文、菲尼克斯以及许多类似的地方情况都是这样。

　　那么，秩序与城市的结构似乎包含了诸多因素，即城市布局的规则肌理、各种解决方案的组织、各部分之间的衔接与对比，等等。甚至，在一个较小的二维尺度中，也会有许多最杰出的街道为其周边区域建立起秩序与中心，这种秩序的建立通常有赖于对比的手法，但也并非总是如此。那些比周边街道更长、更宽且更规则的街道，例如兰布拉斯大街、大运河或香榭丽舍大街，会从其周边那些较短、较窄且不那么规则的街道中凸现出来。然而纽约的百老汇大街则正好相反，是不规则的街道穿插在非常规则的肌理中。哥本哈根步行街的情况与上述两者都不相同，很难从其二维的肌理中辨认出来。

尺度：复杂性与时间 – 距离

　　各城市街道与街区肌理的尺度各不相同，老城市与新城市之间的差别则尤为显著。老城市的尺度与新城市相比通常要小许多，但却也要精致许多。看过了 10 到 15 座美国与欧洲的大城市中 1 平方英尺的区域的图纸以后，再看一下威尼斯相同面积的区域的图纸，观察者会问，威尼斯的地图与其他的城市的图纸真的是以相同的比例绘制的么？其中没有什么错误么？接下来再看看印度的艾哈迈达巴德，尺度同样非常精致但却与威尼斯大相径庭。

对于那些我们所探讨的城市来说，街区与街道肌理的尺度无疑会随着时间的流逝而不断变大，尤其是在过去的150年中，同时尺度也会随着区域中心的距离的增大而不断变大，这当然可以被看作是时间流逝的另一种见证。无论是在一座城市中，诸如博洛尼亚，还是在洛杉矶的圣费尔南多山谷区（San Fernando Valley）情况都很类似。另外随着时间的过去，城市的肌理也会变得简单一些。观察一下巴塞罗那、巴里、罗马、巴黎、波士顿或其他古老城市的地图，就会发现，要想分辨出其中后来增加的部分并不是十分困难的事情。新增部分在大多数情况下总会更加简单、更加规则，尺度也要更大。甚至在一些相对较新的城市中，例如加利福尼亚州奥克兰市，最初的城市网格要稍小一些，而且比起城市北部新建区域的网格要复杂许多。人们只需看看诸如巴西利亚或欧文之类的城市，去观察一下其中的街区与公共道路在20世纪末尺度变大了多少，就会从中看出惊人的差异。将任意一个20世纪城市的街区肌理与一个有着超过两个世纪历史的城市相比较，尺度的对比将会非常显著。在相当大的程度上来说，最近一次城市尺度的跃升，或许可以解释为技术的进步，最重要的因素当然是汽车的出现。更快的速度使得更远的距离变得既可能实现，又可以期望。城市元素的尺度也变得更大了。但是大尺度却是早在汽车出现以前就已经存在的现象，例如纽约与旧金山的肌理就都可以证实这一点。汽车能很好地适应这些城市中街道的尺寸与肌理，而对于那些尺度精致的城市来说，例如苏黎世，能否适应汽车的模式已经成为城市存亡的关键，当然这种适应也还会包括对汽车的限制。

复杂的脉络及精细的纹理并不是所有早期城市的共同特征。庞培古城（Pompeii）或赫库兰尼姆古城（Herculaneum）的肌理明显就是横平竖直的，虽然街区的尺度通常很小。并且，古罗马辖下的城市网格，诸如博洛尼亚、佛罗伦萨以及卢卡，无疑都不能说是特别复杂，虽然后来在中世纪的岁月里它们就已经开始丧失了这种原始的简单性。

尺度：紧凑度，密集度与强度

我们在不同的城市中有着不同的经历，并且也在脑海里留下了或深或浅的印象。我们所经历过的城市中，各种元素的尺寸、数量、间距，会随着我们对整体空间或环境的体验而变得印象模糊。无论如何，水平方向上的距离都很难判断并记在脑海里。如果我花一下午的时间在巴西利亚步行，一下午在苏黎世，再花一下午在威尼斯，当我回想这三个地方的时候，我能够知道自己走过了多大范围的空间么，我能够感受到在三座城市给定面积的区域中所包含的内容是什么？答案是不可能。如果我对这些城市中的一两座有了非常深入的了解，我就能对第二座或第三座城市的相对尺度有更深入的理解么？答案同样也是不可能。以同样的比例绘制，包含了同样大小面积的区域，这样的地图会对我们的研究有所帮助。在1平方英里（2.59平方公里）面积的区域中，我们能够发现多少东西，又能发现什么呢？从这个区域所包含的距离中我们能够读到一些信息，它能够告诉我们从一个地方到达另一个地方会有多么容易或多么困难，它也能够告诉我们某个区域是否适于步行。这种地图更有用的地方还在于，我们可以通过它将自己熟悉的地方与另一个地方进行比较，与那些有着相同尺寸的不那么熟悉的区域相比较。

与几乎所有的其他大城市相比较，威尼斯在 1 平方英尺的区域中所包含的内容都要多得惊人。前面的图中表达了大运河所流经的大部分区域，其中包含了从西北角火车站附近的区域一直到东侧军火库（Arsenal）范围内的一切元素。如果人们重视开发的紧凑度、强度与密度的话，那么要比较这 1 英里的区域与 1 英里的巴西利亚或欧文之间的差别，其结果是两者是几乎近于对立。但同样作为相对紧凑的区域，例如旧金山，就很难达到威尼斯那样的密度。了解了这 1 平方英里的威尼斯，也就相当于了解威尼斯大多数的区域了。而 1 平方英里的面积在旧金山，只是市区的一部分。另外，在罗马，1 平方英里的面积就能轻松地包含位于东北角的威尼斯广场（Piazza Venezia）、南侧的人民广场、圣天使城堡（Castel Sant's Angelo）、朱伯纳里大街（Via dei Giubbonari）、科索大街（Via del Corso）、纳沃纳广场（Piazza Navona）、万神庙（Pantheon）、许愿喷泉（Trevi Fountain），甚至还能包括博尔盖塞别墅（Villa Borghese）的一角。与之相比，巴黎在尺度上则要宏大许多。几乎阿姆斯特丹整个的市中心，以及它的主要运河系统，都能够包含在这样大小的区域中。在伦敦，大多数的苏豪区（Soho）①与高级住宅区也大概是 1 平方英里的面积，比苏黎世的中心区要大出许多。波士顿的大部分市区，曾被称为中心（Hub），则可以很轻易地放置于 1 平方英里的面积中。

城市的不同尺度以及在有限的区域中包含内容的多少，其重要性是能够亲身体会的，人们用脚就能比较不同城市之间的差别。每平方英里的区域中包含着的内容越多，其中的街道似乎也就越多，供人活动的场所也越多。虽然街道所覆盖的区域不一定会更优秀，但是我们所遇到的伟大街道多数都是出现在内容相对丰富的区域中。

二维尺度的测量

不同城市的 1 平方英里区域的图纸，能够帮助我们二维层面上对不同城市的尺度进行比较，其项目包括这些区域中公共节点以及街区的数目等，这是非常有益的工作。同时，它可以让我们知道节点空间的相隔距离，从而也就能了解需要行走多远才能遇到选择的机会（或挑战）。对威尼斯 1 平方英里区域的直接观察，与曼哈顿下城，或加利福尼亚的欧文相比较，就可说明在不同时期中，不同文化背景下，尺度、街区的大小、复杂性及其物质表现形式的量的差别。另外还可以知悉，在这一范围内，威尼斯有超过 1500 个道路交叉口，曼哈顿要少许多，大约有 220 个，而在欧文的商务区域则只有 15 个道路交叉口，这样城市间的差别就可以通过尺寸体现出来了。在

---

① 苏豪区为英格兰伦敦中部的一个区，在 17 世纪居住的主要是移民，现在因其饭店、剧院和夜总会而闻名。——译者注

1989 年，欧文的市长殷切希望在这座城市中建一个"商业中心"。在这个区域中会容纳一些街道的生活，也会包含其他混合功能，例如住宅及实现这一目标的各种辅助元素。让我们先来看一下洛杉矶、圣莫尼卡以及旧金山的图纸，再去看这座城市 1 平方英里区域的地图，就会发出这样的感慨："哇，图纸能就说明问题。"[3] 在欧文就几乎没有哪条街道能够展开城市生活。

当我们测量每平方英里的区域中道路交叉口或街区的数量的时候，毋庸置疑，老城市在二维的尺度上要比新城市精致许多，这一点很容易看出来。在前面的图纸中提及的亚洲或中东的一些城市——艾哈迈达巴德、东京的高桥地区、开罗与首尔——都属于仅次于威尼斯的、尺度最为精致的城市。这种尺度的比较并没有考虑城市的基本肌理，无论是网格的还是非几何形状的肌理都不在考虑的范围之内。有数据显示，就尺度的测量来说，威尼斯是一座独一无二的城市。对于那些目前能够获得数据的城市来说——博洛尼亚、巴塞罗那、洛杉矶区域以及旧金山湾区（San Francisco Bay）——随着与中心区域距离的增加，城市的尺度也确实在不断地增大。前面的图纸中所提及的欧洲的城市中，19 世纪末与 20 世纪初的巴塞罗那尺度最大，在 1 平方英里的面积中包含了 164 个道路交叉口与 138 个街区，而在古老的哥特区则有 486 个道路交叉口与 330 个街区，两者的对比非常明显。网格状的街道模式肌理可以非常细密：看一下东京（988 个道路交叉口），佐治亚州的萨凡纳（530 个道路交叉口，这要比罗马中心的还要多），另外还有弗吉尼亚州的里士满，其中的小巷就可以说明它的小尺度了。波士顿的中心区曾经是尺度最为精致的美国城区，比大多数欧洲城市的尺度还要小，但是这种场景已经不复存在了。俄勒冈州的波特兰，都是统一的 200 英尺的街区，与当今波士顿的尺度精细程度相当。总的来说，1 平方英里面积中道路交叉口和街区的数量与道路交叉口之间的距离成反比；前者减少的同时，后者就会增加。在欧文，道路交叉口之间的距离大约是 1/4 英里。而对于一些较老的美国城市来说，例如萨凡纳，间距则通常是 125 到 300 英尺。

尺度的变化

我们知道，街道与街区的肌理会随着时间的流逝而发生变化。我们想要说明一些问题，根据这个前提去搜寻数据，确定进行比较的时间段。结论包括以下几种：几乎没有什么变化；变化的发生是缓慢的、递增的；在相当短的时间段内发生了剧烈的变化。或者，我们或许会发现，虽然变化不可避免，但仍有一些过去就个性鲜明的东西几乎一成不变地延续着。我们的关注点并没有放在未开发的乡村土地到城市环境的巨大变化上（例如在上文中苏黎世不同时期的两幅图纸所反映出的变化），我们关注的重点是一种城市开发模式到另一种的转变。灾难（战争或火灾）、社会价值的改变、明显的经济规则的变化、时尚喜好与设计哲学，都是引起城市尺度发生变化的原因。

城市 （区域或时期）	道路交叉口数量	街区数量	道路交叉口间的距离（英尺） 平均值	中间值
威尼斯	1725 ★ (1507)	987 ★ (862)		
艾哈迈达巴德	1447	539		
东京（高桥地区）	988	675		
开罗	894	301		
德里（Old Delhi）	833	244		
首尔	718	496		
波士顿（1895 年）	618 ★ (433)	394 ★ (276)	190	150
阿姆斯特丹	578	305		
萨凡纳	530	399		
波士顿（1955 年）	508 ★ (356)	342 ★ (240)		
罗马	504	419	198	150-175
巴塞罗那（兰布拉斯）	486	330		
伦敦（城区）	482 ★ (423)	295 ★ (295)		
苏黎世（1985 年）	425	275		
伦敦（高级住宅区）	423	273		
博洛尼亚（中心区）	423	272	224	300
巴黎（卢浮尔宫地区）	418	315	245	200
波士顿（1980 年）	373 ★ (261)	245 ★ (172)	235	300
波特兰	370 ★ (351)	318 ★ (302)		
苏黎世（1890 年）	369	243		
普罗旺斯地区艾克斯	362	233		
庞培	347 ★ (151)	246 ★ (167)	224	300
纽约（曼哈顿下城）	339 ★ (218)	275 ★ (177)	274	260
图卢兹	331	242		
旧金山（中心区）	293 ★ (274)	216 ★ (202)	353	350
巴黎（星形环岛区域）	281	214		
匹兹堡（中心区）	277 ★ (143)	197 ★ (124)		
哥本哈根	244	170		
匹兹堡（阴面）	242	188		
奥克兰（中心区）	208	153		
圣莫尼卡，加利福尼亚	185	147		
旧金山（中城）	182	137	409	325
纽约（中城）	181 ★ (159)	166 ★ (146)	423	260
圣克鲁斯（Santa Cruz），加利福尼亚（中心区）	179	108		
洛杉矶（中心区）	171	132	390	360
巴塞罗那（格拉西亚）	164	138		
旧金山（日落区）	161 ★ (131)	130 ★ (106)	461	300
博洛尼亚 [玛兹尼区（Mazzini）]	160	88		
博洛尼亚 [科蒂切洛区（Corticello）]	158	104		
华盛顿特区	155	122		
图卢兹的米雷尔	146	112		
欧文，加利福尼亚（居住区）	119	43		
核桃溪市，加利福尼亚（中心区）	116	64		
核桃溪市，加利福尼亚（距市中心 2.5 公里的地区）	113	50		
巴西利亚	92	47		
洛杉矶（圣费尔南多区）	81	47		
欧文，加利福尼亚（综合商务区）	15	17	1290	1300

★这些城市在 1 平方英里的区域中包含了大量的水体——海湾、海洋、河流、湖泊——这些区域都被扣除了，而这里所显示的数据就是被调整过的每平方英里中的道路交叉口与街区的比例。相应地，括号中的数字则是实际的数据。在旧金山的日落区域与纽约的中城区域，金门公园（Golden Gate Park）与中央公园也都被扣除了。

在这里，每一个道路交叉口都是指两条或更多不同的公共道路汇集的地方，在那里，可以从一条路走到另一条路上去。如果一条路架在另一条路的上方，就不是道路交叉口了，道路越过运河也同样不是，除非是可以在两者之间通行的情况才能计算在内。在威尼斯与阿姆斯特丹，无论是道路还是运河的交叉口都被计入了表格的数据中了。

在这里，街区是指周围围绕着公共交通的地块。公园也都被算作街区。

1895 年

1955 年

波士顿中心区：1895 年，1955 年，1980 年

1980 年

波士顿中心区，1929年：
街道与建筑

大致比例：1″=400′或1：4800

随着时间的推移观察波士顿的市区，它在不断地发生变化。这些变化是有意而为之，甚至是为人们所期望的。但是我们能够推定变化的程度和范围么？从三张描绘同一区域、时间跨度为100年的地图中，可以看到惊人的变化。100年以前，波士顿市区1英里的区域中有超过400个道路交叉口与大约276个街区。与其他城市在二维的布局、尺度以及复杂程度的比较后可以发现，它与罗马、博洛尼亚、巴黎比较相似。当时，人们说起美国的诸多城市中，波士顿的布局是最欧洲化的，他们的观点未尝没有道理，至少从布局以及不规则的街道肌理方面来说确实如此。而到了20世纪80年代，波士顿的城区道路交叉口减少了170余处，街区也减少了大约100个，而在最近的30多年中，变化就更加迅速了。这时波士顿的尺度与复杂程度，至少在我们所说的物质层面上，已经变得更像旧金山了，目前人们经常拿波士顿与旧金山相比较，或者它与曼哈顿的下城也有些相似之处。这些变化与我们早期对较大的城市尺度的观察是一致的，这或许能够很好的反映出追赶时代潮流的压力，以及成就一种现代性的愿望。

所有的这些街区与道路交叉口都发生了怎样变化？高速公路与公共区域复兴项目都给城市带来了损失，中心区失去了原有的复杂性，变得更像其他的区域了。但是，这种解释只是在回避问题：街区去了哪里，归属于谁？大体上，小的城市街区都被归到少数更大的街区中了，而那些分割街区的街道与道路交叉口也就变成更大的肌理与尺度的城市的一部分了。在这个区域的尺度上发生的事情也会发生在地产开发项目中，发生在独立的街区中，并且还会一直地持续下去。地块变得越来越大，地

大致比例：1″=400′或1：4800

产开发的产出与投入比也会越来越大，与支配社会——经济——物质的理念相协调，这种理念赞美更少、更宽的街道以及更少限制交通且造成拥堵的道路交叉口所带来的效能提高。通过"足迹"地图，其中的故事就可以被清晰地讲述出来，例如波士顿就有这样的地图，这些图纸能够帮助我们看到并计算出在一个给定的区域中建筑的尺寸与数目在变化前后的差别。旧金山西增区（Western Addition）中的变化是非常显著的，正如安妮·沃尼兹·莫东（Anne Vernez Moudon）所证明的那样。[4] 如果人们能够概结总结实际经验与不断明显的现实迹象的话，土地就不会只流向少数更大的土地持有者与开发商手中，也会为公共设施的开发商所用，这样土地开发中就会容纳街道了。

　　更少但却更大的街区与更少的街道以及道路交叉口或许能够比更多的街区与道路交叉口更有效率，但也许恰恰相反。在波士顿和其他城市，大的街区出现之后，更少但更大的土地所有者或开发商随之出现。如果这种情况普及，那么更新的城市肌理只能提供更少的机会，参与城市建设的人也会更少，这也是值得讨论的问题。可以推想，无论是国营还是私人开发商，其规模越大也就越富有。新的城市肌理，那些由公共政策与公共活动所促成的肌理，是有利于大型企业与富人的，但却限制了大量小角色的参与。对于许多城市来说，这种做法无论在过去还是在现在都是在邀请大手笔的国家或跨国开发商与金融家，而牺牲了地方开发商的利益，因为他们缺乏人力或财力的资源来角逐这个游戏。与此相应，大开发商对于城市发展的操控也没有多少不同。

在一个项目中或许会有许多的业主，但是他们是作为一个整体进行活动的，而独立参与城市发展的小开发商比起以往则是越来越少了。与此同时，这些大型项目容易受到经济萧条的影响，可以想见，当一个大开发商用光了所有的资金，很大范围内的地产开发也就此停止了，尚未完成的街区则半途而废。尽管会出现这样的现象，但仍然会有像欧文这样大尺度肌理的城市，仅由相对较少的土地拥有者以及处于优势地位的大开发商开发的实例。其中的那些街道又如何？它们会变成大型街区与地块的一部分。街道的总面积会占去相当大比例的土地，在再开发之前，街道的面积很容易就能达到土地总面积的 25%。那么，现在的状况就能够证明，主要的公共区域——街道——已经让位于那些尺度很大、通常很奢华的私人地产，让位于那些或许不那么具有公共性的大型公共建筑了。

反过来，道路交叉口的缺失可以也看作是一种选择的减少，或许也可以说是自由的减少。正如我们所注意到的，每一个道路交叉口对于使用者来说都代表了一种选择或挑战，因为人们要选择走这条路还是那条路。诚然，道路交叉口并非行人必须做出选择的惟一场所，而街道也不是行人惟一可以在其中步行的场所。波士顿市政厅所在的街区中，就去掉了许多的街道与道路交叉口，但是建筑本身只占据了基地的中央区域，而在其他的地方则有数不清的小路，人们可以经由这些小路来穿越街区。但是还有更多新的选择么，若有的话是什么呢？从遇到更加开敞的平面的那一点开始，人们就可以有机会作出方向的选择了。当然，在新建的大面积的街区与地块中，人们可以离开地面，在架空桥上行走或穿过建筑内部的通道。不是所有的这些选择方向都是显而易见的。可这也并不是普遍的情况，随着时间的过去，土地的使用权出现了与以往不同的变化，新的地块并不总能对公众开放，或只是被高度管制着的，而公共机构的管理也不再意味着公众的自由通行与选择了。

我们再来看一下波士顿的一组地图，会惊讶于其中的变化以及新出现的肌理，并且对其中的选择的多样性与自由度的变化感到震惊，趣味性大大减少了。可以进行选择的地方——道路交叉口——大约减少了 170 个。当然，也可以对巴黎进行同样的观察，奥斯曼（Haussmann）坚持建设林荫大道以开放城市空间，此前此后相比，城市的变化也很大；同样，一旦美国举国上下的城市都开始热衷于一种对高速公路建筑与城市复兴的迷恋时，其城市肌理也发生了巨大变化。

在某种程度上，如果街道与街区的肌理尺度很小且足够复杂的话，选择的自由就会为迷惘所取代，除了那些对一个区域最了解的居民以外。有着 1500 个道路交叉口的威尼斯或 1400 个道路交叉口的艾哈迈达巴德，或者几乎所有的其他中东的古老城市都有上述情况发生。威尼斯有数不清的道路标识，它们都不是没有来由的，它们能将路人引领到他们想要到达的地方。当然街道的布局与肌理除了与行人的选择有关以外，还有其他的目的。但无论如何，这些图纸给我们提供了比较的机会，并为研究与设计提供了统一的尺度。

设计哲学与宣言的体现

正如我们能够从罗马与西班牙人建造的街道与街区的肌理中看出他们所遵循的

城市设计理念与原则，正如巴里与卢卡（以及许多其他的城市）的肌理能够反映出它们原来作为要塞或防御工事的功能一样，那些当代的城市肌理也能够反映出它们创作者的城市设计理念。花园城市、超级街区以及邻里理论都能够在诸如欧文或洛杉矶的圣费尔南多山谷区等区域住宅开发项目中清晰地显现出来。在这些地区很容易就能够找到小学、购物中心、公园或停车系统在它们街道与街区肌理中的恰当位置。那些为国际现代建筑大会（International Congress of Modern Architecture，CIAM）追随者所推崇的理念，明确地表达了对街道方向感的排斥观点，无论是在巴西利亚还是在欧文，都可以看到这种理念的影响。人们并不会考虑在这些现代主义类型的城市中寻找伟大的街道，也不会在新建的城市诸如图卢兹的米雷尔中寻找伟大的街道，因为米雷尔的肌理与古老的纹理精致的图卢兹之间的对比是如此强烈，以至于实际上在米雷尔很难说出哪些空间是街道，而哪些不是。而且人们也不会在尺度巨大的地产进行开发，例如在伦敦的巴比坎（Barbican）中寻找伟大的街道，因为其中已经没有街道这种空间形式了。[5]

设计哲学与箴言的体现

除却具有一定的普遍特征以外，每一个城市中的街道与街区的肌理还会有其各自的独特之处，这些特色非常鲜明，值得我们给予额外关注。例如：

■ 拥有许多的街道与道路交叉口并不一定意味着公共空间占据了较大比例的土地或开发程度较低。在博洛尼亚的中心区，1平方英里的面积内会有400多个道路交叉口与大约275个街区。但是其中的街道非常狭窄，与其他的城市相比较而言，这种街道模式留下了大尺度的街区。许多当代城市的"白色区域"或者说街道区域——例如洛杉矶的中心区——都只有很少的道路交叉口或街区，但这些街道的尺度都非常大，因此所留下的开发用地就相对要少许多了。

■ 在巴塞罗那，街道与街区的肌理令人印象深刻的部分在于，在很大范围的区域内，每一个街区的转角都是斜向的，街道中的建筑都是沿这种规律排列的。在美丽的街道，人们感受着街道的丰富性，或许可以部分地归因于这种肌理作用的结果。然而其中街区的尺度并不是非常小。它们只是看上去很小而已，因为在经过这些街区的时候，人们所感受到的街区的起点与终点都结束在斜向的街角处，而这些转角在空间上都是道路交叉口的一部分，因此街区的尺寸就显得比正常要小。而实际上，巴塞罗那的街区要比波特兰方格网的尺寸还大呢。

■ 巴黎遍布的林荫大道（如地图中所表示出的区域）并非与早期、中世纪的城市肌理格格不入。这是因为许多早期尺度较小的街道都与林荫大道平行或法向垂直，或者都呈相似的角度。林荫大道是笔直的，而早期的街道大体上也是如此。

- 在韩国首尔，后来出现的城市肌理与其覆盖下的狭窄的人行道系统形成了强烈的对比。然而在巴黎，城市的整体肌理与原先的肌理十分相似；许多以前的肌理也都是网格状的。一种肌理强行覆盖另一种肌理，其通常的表现形式大概就是以上两种。

- 艾哈迈达巴德及开罗城没有受到西方影响的那一部分城区，与西方城市中街区与街道的肌理有着显著的不同：那里街区尺寸较小，形状弯曲，几乎不连续，且没有非常宽阔的街道；尽端路很多；尺度非常精细。但是这种尽端路的特征在当代美国乡村开发中也能够找得到；看看洛杉矶的圣费尔南多山谷区或者欧文的居住区肌理就可以找到上述特征。它们之间的不同之处在于尺度而不是布局。

　　这项关于街道与街区肌理的研究，始于对伟大街道的物质的、可设计的品质的思考。在确定了杰出的街道以后，我们还了解这些街道周边的环境，并尝试定量表达它。周边环境的肌理能够帮助我们理解对比、尺度、秩序以及结构、中心、起始点与结束点的重要性；而且还能够帮助我们确定街道的趣味所在。

　　街道与街区的肌理不仅能够帮助我们理解个别的街道。它们本身就能够提供一定的信息与用途，而不只是表现它们之间存在诸多尺度、形态与设计方面的差别。了解了不同城市中场所的相对密集程度，至少能够起到某种警示作用；当我们比较城市，尤其是借助社会、经济以及政治的数据来比较城市的时候，这种作用就会显现出来。从行政管理的角度来说，在旧金山，城市的尺度与肌理能够保证从城市的最远端就可以轻易地找到市政厅的所在，而在洛杉矶情况则完全不同，在那里，想要到达市政厅是非常困难且耗时的。一个城市的政治与行政组织的要求或许会与其他的城市截然不同。欧文与罗马的社会组织与交通模式一定是不同的，这种不同完全是基于它们在物理尺度方面的差别。然而，物理尺度与城市肌理在比较研究与非物质研究方面却很少被人们看作是完整与重要的信息。

　　我们可以计算并测量街道与街区肌理中的不同点与相同点，并且可以观察随着时间的流逝与距离的增加街道与街区肌理的变化。最令人感兴趣的或许是区域本身随着时间的流逝而发生变化，在最近一些年中尤其明显，许多街道与街区的肌理都变得更为粗糙。从另一方面来说，欧文的市长发现他的城市的1平方英里的地图有助于说明为什么在他的社区中缺乏街道生活，他认为这种地图将会有助于改进城市的建设。这真的是这些图纸最重要的作用了——即帮助人们更好地理解自己的社区，并以此为基础来判断可以做什么事，或不可以做什么事。

第四部分　　　创造伟大的街道

第1章　　　　　不可或缺的条件

某些物质环境品质对伟大的街道而言至关重要。这些因素缺一不可，仅仅具备其中的一种或两种不足以塑造一条伟大的街道。必要条件的数量不多，而且看似简单；但这只是表面现象，往往具有欺骗性。因为这些条件大都直接与社会和经济标准密切相关，而社会与经济标准又会影响到美好城市的建造：这些条件包括易达性、汇集人流活动的能力、公共性、宜居性、安全性、舒适性，还有鼓励居民参与并承担社会职责的潜力。这些品质均可以经由设计来实现，它们正是本章所要讨论的主题。

毫无疑问，这个过程中并不简单，需要我们谨慎对待。因为在大街上，可以建造的物质元素与美好街道的社会经济标准之间确有联系，但将这种联系通过人为手段建立起来并不总是那么轻而易举的事情。如果你不能沿一条街道前行，或者不能从街道的一侧走到街道的另一侧，那么就不大可能与任何人相遇。与此同时，想要将街道的物质属性与社会和经济活动分离开来也是非常困难的，然而，正是那些社会与经济活动给我们的体验赋予价值：如果忽略有形的物质设施，那么仅凭我们在一条街道中的体验能够在记忆中留下多么强烈的积极印象？这些问题依然存在，但比起我们刚开始这项研究的时候，它们已经不那么令人望而生畏了。

要为伟大的街道提出一些设计上的必要条件，同时保证它们普遍适用，从根本上说就是难上加难。无论何人，只需指出某一条美好的街道不具备我们所提出的某一个属性，那么游戏似乎就失败了。如果断言所有伟大的城市街道必然都植有树木，就会有人提醒你无论是哥本哈根步行街还是许许多多其他的街道都不具备这样的特征，这种结论就会引起许多的非议。因为事先预料到这些质疑的声音，我们必须再次强调，本书探讨的主题是城市街道。那么一条乡村小路能否成为伟大的街道呢？答案是肯定的，当然可以，但是我们的研究对象是城市街道。

我们不妨看看极端的例子。假如有这样一种标准，依据它所推导出的伟大街道的必要条件高度普遍，如果推行这些标准，几乎可以涵盖或排除世上所有的街道，而好与坏也就全凭观察者的一念之差了。这就说明两个问题：其一，伟大的街道如何定义；其二，必须搞明白塑造伟大街道的品质到底由什么构成。将这些概念与要素明晰化是我们努力的方向，但却是永远也无法实现的目标。含混暧昧永远不可能彻底清除，但却可以非常有效地加以限制。同时，那些可量度的必要

舒适的步行环境

条件也很少能够精确得到确定的数值，例如树木的间距或建筑的高度就不可能有明确的尺寸要求。因此，成为伟大的街道的必要条件会是一个范围，在这个范围之内，已经实现了许多优秀的街道设计，在这个范围之内，也将会出现更多优秀的街道设计。

这项研究的主要目标，就是给设计者以及城市的决策者提供伟大街道的相关知识，给他们目前的工作提供可以参照的目标。这项研究可以回答以下问题：诸如，"我记得库弗斯坦达姆大街（Kurfürstendamm）中央的隔离带宽窄上比较适宜，我想知道它的确切尺寸"；或者，"在巴塞罗那，令我印象最深的街道沿线的那些建筑，通常的高度是多少"；或者，"萨凡纳城市网格的尺寸是多少"；再或者，"我正在给海湾项目设计的空间与圣马可广场相比是更大呢，还是更小？"人们可以按照任何自己喜欢的方式来利用这些信息；可以作为范例，作为指南，作为新设计的出发点，或者也可以只是看看，在一个给定的街道横剖面上出现的元素可以有多么多或者有多么少。可以这么说，假如一条关于城市街道的结论并不精确，或者在一定范围内浮动，那么这条结论才是恰到好处的结论。结论的目的不是为了提供公式或处方，而是要提供知识，提供设计未来的伟大街道的必要参考。

这些所必备的品质，作为一组要求，它们本身并不能够确保依此所设计出的街道就是伟大的街道，但缺少了它们却注定要失败。总的来说，有一样东西最终起到了画龙点睛的作用，它才是最重要的内容，我把它叫做"魔力"，设计中的"魔力"。所有的组成部分、所有的必要条件都必须放在一起，来组成一条完整的街道，这个过程有很多路可以走，至少在细节处理方面，就有无穷无尽的可能。将所有的方法一一尝试是不可能的。新的伟大街道的设计正在出现。然而，不管一条街道是怎样被设计出来的，都会有一些必不可少的物质属性，一些与其他的伟大街道所共有的物质属性。

散步的场所

这项调查的出发点与兴趣点，主要集中于那些对步行的人群而言设计上最为成功的街道。我们认为，街道的功能自然要包括协助行人到达附近的特定场所、在城市中穿行，或从一个地方到达另一个地方，通常这种功能是通过大众交通工具或汽车来实现的。优秀的街道能为乘坐大众交通工具与私家汽车的司机或乘客创造舒适、安全、愉快的旅程，甚至还能够对他们在这座城市中的体验有启发作用。机动车通

常与步行者一同分享公共交通空间：这种情况在设计中已经得到了解决，并且是能够解决的，这毫无问题。但当你在私家车中驾驶的时候，是不能够遇见其他人的，在公共汽车和电车中也很少能够遇到熟人。只有在步行的时候，你才能够看清你遇到的路人的脸孔与体态，并且体会到置身人群中的乐趣。这就是说，在日常生活中，公共的社会活动与社区娱乐随处可见，唾手可得。而且只有在步行的时候，人们才能最大程度地融入城市环境中，与商店、住宅、自然环境亲近，并且与他人进行最亲密的交流。虽然在马歇尔·伯曼（Marshall Berman）那本关于现代性的书中只提及了一条街道，即涅夫斯基大道（Nevsky Prospekt），但是他的观察却能够指出许多最优秀街道的共同特征，"这条街道最基本的用途就是社交，这种用途为街道赋予了独特的性格特征：人们来到这里看人，同时也被看，来到这里与其他的人交流自己的观点，没有任何隐秘的目的，没有任何贪欲与竞争，交流本身就是最终的目的。"[1]他在书中引用了果戈里的话，用得非常恰当，其中包括"在这个地方，人们不用因客观条件所迫而不得不展示自己，人们也不会被强制性的义务以及包围着整个圣彼得堡（St. Petersburg）的商业利益所驱使去做这样或那样的事。"伟大的城市街道通常不仅是车辆通行的伟大街道，同时还是人们步行的伟大的公共场所，而步行却是伟大街道上最重要的活动。

上海：街道上人流如织

在这本书中，每一条得到认可的美好街道都具有悠然自得、不疾不徐的步行环境。这个条件听起来似乎很容易满足，但却是一项基本要求。必须设有人行道，满足人们随心所欲采用各种步速的要求，尤其是要让行人能够悠哉游哉地前行，有了这样的要求，人行道就不能够给人以拥挤的感觉，也不能让人感到孤单；同时，人行道还必须给行人带来充分的安全感，让行人远离机动车辆的威胁。

如何决定人行空间的比重呢？在这个问题上，充满了不确定因素，其中包括人们所习惯的空间大小、散步的原因，以及街道的本质特征等。[2]舒适的步行尺度不可能像交通工程师为机动车所估算的那样精确，因为机动车道尺寸的确定是一种数字的组合，通过计算确定需要多少条机动车道以及道路要有多宽。这种计算通常会用来拓宽车行道的宽度或增加车行道的数量，无论哪种方式，都以损害人行道的舒适

排列密集的树木，罗马

度为前提，因为没有任何数据能表明宽度的改变会对人们在人行道上活动的舒适度产生影响。无论如何，确定人行道的空间大小都是非常重要的一件事情，这不能够仅仅依靠数字。但是，有一些数字可以用来协助我们获取人们在不同的街道上行走的感受。[3] 在朱伯纳里大街（Via dei Giubbonari）最狭窄的地方以及哥本哈根步行街人流量最大的时候，测量每分钟在 1 米宽度上通过的人数，大概分别是 17 或 14.3 人。通过这些数据，研究者可以在脑海里建立起拥挤的感受：人们会相互阻碍，并不是所有的步速都能够实现。然而，在哥本哈根，即便是在人群中也可以闲庭信步，甚至还可以四处周游，人们可以在街道上走来走去，相互攀谈，甚至妈妈们也可以推着婴儿车走到户外，加入这熙熙攘攘的人群中。科索大街的人流量与上述两条街道相似：每分钟在 1 米的宽度上通过的人数超过了 13 个，这个数据是在某处 4 英尺宽的人行道上采集到的，而在星期六傍晚的高峰时段，1 米的宽度上每分钟通过的人数达到了 15 人，采集这个数据的地段的人行道上不允许行人停留。在科索大街上，也有一些场所是不允许行人停留的，甚至在有车辆通过的地方也会有这种规定。通常行人涌入车行道，占据 6 英尺的通行宽度，有时这个宽度还会达到 12 到 13 英尺。从容不迫的步行已经很难实现了。想要快速行走更是不太可能。上海的街道上，人流量非常之大，行人的护栏已经向外偏移，侵占了一条车行道的宽度，才能缓解人流压力。在格拉西亚大道（Paseo de Gracia）与兰布拉斯大街（Ramblas），每分钟每米宽的人行道上通过的人数大约是 7 到 9 人，采用任何的步速都是可能的；而到了加泰罗尼亚广场（Plaça de Catalunya），走在商店前的人行道上就会感觉到拥挤，广场是两条街道的接合处，人流量指标达到了 13 人。可以得到这样的结论，在人行道上，每分钟、每米的宽度上通行 3 到 4 个人是不会感到拥挤的；如果人数少于 2 人，街道就会令人感觉到空旷。而直到每分钟、每米的宽度上通行人数达到 8 个人，在一这数值区间内人们都可以随心所欲的采用任何的步速。随着人数继续增加，闲适的步行仍然还是可以实现的，而拥挤的感觉大约是从每分钟、每米通过的人数超过 13 人开始出现的，在此之后，整个街道的通行速度都会下降。在步行的过程中，人们还可以边走路边做其他的事，人们经常是这样一心多用；有些人则可以心无旁骛，即便是在大量的人群中也会悠然自得。但是如果人流量高到了一定的程度，人们必须不时地躲闪以避免碰撞，这样的步行是不会令人感觉愉快的。到了最后，当人们因为空间过于狭窄，从人行道涌入街道的时候，那么就连安全性也成了问题了。

路缘石与人行道是街道上用以分割空间的最常见的方法，并因而能够保护行人远离机动车的威胁。他们可以起到分割空间的作用，但却不是创造安全与宁静感的必要条件。在路缘石的沿线增添树木，如果树木之间的距离足够近的话，就能够创造一个步行的区域，置身其中的人们会感觉到安全。继而，如果在路缘石的一侧设置停车区域的话，也同样能够分割空间，虽然在一些伟大的街道上也出现过这样的停车区域，但是这却不是创造伟大街道的适当方法。在机动车与人行道路之间不设置任何的物理分割，即取消路缘石，或许是一个更好的解决方案，在拥挤的、窄小的街道中，这种设置方式的优越性就会突显出来；让车辆与行人混行。朱伯纳里大街就是一条这样的街道，而且还有许多其他的街道也是这样做的。机动车不得不依照行人的速度向前行驶。在荷兰与其他国家中都有一种适应市郊环境的共享街道 (Woonerfs)，最有名的是在丹麦，它们都能够成功地运用这一原则，来创造安全舒适的居住区街道。[4]人们能够自如且安全地在街道上行走，这是伟大街道的必要条件之一，从字面来看，这一条件是清晰明了、且容易实现的。只要是在有人通过的街道上，这些品质的要求对于任何城市街道来说都不会有什么疑义，无论这条街道伟大与否，这项要求都是必须的。但是即便如此，还是会有许多街道不具备这一品质。

物质环境的舒适性

一些街道和一些地方，人们避之犹恐不及，因为大家都知道那里

福克斯广场上东倒西歪的舞者，
市场街，旧金山

美国银行，旧金山："银行家之心"

让人浑身不舒服。如果可能，我总是要避开旧金山波尔卡大街（Polk Street）和金门大道（Golden Gate Avenue），在那里，总会有阴冷的强风从联邦大楼（Federal Builidng）那边扑面而来。与之相比，市场街（Market Street）福克斯广场（Fox Plaza）前面的人行道犹有过之。美国银行（Bank of America）大楼前面的广场似乎永远藏在阴影里，在冷冰冰的旧金山，阳光是多么奢侈的东西，以至于四处都见不到它的踪影。如此说来，建筑群落角里那尊漆黑、巨大的雕塑被称之为"银行家之心"并不是毫无道理的。

至于如何去决定广场和建筑的相对位置，本来有50%的机会去赢得日光，但人们显然犯了个错误。罗马的夏天本来闷热潮湿，但朱伯纳里大街却总是一片阴凉，远比其他街道适合漫步。

最好的街道总是让人倍感舒适，至少在那样的环境中，它们已经达到了可能达到的最高舒适程度。[5] 假如环境阴冷，它们就会带来温暖和阳光；假如环境酷热，它们就会带来清风和阴凉。它们总是因地制宜地利用环境要素去为行人提供一些情理之中的保护，而不是与自然环境作对，努力改造不可避免的事实。对好的街道，我们的期望不能脱离它的环境：人们当然希望一条阿拉斯加的街道在冬天温暖如春，

圣米歇尔大街（Boulevard Saint-Michel）

可这违背常理；与其如此，不如期望它能不那么冷，在它所处的环境中尽可能的暖和一点。上佳的城市道路为行人提供避风的场所。城市道路中，风速本来应该是野外实测值的 25% 到 40%，除非是建筑物的位置和高度令风速提高。

人们深知舒适为何物，也愿意对此发生响应。根据气候的不同，人们四处寻找阳光明媚或树阴遮蔽的地方。[6]优秀的街道设计师了解这一点。圣米歇尔大街的树木在夏日骄阳之下提供阴凉，让这里成为人们喜欢的去处；它们也能够遮风避雨，就像商店两旁的凉棚一样。冬天，阳光穿过干枯的枝桠布满路面，尽管不能时刻如此，至少中午的几个小时人们沐浴阳光。博洛尼亚的冬天雨雪霏霏，因此那里的街道两旁封顶的树木提供了御寒的暖房，而在夏天这里却是一片清凉，好像维琴察或伯尔尼的大街一样。在旧金山，人们为阳光的事情投票表决，让市中心的街道在重要时段至少有一边的人行道能够获得阳光。同时，他们对建筑物的"造风能力"进行评估，假如不能达标，就不得建造。[7]

与气候相关的舒适指标可以在一定程度上得到定量评估，因此无论从哪个意义来讲，它们都应该是伟大街道的一个组成部分。过去时代，敏锐的设计师们在规划街道的过程中深谙此道，很大程度上是依赖直觉。如今我们掌握了测量的方法，在一定程度上能够未雨绸缪，这为我们提供了充分的条件，使我们能比前人做得更好。

博洛尼亚的柱廊（Bologna Porticos）

清晰的边界

　　伟大的街道都有清晰的轮廓。它们都有各自明确的边界,常常是各种各样的围墙,它们界定着道路边缘的位置。这个边界让街道独立出来,让人们注意到这一点并注目于它,让街道成为一个场所。但是,在可操作的层面上这到底意味着什么? 划定街道的边界都要采取哪些措施? 如果建筑立面和围墙就是答案本身,那么它们多大才合适,最小能做多小? 它们之间的间隔如何设定? 这些问题更加难以回答,但它值得我们去认真思考一番。

　　街道的边界在两个方面获得定义。在垂直方向上,与建筑物的高度、围墙和沿街的行道树发生关联;在水平方向上,这一因素决定于长度和间隔距离,无论是什么东西构成了边界都是如此。也有一些位于街道尽端构成边界的内容,它们同时呈现出垂直和水平的状态。通常情况下,建筑物是构成边界的主要因素,有时候是围墙,有时候是树木,有时候围墙和树木共同作用,而地面的高差总是扮演着重要的角色。

　　对于垂直边界来说,既存在一个比例适度的问题,也存在一个绝对数值的问题。街道越宽,就需要越多的体量和高度去定义边界。随着街道的宽度进一步加大,这些数值越来越高,直到某个时刻,不管两侧加高加大到什么程度,空间即便仍然可以界定,街道却已经不复存在。举个例子:人们发现,当街道的微观尺度超过了450英尺 (137 米),空间界定就会变得相当微弱,从而出现"不管周边的建筑有多高,中间的部分都更像一块空地而不是一个广场"的局面。[8] 另一个极端,威尼斯朱提卡运河 (Giudecca Canal) 南端两岸的建筑只有 2 到 3 层高,离横跨运河的浮码头 (Zattere) 足有 1100 英尺 (335 米) 远,尽管如此,它们却清晰地勾勒出朱提卡的边界。当然这个例子不是街道或广场的界定方式。它清晰地勾勒出的,是一条城市水域的边界。

　　尽管城市道路的宽度和形状作为一个永恒主题,一直是建筑师和城市规划师们关注的焦点,问题的核心部分却一直都没有形成大致统一的看法。很容易理解,阿尔伯蒂 (Alberti) 和帕拉第奥似乎专注于行动的方便性、安全性、采光、通风、视觉通畅,以及出于军事目的的可达性。[9] 他们也关注通过道路设置获得机动性,并强调建筑的视觉美学,他们也将这些原则应用于非城市的街道设计中,使之更加宜人、健康,但他们都未曾直接了当地提出定义边界的方法。对这个问题,他们都采取了想当然的方式。自从 1784 年以后,获得和谐的比例成为巴黎大街两侧建筑限高的主要目标。典型的比例是街道宽度与建筑檐口高度之比为 2/3,这本是古已有之,此时则成为通例。[10] 后来奥斯曼 (Haussmann) 将街道拓宽为广场,却没有更改檐口高度,尽管如此,他将檐口之上的建筑高度提升起来,超过了整个城市的一般水平。获得充足的阳光应该是制定这一限高措施的一个主要因素,而看起来,清晰地定义街道的边界并不在考虑范围之内。

　　如此说来,绝大多数街道,在给定了路面宽度和建筑限高之后,假如严格遵守红线且不设侧院,则无需设计者刻意追求,街道的边界也会自然呈现。

　　汉斯·布鲁门菲尔德 (Hans Blumenfeld) 的设计观念在很大程度上来自 H·马尔滕斯 (H. Maertens) 的作品。因此,他对城市尺度相当关注,主要着眼于廓清 "人类

威尼斯朱提卡运河（Giudecca Canal）：边界清晰的城市水域

的尺度到底意味着什么"这样一个命题。如此一来，他间接触及街道边界的问题。[11]
基于他们对生理光学（physiological optics）的研究和大量实际经验，马尔滕斯和布鲁门菲尔德找到了三个要素，其一是人类尺度，即可以辨认出人形的最远距离；其二是亲密尺度，即可以分辨出人的面孔的最远距离；其三是可以清晰辨认物体的可视角度。这三个要素被用来分析建筑尺度。他们得出结论：当建筑高度为 3 层（大约 30 英尺）、宽度为 36 英尺，而街道宽度为 72 英尺时，建筑就接近了人类尺度的极限。亲密尺度要小一些，它要求建筑的高度不超过 21 英尺，建筑宽度不超过 24 英尺，街道的宽度不超过 48 英尺。就我们的目标而言，必须澄清两点：首先，人类尺度和街道边界不一定是一回事；其次，应用于街道上，他们的这些原则更像是较多考虑了直接朝马路对面观察的情况，而忽视了沿着马路向远端观察的情形。况且，尽管 27° 角确实是人类可以清晰辨别事物的最大视角，但由于人们位于街道之间，会不停地移动头部、不断转换注目的方向，这个分析结果用以描述人类尺度则可，用在衡量街道尺度上就未免有些局限了。仍旧是关于街道边界问题，马尔滕斯和布鲁门菲尔德继续论证道：

"如果主体占据27°视角（高宽比为 1：2），建筑物将……表现为一个自成一体的小世界，所有的周边事物都似有若无，只起到舞台布景的作用；当主体占据18°视角（高宽比为 1：3）的时候，建筑物仍然在视域中充当主导，但它和环境之间的关系发生变化，二者不分伯仲；假如主体进而占据12°视角（高宽比为 1：4）或更少，则主体建筑将成为环境的一个组成部分，观察者只是通过它的轮廓来意识到它的存在。"[12]

上面这些数据似乎对于评估街道中的运动感观更加有用，当人处于不断的运动当中，眼前呈现出透视景观，上述经验就派上了用场。在此有两个重要的尺度依据，一为建筑、步道这些主体仍然占据统治地位、并对街道做出有效界定的尺度，二为建筑渐渐呈现出轮廓形态的远景效果的尺度，介于这二者之间的尺度范围在街道设计中起着至关重要的作用。[13]

关于这个街道划分和界定的话题，最近又有一些新的观点出现。[14] 我们所讨论的所有伟大街道，无一不是边界清晰，它们的高宽比介于 1∶4（例如纪念碑大街，居住性街道）到 1∶0.4 （例如朱伯纳里大街）之间。更进一步，我们所谈到的绝大多数街道，其高宽比介于 1∶1.1 到 1∶2.5 之间。有些街道特别宽阔，宽度有时候远远超过了高度，例如香榭丽舍大街和格拉西亚大街，这时候往往是行道树而不是建筑充当着强化和界定街道边界的作用，甚至于行道树能比建筑更好地解决这个问题。这也正是人们为什么要在路边植树、又为什么要种得这么紧密的原因。

现场的观察和测量，能帮助我们体验并理解哪些维度或比例对于街道边界的界定最为重要。假如将街道宽度、建筑高度、地形特征、视觉干扰（例如招牌和树木）等因素一一考虑在内，简单进行现场研究就能得出以下结论：当观察者视线与街道平行方向成 30° 夹角向街道对侧张望，观察者视觉焦点处建筑物体的垂直高度与二者之间的水平距离之比，至少要不低于 1∶4 的情况下，沿街建筑本身才大体可以提供一种边界限定的感觉。[15]

换一种说法，当你沿着一条街道的左侧行走，你抬起你的头，沿 30° 角的方向朝右看，就如同平常的一瞥，丝毫不感到拘束。此时，假如在街对面与你视线相交的建筑高度与你到这一点的水平距离之比刚好是 1∶4，你大概就会感觉到置身其中的这条街道有明确的空间限定感，尽管有时候还不是那么强烈。当这个比值达到 1∶3.3 的时候这种限定就无时不引人注意了，而当这个比值达到 1∶2 的时候，这种感觉

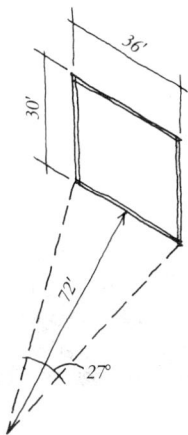

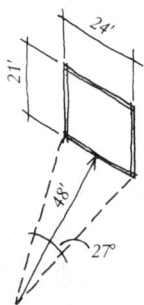

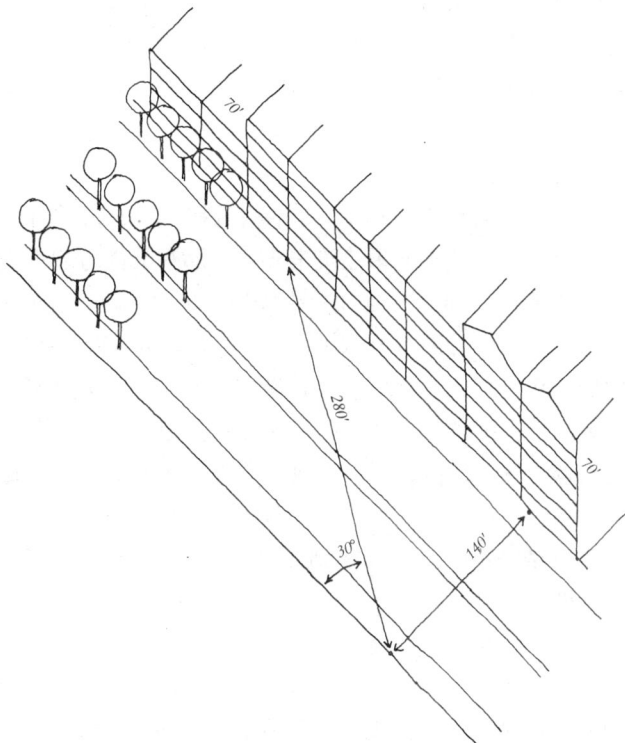

人类尺度（human scale，上图）和亲密尺度（intimate human scale，下图），根据马尔滕斯和布鲁门菲尔德的理论绘制

通常情况下，当观察者视线与街道平行方向成 30° 夹角向街道对侧张望，观察者视觉焦点处建筑物体的垂直高度与二者之间的水平距离之比，至少要不低于 1∶4 的情况下，沿街建筑本身才大体可以提供一种边界限定的感觉

建筑低矮，不到街道宽度
的一半，因而街道边界的
感觉很微弱

外市场街，旧金山

可以说就非常强烈了。有趣的是，这个比值与马尔滕斯和布鲁门菲尔德的结论相当
一致。随着这个比值渐渐缩小，小到 1：5 以下的时候，人们就不会再有置身于街
道之中的感觉了。在这种街道里，人们沿着街道向前张望，或者略微向左右扫视，
眼睛试图找到确定的目标却总是无功而返，想要获得明确的街道空间领域感不太容
易，除非街道真的由于某种原因而终止，例如被另一条马路所截断。[16] 这也解释了
为何视觉焦点元素，例如方尖碑、喷泉和雕像，以及那些为街道画上休止符的十
字路口等，在营造街道空间领域感方面具有如此重要的控制作用。30° 视角上 1：4
的比例关系转换为街道横截面比例关系，就演变为 1：2 的高宽比（建筑高度与街
面宽度的比值）。

　　值得注意的是，很多不错的街道都绿树成荫，而树木在营造街道边界的问题上，
其重要性一点都不亚于建筑本身。在那些最优秀的街道设计中，沿前文所述的 30°
夹角测量，位于弗吉尼亚州里士满的纪念碑大街的建筑高度与水平视距之比为 1：7.2，
而格拉西亚大道则为 1：5.0，尽管如此，因为两条街道都有四排紧密排列的行道树，
它们为街道提供了界定，并创造出良好的空间领域感。然而，在这个视角上，绝大
多数的伟大街道都不容易达到建筑高度与水平视距的 1：4 的比例关系，其实很多都
远远低于这个比值。不难发现，像匹兹堡市罗斯林街或英国巴斯市那些谦逊的街道，
其高宽比之所以都达不到这个标准，是因为这些街道都很狭窄，而建筑高度也特别
低矮，结果不经意间都达到或接近于马尔滕斯和布鲁门菲尔德所谓的"人类尺度"
的标准。

　　是否存在一个阈值、一种比例或一个绝对的高度数值，一旦达到，建筑高度相
对于街道宽度的比值就要超过人类忍耐的极限，两侧壁立的建筑界面将开始对行人
形成威压之感？街道边界的比值是否存在一个上限，正如存在一个下限？也许事实

并非如此。罗马科索大街两侧的建筑高度达到了 70 英尺（21.3 米），而街道宽度仅为 36 英尺（11 米），结果高宽比达到了 1∶0.5，确实有些地段建筑物的高度和比例令人感觉到压抑。但在葛雷西大街（Via dei Greci）的例子中，建筑达到了 45 英尺高而街道却只有 15 英尺宽，高宽比甚至达到了 1∶0.3，却让人心情舒畅。是不是因为这条街比另一条短得多呢？朱伯纳里大街的情形有些类似，那里建筑更高，街道更长，特色更明显。建筑的高度对街道的舒适性和宜居性会造成冲击，就像阳光、温度和自然风一样，因此需要得到特别的关注，做出合适的设计，而不仅仅是考虑绝对高度或立面比例划分的问题。与此同时，应该认识到，从没有一条出类拔萃的街道以两侧建筑的高度著名。在这些街道中，建筑的高度都不到 100 英尺。

在街道边界的限定方面，还有一个特别重要的因素：沿街建筑的间距。建筑之间的距离如果足够宽疏，行人朝马路对面张望或沿街行走的时候，目光很容易越过建筑看到人家的后院或下一条街道上的建筑。然而，我们还是不能确切地说出间隔的数目和比例到底多少合适，也不能真正搞明白，到底是建筑间距，还是街道上那么多变量中的某一个，例如建筑高度、建筑退进、建筑质量、行道树、灌木丛或篱笆墙，到底哪一样对街道的界定至关重要，哪一样适得其反。在康涅狄格州（Connecticut）利奇菲尔德（Litchfield）有一条东大街和一条西大街，共同组成了真正意义上的宏伟、古典的居住性主街。其中住宅之间的间隔居然达到了 200 英尺之远，而在行人的步速上几乎感觉不到任何界定性的元素，可是那些植被却让这里成为一条令人愉快的街道。俄亥俄州克利夫兰 - 海茨的费茂大街上，住宅建筑通常为 30 到 40 英尺，与街道边缘的退进距离为 60 英尺，同样缺少必要的街道界定元素。另一方面，费茂大街附近的一些小尺度的住宅街区，例如罗克斯伯勒路（Roxboro）、特拉华街（Delaware）或图托尔路（Tutor），就通过考虑建筑间距问题而完成了空间界定，建筑之间通常为 10～20 英尺。综上所述，紧密的建筑间距往往能够比松散的布局更易带来清晰的街道空间限定感。

悦目的景观

人们的目光总是在四处游移。没有什么能让它们停下来，也没有什么能让它们保持静止，除非视野中再也没有什么东西值得留意。正如吉布森（Gibson）所说："在对日常生活的观察之中，眼睛很难固定在某样东西上面……想要接受身边环境的信息，脑袋就不可能静止不动……人的视野与运动相互依存，这是一个常识"。再如："在日常生活的每个情境中，人的清晰视野的中央区域每分钟都要转换上百次，而当人们阅读书报或驾驶汽车的时候，眼球的运动就会相对减少。"[17]

葛雷西大街

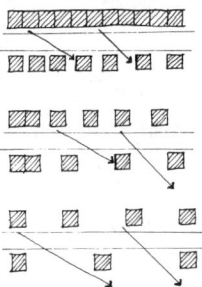

建筑间的水平间距越大，空间限定感越弱

香港街头的招牌

　　伟大的街道应该具有合适的物质属性，为人类的眼球提供可能性，让它们按照自己愿意的方式决定自己的行为：那就是运动。每一条伟大的街道都不能缺少这个品质。

　　让街道的环境促进眼球的运动，并非是项艰巨的任务。一般说来，只要有许多不同类型的界面让光线不断发生变化，眼球就总是有事可干。彼此分开的建筑、彼此分开的窗户或门口，不断变化的界面，都可起到这个作用。有时候，受光界面本身运动起来，并吸引了目光向其汇聚，只要短短一瞬：行人闪过、树叶飘落，招牌亮起来；而后，新的变化将观察者的注意力转移到别的方向。视觉上的丰富性必不可少，但绝不能过于丰富、以至于演变为混乱和无序。例如，香港街头的招牌就过于嚣张、过于壅塞，结果在街道中完全喧宾夺主，成了制造环境紊乱的东西。尽管街道笔直，却因为这些招牌而令人迷失。与此相反，那些完整文脉中的复杂性要素，却具有清晰的方向感。

　　除了强化街道空间领域感、区分步行领域和车行道、提供阴凉之外，树木还有额外的作用，这来自它们的运动：枝干，树叶，无时无刻不在改变自己的位置，而光线在树叶上跃动，从浓荫中倾泻下来，在树木身边跳舞。树叶时时摇摆翻转，光线照射到它们上面，也就跟着连续不断地发生变化，这种变化汇集起来，婆婆闪烁，瞬息万变。有些光线穿透了树叶的舞蹈，洒落在人行道和围墙上，形成了不断闪烁的阴影，就更让人心情愉快。落叶乔木的枝干在冬季也许不怎么摆动，但光线照射到它们粗糙的表面上，让它们改变着颜色和质感，挑战着视觉更精细的感受。很多伟大街道具有这项特殊的品质，例如罗斯林街、兰布拉斯大街、米尔斯学院的入口大道，或者最富戏剧性的圣米歇尔大街，都时时刻刻通过光线和叶子的合奏来挑战人们最细微的感官。

　　人们在街上的行为，就像树叶一样；他们也不断地运动着。可以这么说：街道是为人服务的。但是，同样可以认为，正是人们不间断的运动让街道变得更加完美。我们都能看到人们跟我们在同一个水平面上移动，我们的双眼移动到他们身上，将某些人从人群中筛选出来，获得一些必要的信息，诸如他们在什么位置，我们如何接近他们，或者如何避免与他们会面，脸上是否要流露出认识他们的表情，他们的衣着是否得体等。跟其他事物相比，我们更容易与人发生关联，因此当我们在运动、他们也在运动之时，他们自然而然地吸引了我们的目光。尽管不是全部，大多数伟大的街道都令大量人群聚集于此，而正是人们的活动让街道成为这个样子。汽车也同样能够吸引人们的眼球，当然也是通过它们的运动来做到这一点。我们认为汽车必须以较慢的速度行驶，才能有利于人们以一种平常的方式、而不是令人吃惊、使人产生警觉或防御心理的方式将视觉信息转换至大脑，只有通过这样的方式才能够贡献于伟大的街道。如果这种方式不可行，那么它们的快速运动就必须通过行道树等同人行步道彻底的分隔开来，让行人丝毫感觉不到威胁，从而成为街道的运动背景。里士满纪念碑大街上，汽车的行驶速度就保持在合理水平，使行人能够放心行走；阿姆斯特丹运河大道、巴黎蒙田大道也是如此。而在诸如香榭丽舍大街这样有着十条机动车道的道路上，人们在两侧种植树冠较高的乔木，但由于距离稀疏，并不能将车流遮挡住，只能形成一道物质的屏障，这种做法就不足以营造空间趣味了。

　　建筑本身却不会移动。可是，光线会在建筑的外表行走，让它们的表皮发生变化。光亮、黑暗，或隐没在阴影中，这些变化同时带来了色彩。变化缓慢但不容置疑，而人类敏感的眼睛时刻乐于产生回应。复杂的建筑立面允许光线穿过或变化，比那些简单的立面更有益于街道氛围的营造。

　　不妨通过横断面比较一下罗马城科拉·迪·里恩佐大街（Via Cola di Rienzo）两侧的不同类型的建筑，这将有益于我们理解上述观点。其中一座是新古典主义的 6 层建筑，其立面从地面到檐口分为六个主要的分段线——檐口线、露台、窗户上沿的细部，等等。除此之外还有四个不那么重要的分段线——例如各层的窗台；而对面那座二战以后建成的房子只有两个主要的分段线，一个就是屋檐，另一个位于一层商业用房之上，除此之外没有任何次要分段线（在这个例子中，所谓的主要分段线是指立面上显著的突出部分，宽度在 6 英寸以上，而且会在立面上留下明显的阴影或段落感。而一个次要的分段线在尺寸上要小一些，比如像窗台那样，也突出于建筑之外，并投下一个较小的阴影）。水平方向上，新古典建筑立面的上面五层在 150 英尺长的距离上分布着 14 个明显的窗户，每一个都有遮阳罩和窗台，同时配有两

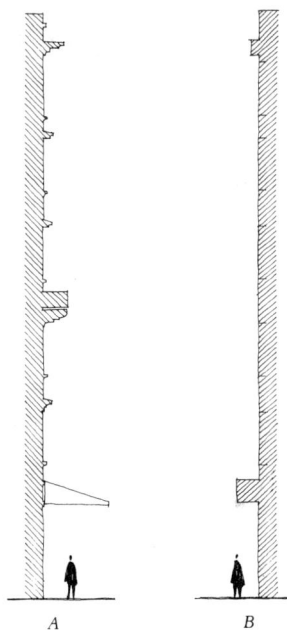

罗马城科拉·迪·里恩佐大街（Via Cola di Rienzo）两侧的不同类型的建筑横断面比较，A 是一栋较为复杂的建筑，拥有较多的体和面；因而能制造更多的光影变化，超过了 B 的可能性

复杂的窗子捕捉到光线的变化，并且创造出居住的氛围

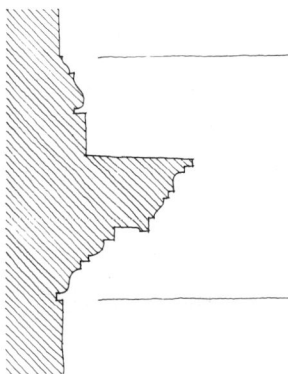

一个线脚细部中的复杂的体面关系

扇可开启的百叶窗（每一扇都由 30 个独立页片组成），当它们与立面垂直，或以其他形式突出于立面之上时，就产生了很明确的分段效果。那座新式的建筑在水平方向上只有一个主要的分段线，它有 9 扇窗子，但都嵌入立面里边，没有窗框，也没有其他建筑构件将之同墙壁分隔开来。假如我们仔细观察另一座较为复杂的建筑立面上一条主要的分段线（在这个例子中，我们选择了一条位于窗口上方的线脚，但不包含窗口），我们居然能看到 18 到 20 个彼此独立的小面，每一个小面都细微地调节着阳光。再往深究，每一个小面其实也都不是绝对的水平，因此光线在其上还会发生更微妙的变化。举这个例子不是为了赞美复杂的古典建筑，同时贬低简单的现代建筑；我只是想通过简单对比让大家发现，立面上细小的体面变化越多，光线变化的机会就越多，眼睛就会得到更多的机会来获得愉悦。[18] 旧金山的市场街改造是个非常典型的例子。这里原来是很多古老、充满细节、有着许多细小体和面的建筑，在建筑上也许无足称道，空间效果却异常丰富。而如今，它们已经被数量更少、体量更大的新建筑所取代，这些新建筑样式单一、立面扁平，光线掠过留不下任何东西，几乎不给眼睛带来任何趣味。

但这并没有解释，为什么有那么多街道，建筑立面充满了细节，却跟市场街一样的无趣，不能吸引眼球。说它们像纽约的那些大街也不错，其实整个美国大部分的地区都是这个趋势。离哥本哈根步行街不远，在大学城附近有几条街道，那里的建筑立面虽说不像科拉·迪·里恩佐大街那样丰富，但也决不呆板。表面上看，尤其是在第二层以上的部分，每一栋建筑都很相像。它们有很多特征，本可以用来营造一条不错的街道。可是它仍然没有逃脱单调乏味的命运，而这些街道与那些建筑死板、规格化、窗户一成不变的街道几乎没有任何区别。之所以会有这个结果，可以从几个方面来解释。在这里，很多房子都有让人喘不过气来的感觉，因为立面上没有任何中断、每一端都没有阳台、入口处没有空间提示、甚至都没有雨水管，结果视觉上得不到任何临时性的转移，也无法标示一栋建筑的结束和另一栋建筑的开始。细部不能够突出立面太多，结果整体显得太缺乏体量变化。建筑表面的色彩和质感都太均一，没有污渍，也没有风化的痕迹。哥本哈根有一些类似的大街，靠近街面的首层几乎没有任何引人注意的东西。有一条街上，一座旅馆挂出了几面旗帜，门口还探出了个小招牌，这个小小的变化给人一点愉快的感觉。可是，在绝大多数的这类街道上，首层离地面不远的高度上都设有窗户，但给人的感觉，窗子里面似乎什么都没有。这里也许曾经是住家，假如那样的话，一些家常的杂物就会在这里出现一个，那里出现一个，像花盆啊，衣物啊，小旗子啊，电线啊，这些东西都能让建筑充满活性，人们把它们摆放在哪里，好像是在说：这里有生活。现在，这些房子似乎都被一些机构占据了。最重要的一个原因也许是，这条街道上的物质似乎都在吸收光线而不是反射光线，

有人居住的标志

尤其是当它们肮脏而积满灰尘的时候。光线一落到这些物体上就被吸收殆尽。在步行街附近，靠近市政厅的地方有些砖饰面的建筑，它们就是这副模样，对街道一点贡献都没有。

旧金山有一些相对较新的建筑，特别是取代了希尔斯兄弟咖啡厂（Hills Brothers Coffee）的综合体建筑，采用新式的有色外露集料墙板饰面，这不仅掩盖了这座城市极佳的阳光质量和夺目的色彩，还像一块巨大的海绵一样吸收着光线。似乎所有的东西堆积在一起，只是为了告诉大家：看这些光线，看这些表面和材料，它们如此吸引你的目光，因为它们是多么的复杂。

街道的夜晚是什么样子？很多白天能够看到的东西隐没在夜色中。眼睛能得到的信息少了许多，因为没有什么东西可看。以一种普遍低于白天的水平，眼睛趋向于关心光亮的所在：街灯、招牌，以及商店的橱窗。夜晚的街道与白天反差如此之大，有些街道仿佛不复存在，像大运河；有些只是到了夜里才真正地复苏，永昼的灯火让人目不暇接。

我们不能忘记白日的威尼斯，和那瞬息万变的街道上粼粼的波光，它们是由运河编织而成：那真是一场视觉的盛宴。

通透性

最优秀的街道都有一个特别之处：它们的边缘都是透明的，那里往往是公共领域与不那么公共的，或者彻底个人化的私密领域相遇的地方。那些界定了街道的要素，不管它们是什么，人们都能看到它们，并感受到它们背后的东西；哪怕只是在头脑中，人们感到一种盛情邀请的氛围，因而想要去探究街道墙壁背后的东西。

通常情况下，门和窗提供了通透的感觉

罗马城科拉·迪·里恩佐大街

科罗拉多大道（Colorado Boulevard）

通常情况下，建筑的门和窗提供了通透的感觉。在商业街道中，它们吸引顾客涉足其间，展示店内货品和服务，不放过任何一个潜在的顾客。在设计精良的商业街道中，在步行道和商店入口之间往往有一个过渡性的地带，那里分布着一些展示性的橱窗和其他户外展示区域，让所有留心观察的人获取更多信息。圣米歇尔大街就是这类最优秀的商业街中的一条，其实这里的街道和世界各地并无不同。商店的门口都一样，有的有玻璃，有的没有玻璃。它们同样吸引你进入，哪怕只是在心理上做出暗示。店面越多越好；最优秀的商业街上布满了店铺入口，仅隔12英尺就会出现一个。

可这并非只是个关系到窗口、玻璃和店门的问题。绝大多数的城市中都分布着大量的建筑，沿街布满了玻璃窗，但呈现在人们眼前的无非是百叶、窗帘、布幔这一类东西，让人感觉它们从来都对外封闭，以后也不会打开，就像厚厚的大理石墙壁一样对外界构成屏障。科罗拉多大道（Colorado Boulevard）是加利福尼亚州帕萨迪纳（Pasadena）的主要街道，那里有一栋夸张的银行建筑，通体都是黑色的玻璃，比碉堡还冷漠，在办公建筑中的，它的地位就好比是电影《星球大战》中的黑武士达斯·瓦德（Darth Vader）。

透过窗子清楚地看到室内景象，并不是街道非有不可的品质，人们也不总是愿意被看到，尤其是在居住性的街道上。但对于路上的行人来说，窗子的存在自有它的好处，它们让人感觉到生活的气息，让人感觉到室内的舒适与庇护，而房子里的居民也能够透过窗户看到外面公共领域中的情景。我家住在旧金山一条较为晚近修建的坡地道路的下坡，那里的居民都可以从窗子远远眺望公路的全景，非常令人愉悦。而在靠近马路一边没有窗户，只有一些车库门之类的入口，从街道上无法看到。

假如从交往的角度来谈，也就是邻居们互相打打招呼，彼此面熟那个层次的交往，

人们的思维顺着探出头的
树叶溜入了围墙

威尼斯的甬道

这条街道并不优秀。如果你跟一位邻居很熟，那么他可能正是住在马路对侧的那位，他家的大玻璃窗直接朝公共区域敞开。我的房子所在的这条街也并不是一条适于散步的道路，到处都是大片的实墙和车库门，似乎暗示着人与人之间的隔阂很深，事实上的确如此。

为了获得通透性，我们可以采取一些微妙的方式，而不是非要窗门洞开。在威尼斯，有一些两侧全部都是墙壁的甬道，宽度不足3英尺，一扇窗户也没有，门也很少出现。但是，一些树木的枝叶探出墙头，这也提供了一种通透的感觉。枝干、树叶和藤蔓把你拉进围墙，眼前恍惚浮现出墙那边的花园。

协调性

在伟大的街道上，建筑总是能够和谐共处。它们彼此之间可能差异很大却能相敬如宾，特别是在建筑高度和外观上能够做到彼此协调。

除威尼斯大运河沿岸的建筑之外，其他优秀街道两侧的建筑也大多拥有相似的高度。建筑高度上的大起大落非常少见。在那些建筑层数较少（2到5层）的街道，例如罗斯林街、纪念碑大街，或巴斯地区的街道上，相邻建筑之间的层数变化很少

最优秀的街道上，建筑高度往
往相差不多，彼此融合得很好

阿姆斯特丹运河

超过两层的。当层数增加的时候，例如街道由7到8层，相邻建筑高差大概也在1
到2层之间，很少超过3层。即便这样，建筑高度也不会显现出很大的差别，一座
层高较高的3层建筑也可以做成4层建筑的模样。一座教堂或一座角楼不时出现在
路边，有别于其他样子个个类似的建筑。但这只是例外：它们都是为了突出某种特
殊的象征意义，或者为了制造某种变化、烘托某个角部，而特意改变了高度的结果。
纽约第五大道中心公园一段是世界上仅有的几条由高层建筑组成的优秀的街道之一，
在那里，高层建筑之间的高度关系也呈现出类似的协调性。在这里，地标性的建筑
是一些偶尔出现的低矮建筑——博物馆、俱乐部、教堂等。不管是法规的作用还是
管理的结果（通常此类规范或条款对街道两边的建筑高度具有决定性的控制作用），
它们呈现出规律性和条理性的特征。而这种特征，除了表现在高度控制方面以外，
也表现在其他的物质特征上。

　　很多优秀街道是一次性建成的，例如罗斯林街；或在相对较短的时期内完成，
例如巴黎的各条林荫路，或巴斯地区的街道。对其他的街道来讲，建设过程就要漫
长的多，其间屡次变更，例如朱伯纳里大街、哥本哈根步行街，以及威尼斯大运河。
因此，优秀街道所具有的建筑之间的协调性不是由于建筑建造的历史时期或者风格
上的相似性；相反，是一组丰富的性格造就了这一点，这些性格不会一股脑地出现
在某一条单独的街道上，但优秀的街道总是汇集了足够的性格要素，它们彼此间候，
彼此敬重，彼此为对方服务，并同时服务于街道的整体。这些变量包括材料、色彩、
檐口线、水平线脚、建筑尺度、窗户的开启扇及其细部、入口、凸窗、门廊、悬挑部分、

阴影线，以及诸如落水管这样的细节。即便是很平庸的建筑风格也不能排斥，否则将造成建筑形式的雷同。但怎么样才是正确的，却很难找到一个放诸四海而皆准的公式或处方。因此，只能依靠谨慎地考察、用个人趣味去评估，才能找到到底是什么将建筑整合为一体。在罗斯林大道，起作用的是材料（砖和木材镶边）、窗户（双提拉窗、很多窗格）、尺寸（2层或1层半），以及设计风格。在朱伯纳里大街，起作用的是店面的宽度、百叶窗、色彩（泥土色）、材料（大面积的灰泥抹面，但也不乏石材和黏土砖），以及所有店铺的窗户，在这里，风格并不是促成统一的关键，这与圣米歇尔大街的情形类似。格拉西亚大道边上的建筑也许与绝大多数为伟大街道都大不相同——这里分布着很多大小和风格都差距很大的建筑，颜色和材料也都不一样，但决不会造成唐突刺目的感觉。大体相似的建筑高度、角对角的建筑形体组合模式所造成的整体感，以及凸窗的大量使用，都起到了关键性的作用。

伟大的街道不见得非得靠了不起的、有个性的奇观建筑来表现自己。那种建筑可以成为整体的一个组成部分。威尼斯大运河沿岸的那些宫殿的设计师是为河岸的整体进行设计，似乎没有必要把它们跟周边的建筑隔离开来。高迪（Gaudí）和他的同事们也发现，在限高标准和各项规范的控制下建造是可能的，因此在格拉西亚大道的建筑设计中，他们不仅尊重街道的尺度，也尊重其他建筑的比例。让建筑与街道的其他部分和谐相处不仅是可能的，也是伟大街道的应有之义。

维护与管理

假若在旧金山街头询问一位行人，在那些物质性的、可以通过建设来实现的内容当中，哪些部分更有助于伟大街道的实现，答案可想而知，大致会包括诸如"整洁"、"平坦"、"没有坑坑包包"这类的词。[19]这个观点很值得注意。那些树木啊、材料啊、建筑啊，以及组成一条街道的所有的部分都需要小心维护，这是一条基本要求。假如有机会，人们总是会选择一条维护得很好的街道，回避那些年久失修的街道。这种机会总是有的。

店铺老板们都懂得如何进行维护管理。如果没有特别的需要，人们决不会光顾管理得一塌糊涂的店铺。同时人们也知道，窗户上了隔板、大门上贴了封条（倒不见得是维护问题，也许是产权易手），这样的店铺不去也罢。如果可能，商业行会会出面将关门大吉的商店的橱窗清理干净，甚至从别的店铺里取来一些商品摆放进去。对于自己的店铺，商人们总是让玻璃橱窗光可鉴人，由于眼睛对光线和反射都很敏感，这样的做法让店铺好像也与众不同起来。即便在一条维护得相当不错的街道上，例如哥本哈根步行街，也时不时会冒出一些令人侧目的地方。在街头巷尾仔细搜寻，你就可以看到较高的楼层一些肮脏的窗子。这也许有它的原因，为了应对寒冷的环境需要设置两层窗户，每一层都包含了好几片玻璃，窗户的清洁变成了一项艰巨的任务，也许成了一项花费不赀的家务负担。可是假如窗子积满了灰尘，这些尘土颗粒就会吸收光线，让建筑显出单调乏味的模样。这是个微不足道的小问题吗？也许并非如此。试想一种极端的状况，假设我们置身于巴黎的德方斯地区（Défense），那里可以说是个没有街道感觉的地方，要多糟糕有多糟糕，但用来说

哥本哈根步行街

明这个问题非常合适。这里有那么多玻璃楼，有些从地面到檐口通体使用玻璃饰面，有些使用玻璃搭配其他高反射率的材料。这些材料的关键特征，也正是为什么设计师要采用它们的原因，其实就是它们的光洁。它们必须时刻保持彻底洁净无瑕。这种持续的维护不仅针对室内用来采光的窗口，也包括建筑的每一个体面、每一个角落，实在是一项昂贵的开支。可是，假如日常维护不再是建筑管理的一部分又会如何？再假如，这些大型建筑综合体中的入住率由于种种原因出现下滑趋势，并影响到租金收益，这时候该怎么办？如果例行维护，也就是这个例子中的玻璃表面的清洁工作，相对于传统建筑有一次大幅度的缩减，是否会造成吸引力的下滑，以及入住率的降低？如此看来，这个问题决不是仅仅事关维护和管理。一定要使用品质优良的材料，以利于维护和整修，这是街道公共空间中一项至关重要的举措。街道和建筑的使用者数量无法预知，而那些自然因素，如风、降雨和降雪都将造成不动产的风化损毁。因此，在使用材料上必须仔细斟酌，保证耐久的同时，也要易于进行常规维护。

前文曾提到过格拉西亚大街上那些由高迪设计的地面铺装，这是设计者对街道的最大贡献之一。它们使用了一种特殊的材料，全世界绝无仅有。仔细观察那些铺地的过程中，我看到旁侧较为窄小的次步行道正在进行重修，为的是铺设水管电线等市政基础设施。我深深意识到，城市必须储备大量的特种铺地材料，才能保证这条街道日日如新。罗马城的那些喷泉几乎总是澄清透明，这是经常性维护的结果；而那些甬路和草地混杂在一起的地方，就总是被人们忽视。旧金山市场街铺砖的人行道和行人穿越道维护管理非常糟糕,以至于有时候会用跟原来不同的材料去填补破损的部分,其中甚至包括柏油。事实上,新栽植的行道树假如不去细心修剪维护,是不会按照人们预想的样子生长的。喷泉更是如此,假如没有得到悉心的维护清理,将会流荤涨腻、污秽不堪,成为人们避之犹恐不及的东西。所以,为了让那些美好的东西像在设计图纸上一般美好,负责任的城市管理者在没有做好坚持不懈维护管理的准备之前,不会贸然建造任何特别的设施。

对于一条伟大的街道来说,物质上的维护管理,跟其他各种需要一样,都是不可或缺的条件。这不仅仅是让各种设施保持清洁卫生、损坏得到及时修复那么简单;同时也意味着选用易于维护的材料,和那些已经被证明为经久耐用的产品。

施工和设计的品质

在关于伟大街道的讨论中,施工与设计的"品质"是一个不太容易说清楚的问题。这本书谈论的是设计品质,所以笔者关注的内容,有些看起来不免有吹毛求疵之嫌。归根结底,品质问题直接关系到施工工艺、材料选择,以及人们是如何运用这些材料的。在现有的街道当中,不乏那种具备了一切伟大街道的组成要素,最终却未能实现突破的例子。我们把这看成是品质问题,或者不妨直接了当地说,正是品质的缺乏才造成了这种结果。

这世界上从没有过哪条了不起的街道,会出现直线七扭八歪、垂线东倒西歪的情形,也不会出现漫不经心的大块灰泥抹缝或脏兮兮的颜色,更不会在错误的位置种下一棵行道树。诸如此类都属于上述的材料选择、施工工艺和设计深度问题,如果我们谈的是一条了不起的街道,那么在这些词汇之前,都不妨冠以"品质卓越"这个形容词。

街道做不好,却归咎于材料的品质败坏或不够完美,只是为失败寻找借口。其实世界上没有糟糕的材料,只是看人们怎么去使用它。在需要承受大量磨损的地方使用承受不起这样使用强度的材料,就会给人造成很不好的印象。那种仅有1/4英寸厚、看起来像是砖但其实只是一种替代品的"薄材",就总是在使用中出现这种情况。混凝土材料的步道或铺地往往更加便宜耐用。镀铝到底不同于铜、钢或铁,如果取而代之用来制造灯杆、滑轨或饰面型材,会令人大失所望。诸如此类的例子不胜枚举。以上与其说是个经济问题,不如说是个眼光问题。

施工工艺看起来与造价密切相关,或至少在某种程度上是这样。提高施工工艺花费不赀,好的街道比一般的街道更加昂贵。可是,施工工艺的差距一目了然,特别是,当一条街道到处都能看到施工上的缺陷,就会让人心生不快。如果理应码放整齐的东西东一个西一个、到处都是涂抹得乱七八糟的油漆、细部的交接一塌糊涂,街道上一切都是破破烂烂的，你会作何感想？

当然，撇开施工工艺和材料不谈，设计本身在所有的这些内容里都有体现。一个简单、纤细的竖杆支起一个硕大的街灯，在图纸上刻意表现得非常优雅，但一旦安装到街道上，往往不能长久地保持竖直，必须在下面埋入一些基座，较之竖杆更大更重，使其不至出现倾侧。这个例子告诉我们，建筑里那些小构件、街道上用以维持公共生活的一切设施，这些细节的设计都经过了很长时间的经验总结，都是一部历史。它是设计品质的强有力的保证。

品质常常取决于金钱。潜台词似乎是，只有当一个社会足够富裕，才有能力拥有了不起的街道。对于这种说法，我们大可付之一笑。罗斯林街从来都不是一条富人居住街道，而且从来也不是。哥本哈根步行街两旁没有一座宫殿，步道也不是用黄金铺就。在伟大的街道中，一切问题的关键就是恰当和得体，不管是材料问题还是维护问题。而这也恰恰就是公共空间领域建设中最值得提倡的标准。

第 2 章

锦上添花的品质

很多伟大的街道都绿树成荫，但不是每一条都是如此。同样的，很多伟大的街道都提供专门的公共空间，供行人坐下来休息。通道、喷泉、方尖碑和街灯等都是伟大的街道中的环境设计要点，但也不尽然。有些物质特征对营造伟大的街道非常有价值，但却不是必要的因素。在某些特定的案例中，它们与那些必要条件充当了同等重要的角色，同样富有趣味、引人入胜，或者充当有益的调剂，作为锦上添花的点睛之笔，让一条不错的街道成为真正了不起的街道。有些因素，例如可达性和地形起伏，从来都是设计中不可回避的问题。其他一些变量，最典型的如居住密度和土地开发方式，尽管不直接对街道设计发生影响，但由于同物质空间关系如此密切，我们不得不加以反复斟酌。

树木

假如预算紧张，想在有限的投资之下最大程度地改善街道环境品质，没有比种树更好的办法了。我们首先假设一切环境要素都对树木的生长有利（哥本哈根步行街显然不满足这项要求），而且委派专人维护，在这种情况下，树木较之其他任何物质条件的变更都能更好地改善一条街道的面貌。而且，对于很多人而言，树木本身就是衡量街道品质好坏的最重要的单项指标。[20]

树木可以对街道和城市做出极大的贡献，绝不仅仅是制造几升氧气、投下几缕阴凉那么简单。绿色是一种让人心平气和、安适放松的颜色，有益于人的身心健康。树木还可以对光线进行调节。为了让树木起到更大的作用，应当将其沿路缘（人行道或机动车道）种植，这样它们就能有效地将行人与车辆、车辆与车辆、行人与行人区分开来。树干与枝条交织成一个屏障，有时候仿佛是一排柱廊，形成若隐若现的透明边界。在人行道和机动车道之间，它们可以为前者提供一道安全的保障。将一排树木植入道路中，形成一条街巷，可以用作停车之用，很多欧洲的大街都采取这种组织方式。这样一来，这条巷子不但可以用来停车，同时还是步行道的一部分。在车来车往的干道旁边，哪怕只有几棵树，都会对环境造成很大的影响，前提是它们排列得足够紧密。

选用什么树种、它们采取哪种排布方式、如何进行维护管理，诸如此类都是非常重要的问题。幸运的是，关于个别树种的生物特征、生活习性、气候和土壤需求等内容的研究都已经进行了很多，最好的研究都跟地域性相关。[21]仔细观察最优秀的街道上的树木，能够得到

罗马曼利奥·格尔索米尼
(Viale Manlio Gelsomini)
大街边的树木

一个强有力的结论：落叶树种总是比常绿树种更适合栽植。

落叶树种在冬季允许阳光照射到街道上，这时候，阳光不仅特别需要，也不会像夏天那样造成一些问题。它们的叶子排列方式总是不像常绿树木那样紧密，而且树叶运动的更加频繁，哪怕只有微风掠过，也会婆娑起舞。它们允许阳光射入，斑驳跳跃的光影成就了人行道上的风景，这也是伟大街道的共性之一。也有一些例外的情形，例如罗马卡拉卡拉浴场大街旁边的松树，以及佛罗里达州棕榈海岸（Palm Beach）棕榈滩大道（Palm Beach Boulevard）边上的棕榈，在这些例子中，行道树虽说不是落叶乔木，但也令人愉悦。但在大多数时候，了不起的街道上总有那么美好的落叶树种，让人无法抗拒。[22]

为了形成荫翳的效果，行道树之间需要保持适度的紧密。假如种植的目标之一是让树干形成行列，在视觉和心理上都能够把一条车道和另一条车道分隔开来，并进而在行人头上形成枝叶的华盖，那么就必须让树木之间的间隔足够紧密。为了形成华盖，也许并不需要保持这么严格的间距，但为了分隔道路，就必须非常紧密才行。沿着一排树笔直朝前行走，人们普遍希望能透过树与树之间的间隙看到一些景色，尤其是前两棵树之间。但是，也应使行人意识到自己仍是与行道树的排列方向保持平行，只有离自己最近的两棵树可以透过缝隙看出去，而再往前的每一棵树都结合在一起形成了一道清晰的屏障，或者说，一个界面。在实践中，最佳树距大约在 15 英尺到 25 英尺之间（4.5 米到 7.6 米），那些树距达到了 30 英尺（9 米）的道路，例如普罗旺斯地区艾克斯的米拉博林荫大道，以及奥克兰米尔斯学院的理查兹路，路边往往有 4 排行道树，每边两排。里士满的纪念碑大街两旁的行道树树距达到了 36 英尺，但同样也有 4 排之多。有很多充分的理由将行道树树距限制在 25 英尺以上，这个距离可以保证树木的健康，防止枝杈互相纠缠，也能保证灯杆和停车位的合理设置；但实际上，伟大的街道都不采用这种距离。[23] 兰布拉斯大街、蒙田大街和维也纳环城大道等街道上的行道树枝杈都交叠在一起形成华盖，这些树木在那里已经生长多年。罗马卡拉卡拉浴场大街边上的悬铃木大概是这条街道昔日风貌惟一的遗存，其树间距为 15 到 18 英尺。假如单凭经验作出一个判断，那么我们可以这么认为：树间距越小越好。

关于行道树还有一条规则，那就是：要远离街角 40 到 50 英尺（12 米到 15 米），以防视线受阻，发生交通事故。可是，最优秀的街道旁边，树木栽种的方式往往突破了这条戒律，或者想办法绕过它；它们尽可能将树木延伸至街角。事实上，行道树不能给人留下深刻的印象，往往是规定间距和规避街角原则共同作用的结果。设想一个街区边长 400 英尺（这是纽约典型街区南北向边长的二倍），而距离街角 50 英尺的范围内都不可以种植树木，树间距同样为 50 英尺，则沿街只能栽植 7 棵树，而十字路口将留下 150 英尺的无树区域，整体看上去，街道边

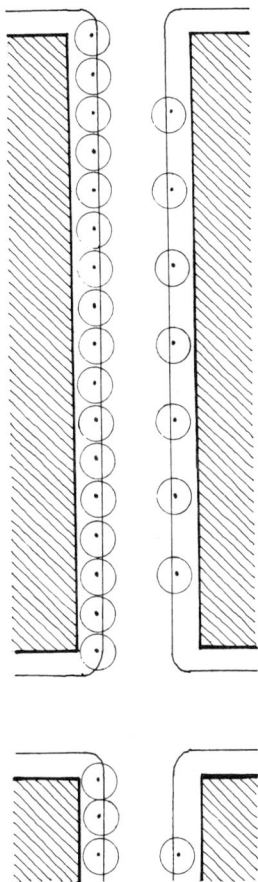

25米的树间距与50米的树间距的对比，前者从街角开始栽植，后者让出街角

的树木会显得稀稀落落的。按照这个规则，200英尺长的街道边只能出现3棵树。

同样的间距要求也解释了为什么道路中央的行道树往往效果更差。首先是间距要求本身就限制了树木形成屏障，其次十字路口的距离限制更加严苛，以确保左转弯线视线的通畅。结果树木更少，间距更大。

一条道路上树木的间距一旦确定，就不能随便终止或更改，不管是因为车道或是因为路边的建筑都不行。假如我们把最终的设计目标设定为"完美的街道环境"而不是街边的个别建筑或设施，那么假如我们对每一个"特殊情况"额外加以留意则只能适得其反。人们经常会争论起来，起因无非是树木遮挡了某栋重要建筑的大门，或某个私宅的入口，或者希望某个公共建筑前面获得一块相对开敞的空间，或者希望在公共汽车站或类似的地方拔掉一棵树。这样做是不行的，因为它破坏了街道的整体形象。在罗马城科拉·迪·里恩佐大街上有一个街区，人们将公共集市前的树木去掉了几棵，结果这个街区跟同一条街道上其他街区相比，其吸引力大打折扣。巴塞罗那的兰布拉斯大街地势较低的一端有一座"基督剧场"，为了让建筑的形象更好地展现在公众面前，人们没有在这一段道路上栽植树木，而是用精心布置的五根灯杆取而代之。依我看，在这里栽植树木没什么不好，如果树木和灯杆兼而有之也未尝不可。

行道树一旦种植完毕，就很可能遭到破坏滥用。可是在那些了不起的街道上，行道树的意义非比寻常，往往也受到人们悉心的看护。然而，对于其他的街道来说，这种维护的任务就任重而道远，其结果，端赖于人们对行道树的重要性认识的程度。当然，前提是树木在种植的时候就有相当不错的效果。

如果肯将预算中更多的部分优先投入行道树的建设，将会给街道环境带来非常显著的变化。假如不能做好认真栽植、悉心照料的准备，最好还是不要浪费这笔开销。一旦栽植正确、养护有方，行道树将成为街道的点睛之笔。

起始与结束

每条街道都开始或结束于某个地方，人们往往很容易识别出来。偏激一点说，正是因为这么容易识别，它们大多不能成为伟大的街道。而且，尽管罗斯林街的入口巧妙地安放着两个铸铁门柱，它们对街道总体性格营造的作用也微乎其微。让每条了不起的街道都务必具备一些与众不同的特征、一些物质上显而易见的特点，来标志出它的起始与结束，是不大现实的。可是，大多数了不起的街道都有值得注意的起点和终点，并不总是很好，只是比较引人注目。可以这么认为：既然它们一定有一个起点、一个终点，那么何不把它们设计得更出色一点？

假如特殊的物质特征能够标示出街道的终了，则对认识街道大有裨益。它们清楚地暗示着行人的到来和离开，并给出清晰的边界。这里是人们约定见面的地方，也是口头上提到某一片区域时候惯常的参考地点："我要在蒙田大街圆形广场那一边等你"，或者，"我住在纪念碑大街石墙杰克逊雕像往东一个街区"。

也有些街道出入口处理不仅令人印象深刻，也留下愉快的感觉，其中就包括朱伯纳里大街两端的广场（一个广场能将行人从主要大街的十字路口引入，另一个则为露天的公共集市）、哥本哈根步行街一端的市政厅广场，以及兰布拉斯大街和格拉西亚大道交汇处的加泰罗尼亚广场（Plaça de Catalunya）。以上各处都既是街道的起点，又是街道的终点。它们服务于街道，同时受惠于街道本身。就拿加泰罗尼亚广场来说，尽管它并没有为兰布拉斯大街提供特别醒目的入口提示，却可以较容易地从主街上进入，而位于街道另一尽端的港口中的哥伦布塑像塔也起到了很好的提示作用。朱伯纳里大街两端都引人入胜，一来是因为它们的形状，二来是因为集市里熙熙攘攘的买卖活动。如果你从街边路过，你很难不停下脚步去注视它，也很难不走进市场去看看。哥本哈根步行街一端的国王新广场的吸引力略为逊色，人在那里常常会失去位置感，而从广场上看去，街道的方位也不甚明朗。米拉博林荫大道一端的国王雕像和纪念碑大街两端的雕像指示作用恰到好处，没有言过其实。它们只是简单的告诉行人，这里已经是街道的尽头了。位于米拉博林荫大道另一尽端的入口喷泉较之戴高乐将军广场那座巨大、让人失去方向的、轮廓不清的喷水池要好得多，能让人更加清楚地知道街道的起始。圣米歇尔林荫大道起始点那座带有伯尼尼（Bernini）风格的喷泉水池是一个完美无瑕的杰作，对街道和场所都有很好的提示作用，但它总是被阴影笼罩，因此有点冷森森的感觉，而泉水也就没有了闪烁的光斑。巴黎卢森堡公园（Luxembourg Gardens）入口处的贺斯东广场（Place Edmond Rostand）的吸引力较前者相去甚远，在热闹的城市街道和壮观的公园之间蹩脚地矗立着，既不像个开始，也不像个结束。假如谈到戏剧性及整合周边街道的能力，就不能只提香榭丽舍大街，而不提凯旋门和星形广场。也许世界上没有任何一条街道的任何一个入口比科索大街上的更引人入胜，这个入口被人民广场上的两座教堂左右拱卫。朝另一个方向看，广场中心的方尖碑为街道画上短促有力的休止符。街道在威尼斯广场一侧的端部则远为逊色，前文已经提及，在此不再赘述。那些全部通过树木来塑造的伟大街道，似乎比其他街道更少依赖于特殊的标志物或收束，卡拉卡拉浴场大街是一个例子，米尔斯学院入口大道是另一个例子。巴斯城的街道也是这样，这些按照居住尺度设计的道路都无始无终，但也都令人心情愉快。博洛尼亚双塔门广场的两座塔扮演着视觉焦点的角色，成为从此放射出去的五条道路的起始。看上去似乎是偶然形成的结果，其实完全在

巴塞罗那的兰布拉斯大街起点或终点处的纪念柱

设计师的控制之下。这个节点像星形广场一样时刻吸引着人们的视线，却又不像后者那么自以为是、趾高气昂。

有种种理由要求人们将街道的起点和终点设计得格外醒目，成为街道的一个有机组成部分，欢迎人们的到来，并将人们引导到别处。入口空间最好是敞开大门，张开双臂欢迎人们的到来。回顾那些不错的街道，入口或出口并不总是设计的令人难忘。同样的经历告诉我们，一旦这些细节处理得很好，将大大有益于街道的整体的效果；可是，假如它们并没有达到理想状态，对街道的损害也没有那么大。

建筑很多而不是很少；多样性

一般说来，一定距离内沿街建筑越多对街道的贡献越大。别的好处不谈，至少在建筑之间会有一条垂直的线条由上至下地贯穿着，表示一栋建筑的结束和下一栋的开始，就光是这线条本身就增添了不少趣味。这条线也提供了一种解读的线索，就好像尺子上的刻度，为街道赋予了一种尺度感。建筑越多，垂直线条就越多，街道就越丰富多样。多样性，或者至少是提高多样性的种种可能，都依赖于建筑的增加而不是减少。

亨利·詹姆斯（Henry James）深知比例和尺寸之间的关系，当他谈到威尼斯大运河边上最宏伟的宫殿的时候是这么说的："最大的缺憾，并不是它外观上的粗糙，而在于它浮夸的尺度，和它妄图霸占景观中心的野心，而那些早期的建筑却都谦虚的成为景观的一部分。"[24] 接下来，他谈到了这些建筑在经济上的缺陷。

多样性表现为很多不同的形式，有物质方面的多样性，也有社会方面的多样性。我们对二者都感兴趣，同时也希望了解前者如何作用于后者。建筑越多，多样性越充分，这两者之间的关系大概无人怀疑。建筑的数目增加了，就需要更多的建筑师来参与设计，他们不大可能都把房子设计成一个样子。这样一来，将会有更多投资者来此投资，更多的人参与其间，每一个因素都增进了趣味性。更多的建筑意味着更多的业主，每一位都携资金来到这条街道上下注，从此对街道负有了责任。他们必须各自表现得与众不同，并且随着时间推移，要不断修正自己，把这种与众不同的品质保持下去。认真观察之下，所有伟大的街道都呈现出多样的面貌，那些建筑似乎属于不同的业主。在罗斯林街这样的小街上，居然拥有 10 栋建筑和 18 个业主，而这条街是由一个开发商一次建造完成的。业主的不同，表现在街道上的很多细节中，像窗子的样式啊，维护的方式啊，各处的景观啊，以及建筑随着时间流逝而出现的一些小小的改变，都揭示着这个事实。时间绝不是个可有可无的因素。建筑和业主越多，建筑越趋向于随时间逐步积累变化，而不是一次性彻底地改头换面，而这，恰恰增加了街道的视觉趣味，同时也创造了一种连续性。那么，建筑和业主的增加是否意味着社会经济上的多样性呢？也许正是如此。我们愿意作出这样的判断；至少完全存在这种可能性。

建造更多的建筑，当然也不必然会带来更多的使用和行为上的多样性。然而，为了不同功能目的而设计的建筑，能够从城市的各个角落、各个社区吸引各种各样的人前来此地，这无疑会增进交流：电影院、大大小小的店铺、图书馆。没错，所有这些功能都可以被赋予同一栋建筑——比如一座商业中心，或者纽约第五大道上的川普大楼（Trump Tower），也可以是纽约莱克星顿大道上的花旗银行大厦，然而，这些建筑其实并不是真正意义上的公共建筑，它们可以将人们排斥在外，事实上也正是如此；而且，即使这些建筑位于人来人往的马路边上，它们也并没有表现出大量的业主、建筑、店铺和设计师所带来的多样性趣味点。没有一个此类建筑能与伟大的街道相提并论。

需要特别留心的设计要点：细部

　　细节对于伟大的街道来说可不是儿戏：各种各样的入口、喷泉、长椅、凉亭、铺地、灯饰、标志，以及遮阳篷，都可以成为至关重要的元素，有时候甚至会对街道整体产生决定性的影响。与此同时，很多细节的重要性被大大地低估了。这里面最重要的一些内容需要我们加以特别地留意。加利福尼亚州帕萨迪纳的橘树林大道上的路灯非常别致，对街道整体品质的影响不容忽视。路灯本身是白色的，安放在

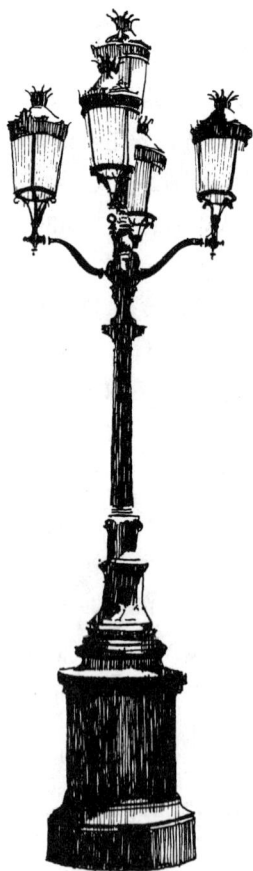

格拉西亚大道上的街灯

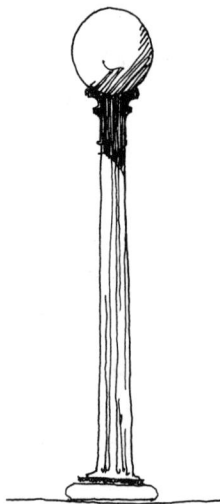

加利福尼亚州帕萨迪纳
的橘树林大道街灯样式

巴塞罗那的街灯

简洁的深橄榄绿灯杆上，大约有 9 英尺高。街灯沿街道两侧整齐排列，与行道树互相掩映，白色的灯球跟木兰树深绿的枝叶对比强烈，时而有一些棕榈树夹杂其间，各种元素相得益彰。那些白色的灯球非常皎洁，日光之下是不透明的，在街道两边形成了两条醒目的飘带，随着视线的延伸而没入树木的背景中，引导着人们的目光。日光似乎都被这些白色的球体吸引过去。格拉西亚大道上的四种街灯中，有三种对街道意义重大：第一种是高迪设计的，魔幻而富丽；第二种是起装饰作用的五向角灯；第三种是穿插在树木之间、与行人头部齐高的、沿街成排布置的独立式街灯，后者在夜里的作用极其突出，恰如橘树林大道上的街灯在白天所起到的作用。香榭丽舍大街上有一种优雅的、沿街布置的独立式街灯，而在类似公园的散步道周边布置着另一种供行人照明的地灯。柏林的库弗斯坦达姆大街上采用的是一种高高的装饰性街灯。很多街道上，人们只是简单地将灯泡悬挂在马路当中，从头至尾排成一列，从建筑内引出电线来供电。一方面为街道提供必要的照明，另一方面标示出街道的中心，为行人提供一条视觉上跟随的线路，不分昼夜。科索大街和罗马科拉·迪·里恩佐大街都是采用这种照明方式的老街，而加利福尼亚州圣何塞（San Jose）市中心的街道，则是新建街道采用这种街灯布置方式的成功案例。

因为街灯需要固定安装并排列成行，所以往往将灯杆从街道边缘退后一段距离，再把灯体固定在灯杆之上。这样，人们的视线就可以追随这固定的序列。它们强化了街道的线性特征。在最优秀的街灯布置模式中，灯体都不会太高，一般在 20 英尺以下。所谓的"眼镜蛇灯"的不同版本，似乎是全球街道工程师都喜欢使用的一种街灯，它的高度要远大于平均水平，看上去也并不是特别的悦目。在需要的时候，这种街灯可以独立出来以供机动车照明之用，但若想为行人提供照明就不大能指望得上。最优秀的街灯在设计上无懈可击，无论是简洁还是繁复，都能给人带来愉悦。人们大都以为路灯之间的间距比树木间距更有规律，但事实并非总是如此。例如像米拉博林荫大道和格拉西亚大道，树木的排列就比灯杆更有规律。还有一个值得注意的问题：白色的灯体总是比透明的灯体更引人注意，在白天，后者总是隐没在人流和树丛中。

奥斯曼（Haussmann）似乎对街灯有着透彻的了解：

> 高灯下亮。如果把煤气灯挂得高一点，它的光也可以投射到更远的地方，但近处的光线亮度也就相应减弱了。显然，这不是我们希望的结果。灯越高，灯底下暗淡的区域范围越广。通过降低灯杆的高度、减少路灯之间的间距，并减少每一盏灯的火焰强度来节约燃气，我们可以为城市街道提供更好的照明。特别明亮的街灯毫无必要；与其说它们照亮了道路，不如说它们让行人睁不开眼睛。[25]

街道的设计师们都为铺地和铺地的样式花费了不少心思。特殊的铺地花纹非常昂贵，在某些特别的场合，它们的确起到了非同一般的作用。高迪为格拉西亚大道设计的六边形蓝灰色地砖步道就是这样一个特别的例子。同样的，纽约第五大道所采用的那种六边形沥青铺地材料、波多黎各（Puerto Rico）圣胡安（San Juan）所采用的蓝色圆形鹅卵石，以及其他个别的例子，都让人印象深刻。然而，总的来说，大家都不愿意为了一些特别的效果而花费那么多的金钱，也是不愿意为后期维护花费那么多时间精力，尤其是，这些铺地总是要发生损坏的情况，要么事先储备，要么就必须购买。旧金山市场街十字路口和人行道上的砖铺地就常常发生损毁，也没人修补。下水道采用花岗石材料，随便插入砖铺地当中，彼此交叠。只有花岗岩路边石还算体面。一般说来，最好采用普通的、大家都熟悉的铺地材料，丰富的使用经验可以防止出现意想不到的问题，也便于维护保养。

座椅为人们在街上停留提供了方便；有了它们的存在，我们可以小歇片刻、谈话聊天、等候朋友、消磨时间。座椅也能为人们彼此交流提供方便。座椅在商业性的街道上出现的几率较高，人们大多不希望它们出现在居住性的街道上。相当多的伟大街道都设有座椅，包括：哥本哈根步行街、格拉西亚大道、米拉博林荫大道、蒙田大街、圣米歇尔大街、兰布拉斯大街，以及威尼斯大运河靠近圣马可广场的一段。这些街道除了设置座椅之外，还提供了其他休息空间供行人使用，那里的路边咖啡桌非常有名。

是不是也有不好的方面呢？关于街边座椅的抱怨，主要集中于这里吸引乞丐和无家可归者，等等。这确实是个问题。公共生活中的问题能够、应该也必须得到公众的关注，但这种争论不会对店主或其他人造成真正的影响，让他们设置座椅或移除它们。同样的，也不能指望街道设计能够解决社会问题，或者避免此类问题的发生。但我们有办法去解决此类问题，至少采用一种非暴力的方式，使用公共强制手段允许每一个人公平使用休息空间，不受任何人的干扰。我们的社会不乏一些强制手段，例如规范不良驾驶和停车行为的规则，但往往代价不菲。至少从眼下的情形看，街道上的休息空间对营造一条好的街道而言有益无害。

米拉博林荫大道边上的小喷泉、格拉西亚大道角落里那些特殊的环形座椅、兰布拉斯大街上的饮水泉和鸟屋、纪念碑大街上的雕像——所有的这些细节，都对街道本身造成了积极的影响。它们看上去令人愉快，具有非同一般的魔力。店铺的招牌和遮阳篷也有类似的效果。最好的招牌总是经过精心构思并制作的店铺徽标，比如兰布拉斯大街旁边的旧雨伞标志，人们没办法控制自己不去看它。头顶的遮阳篷另有用途：它们在街道边制造了亲密的空间尺度，阳光炽烈的时候提供阴凉，没有太阳的时候也可以起到保护的作用，任何时候都让人感到舒适。

很容易理解，人们在街道上看到特别设计的细节、他们曾看到过并永记不忘的东西，以及那些熟知的、能让一条街道变得更加完美的设计概念会格外地兴奋起来。[26] 但我们最好不要过于倚赖这些因素。完美的喷泉、大门、铺地或灯饰，光有这些是远远不够的。细节只是伟大街道营造过程中的辅助手段。

街道中的节点

沿着美好的街道前行，在途中某处常常会出现一个与众不同的节点，当街道非常长的时候，这种情况更加常见。这种节点有时候表现为交叉路口，有时候是一个小广场，有时候是一个小公园，有时候表现为街道局部的膨大，或一处开放的空间。对于狭窄的街道、长距离的街道和曲曲折折的街道而言，这种中断无疑具有特别重要的作用。在这些街道中，路线停顿的地方提供了购物的场所、休息的地方，也为道路不同的段落提供了参考。

哥本哈根步行街：沿途有四个各不相同的节点

在哥本哈根步行街上有四个这样的节点，这些场所各个不同，在形状和活动上都是如此。但在每一处节点，人们都可以找到休息座椅和吃东西的地方，可以约人会面，也可以相互交谈。从这个意义上来说，这些场所都是交往空间。

喇叭口形状的高桥广场无论从形状上还是尺度上来看都像是朱伯纳里大街的一个入口，它其实很小，但在哥本哈根却可以成为一个主要的聚会场所。人们等待座位，希望有人离开可以取而代之，人们购买主食、水果和蔬菜。人们彼此交谈，观察并倾听他人的言行，看住自己的孩子不让他们跑太远，从这里看不远处的尖塔，要比从街上看视野更好。高桥下面的公共卫生间非常干净整洁、功能完备，甚至可以说典雅不凡，本身成为这个广场和这条街道上的一景。罗马朱伯纳里大街边上的图书馆街、念珠商路（Via dei Coronari）边上的圣西蒙广场（Piazzetta di San Simeone）、威尼斯大运河主桥和圣马可广场旁边的小型的开敞空间、里士满纪念碑大街的两座中央雕像，以及旧金山市场街重新设计过的三角形休息空间——这些都是了不起的节点，为各自所在的街道空间做出了很大的贡献。

可达性

我们不能忘记，街道的主要功能就是让行人从一个地点到达另一个地点，不仅包括街道内部的地点，也包括街道以外的某个地方。这句话对我们讨论过的大多数伟大街道都适用，除了一条——罗斯林街，因为它是一条死胡同。即使是奥克兰米尔斯大学的入口大道，也是引导人们通往其他校园地点的主要通路。朱伯纳里大街和哥本哈根步行街完全是为了人行而设计的（当然前者也允许车辆通行），但它们都能从它们所经由的地区将街道外部的行人吸引进来。伟大的街道真正与众不同的地方在于，它们将行人引入自己的行程，把他们从城市的一个地方带到另一个地方，或者步行，或者乘车，不管采取那种方式，都能怡然自得、不疾不徐地前进。没错，一个开车的意大利人只要有机会就可以踩油门，哪怕是在卡拉卡拉浴场大街上。人在汽车里，即便通过格拉西亚大道也忍不住会加速，许多人确实就是这么做的。在这条街上，人们并没有无视交通信号灯的勇气，但信号灯似乎对行人和机动车司机同样具有约束力。对他们所有人来说，不管是步行还是开车，有条不紊的前行总是更令人愉快，一边走，一边观察身边的景物，一边发些白日梦。即便是在可以快速行驶的地方，街道上也有一些限速措施来保护速度更加缓慢的人。在那些主要为机动车设计的街道上——比方说格拉西亚大街、米拉博林荫大道、纪念碑大街、蒙田大街、圣米歇尔大街，人们从车上同样可以得到视觉的愉悦，车辆缓缓行驶，窗外的景物令人忘情。如果你恰好是公共汽车上的乘客，这一段路途的景色一定令你流连忘返。

所谓"街道的可达性"还有一个层面的意思：人们必须轻轻松松就能来到街道上。这在某种程度上是个位置问题，特别是对那些城市主街和社区主街而言更是如此。值得注意的是，对那些伟大的街道来说，不管是从整个城市的范围还是从所在地区的小范围来看，找到它们都是轻而易举的事情。除了可以轻易徒步达到，这些街道往往都可以通过城市公共交通找到，有些交通线与街道垂直相交，有些沿着街道行进，有些从地下通过。可达性还指到达街道上某处的难易程度，常常有赖于交叉路口、垂直街道和公共交通。每隔300英尺（90米）就设一个出入口的街道很容易找到，一些最优秀的街道的出入口间距与这个数值相差无几（例如，纪念碑大街每个出入口之间的距离为275英尺，而蒙田大街为255英尺）。但在更加繁华的街道上，出入口的数目相应增加。[27] 从空中看过去，如果没有那么多垂直交叉的通道和河汊的话，威尼斯大运河看上去与一条街道并无不同。这些岔口每隔75英尺出现一个，但它有一处很不一样的地方：不能作为人们交流的场所。相反，在加利福尼亚的欧文市，每隔660英尺以上才有一个公共出口，这还是在商业区主要的干道上。

还有一种可达性必须考虑在内，那就是针对残疾人的无障碍设计。没有一条已知的伟大街道将残疾人的无障碍通行考虑在内。

但令人惊奇的是，其中很多街道都能轻而易举地容纳轮椅通行，朱伯纳里大街、哥本哈根步行街、兰布拉斯大街都可以。很多优秀的街道都有休息的空间。残疾人都可以正常乘坐大运河上的船只。绝大多数的优秀街道都有一条规律：对于盲人来说，它们或多或少都具备一定的可读性。对于残疾人来说，街道的可达性，就其最基本的含义而言，并没有什么难处。在全世界范围内，我们已经目睹很多街道增设无障碍坡道。

密度的意义

居住区密度和活动模式其实是城市规划界人士所谓土地利用的结果。关于这个话题，迄今被大大地忽视了，这让人们不再关注一个事实，即伟大的街道不是由物质条件和建筑来决定，而是由人与人的活动来决定的。对于这一说法，我想大家都能接受。然而，必须声明的是，在对街道物质环境进行设计的过程中，设计者并不会对建筑密度或土地使用作出决策。你可以针对特定单位的土地面积给定一定数量的使用者，或者说建筑密度是如何如何，但这只是一个参数，更多是城市主管部门的决策，只是有时候设计师也可以对它发生影响。跟土地使用和人的活动类似，设计师也可以对买卖、游戏、工作、交往、购物等活动发生影响，但他们也不在设计中去刻意表现这些控制。设计者往往只是做出决定，为不同的空间或场所分配不同的功用，例如这里布置一个剧场，那里布置一个奶酪店，那里让人们在工作台前工作，等等。但最初的决定还是个政策问题，常常以法律的形式颁布，而设计师和建设者务必遵守这些条款，却不必为制定这些规章伤脑筋。反过来说，土地使用政策却一定会落实在物质的建筑上，它的目标就是如此，而它自身却只是一些数字，跟物质空间环境一点都不沾边。

不管密度和土地使用问题能不能直接通过物质环境来反映，这些问题对于街道而言都是至关重要的。最优秀的街道即使行人很少，甚至一个人都没有，都是充满吸引力的。某个夏日的星期六下午，罗斯林街令人心旷神怡、身心愉悦，目光所及，到处都是那么美丽。哥本哈根步行街的夜晚也具有同样的魅力，非常适合步行。如果在清晨破晓时分来到威尼斯大运河，会感受到它最大的魅力。那时船只和行人寥寥，到处都像透纳（Turner）的画作一样散发出迷人的光泽。在那个特别的时刻，你并不会感觉到人烟稀少；熙熙攘攘的人在你的脑海中勾画出来，好像在正午时分一样热闹。当街道一个人也没有的时候，我们回想通常感知街道的经验，那里总有大量的人活动其间，我们就会强烈地意识到一种对比。[28] 少了人的活动，街道很快就会嚷着要人来填满它，它对人的渴望就如同它对他们的奉献，有了人的活动，街道就会被激活，同时也为人的活动提供一个完美的空间环境。为了实现这一点，街道两边和附近总是有人的居住和使用，街道的活力也可通过这个指标来衡量——这就是密度的意义。

路边有人居住的街道，较之不靠近居住区的街道更容易聚集人群。这个问题牵涉到街道交通数量和可达性。在20世纪80年代到90年代前期，城市规划和城市中心区复兴团体曾屡次呼吁城市街道、特别是主要干道成为他们所说的"24小时街道"，实现一幅车水马龙、时时刻刻都有人活动的景象。这个目标只能通过增加密度来达到。在别处，研究表明每平方英亩最少15个居住单元的居住密度能保证街区的活力。而即使每英亩居民达到50户，也完全可以不必建造四层以上的住宅，而街道也不必宽得离谱。[29] 如果街道用途多样，例如在城市中心区域，平均居住密度往往不会很高，尽管在个别的建筑地块上密度可能并不算低。街道如果不能使人群容易进入，则很难形成社区感觉，这就是外围密度的意义。

多样性

　　哥本哈根步行街上大概已经无人居住。但作为城市中最主要的购物和金融中心，这里从来都不会空空如也，而在离这里不远的地方也有居住区分布。无论是从物质条件上还是从经济状况上来说，这里都是多样纷呈。多样用途会对街道和街区发生活化作用，让各种各样的人、带着各种各样的目的前来此地，让街道保持运转。朱伯纳里大街上不仅分布着店铺和公寓，还有一所学校、一些办公建筑、一些党派的总部、一家电影院、两座教堂，以及不少餐馆，而这条街道并不算太长。格拉西亚大道、圣米歇尔大街、兰布拉斯大街、威尼斯大运河、以及米拉博林荫大道不仅本身功能多元，所在的街区也都具备多样性的特点。蒙田大道和纪念碑大街也许是伟大的街道中使用功能最单一的。在大多数街道上，这些现存的建筑服务于多种多样的功能——剧场、电影院或学校，也有些先前为了别种功能而建造，如今挪作他用，比如电影院便成了餐馆或店铺。所有的这些，都为街道增加了趣味和活力。一个物质环境所呈现出来的多样性、活力和烟火气，似乎都是多元用途的结果。

街道的长度

　　罗斯林街的长度大概有 250 英尺（75 米）；朱伯纳里大街的长度大概有 900 英尺（275 米）；格拉西亚大道的长度大概有 1 英里（1.6 公里）；而威尼斯大运河的长度大概为 2 英里。看上去，伟大的街道可长可短。如果不是这样才让人奇怪呢。然而，在街道中的某些地点，保持一贯的视觉趣味、多样性和令人印象深刻的景象并不容易。细节和重复可能让人厌烦，过犹不及。不管多么与众不同，如果出现得太多太久，个性就荡然无存了。威尼斯大运河中的舒缓的转弯和修长的河岸两边是不断变化的街景与光线，这些景象源源不断地提供着兴趣点，但即使这样也存在吸引力的极限：在里亚尔托桥和火车站之间就有这么一段路，假如游人到了这里开始琢磨今天的日报里都有什么内容，一点都不足为怪。

　　尽管我们很难说出到底多长算太长，可想而知的结论是：一条很长的街道必须在某些地方制造变化，以使行人的兴趣不至于流失太多。所谓的变化即指一些特异的视觉焦点元素，可以是纪念碑大街上的那种雕像，也可以是兰布拉斯大街上的剧院那种特别的建筑；可以是维也纳环城大道边上的公园，或者，也可以在街道的断面上做些变化。

街道的坡度

　　伟大的街道常常都有显而易见的高度变化，尽管没有特别明显的陡坡。朱伯纳里大街两端高、中间低，结果在这条街的大部分地方，街道中部地段就形成了一个远景，让人可以看清街道的走向。沿着兰布拉斯大道往海港的方向走，视线内总是远远的有一点景色，并不是海港的一角，而是前方的街道。往回走的时候，沿途一路轻微上坡，街景在透视上呈现一种压缩效果，却不会有行人较实际为多的不快观感，这就有点像使用中长焦的透视压缩镜头（例如90mm）拍摄的照片的那种效果。地形和坡度增加了视觉趣味，也创了戏剧性。在像旧金山这样极端的例子中，街道像山坡一样起伏跌宕，创造了难以置信的场面，让观者不免发生幻觉，失去现实感。没有理由认为世界上的伟大街道，其坡度都不能超过本书所列举的这些有名的例子。那样的街道肯定存在于世界上某个地方。但是坡度也会有个限度，这个限度就是，街道的坡度不能给大多数使用人群造成不便，尤其是那些年迈者、残疾人和带小孩的妇女。若非如此，则坡度为街道氛围的营造总是有价值的。

停车空间

威尼斯大运河内，船只往来穿梭，片刻不停。小船停下来载客或卸货，片刻即驶离码头。宫殿前面偶尔会看到摩托艇停泊，沿途某处也会聚集着一群群刚朵拉，尤其是在轮渡周边更是如此；河边也会有一些出租乘降站，那里总是不乏大批水上出租车聚集；但同运河中川流不息的船只和沿岸数不清的停靠处相比，这些静止不动的船只都算是少数。大运河中有不少停靠空间，却几乎没有船停下来。而其他伟大的街道，在街道内部和周边地带，却都没有太多的停车场地。

机动车辆的泊位不是个新鲜话题。无论对于个别的街区还是城市中心地带，停车都是个主要的问题，甚至是争论的焦点，较之住房问题更加耗人心力。其实这跟可达性有关。骑摩托车的人总是希望停车地点离目的地越近越好，最好是能直接停到门口。店主们也希望能够如此。停车规章和条款层出不穷。人们也进行了大量的个案研究、采取了不少的临时措施，来美化处于同一水平高程的路外停车位，更改它们的位置、调整设计方案，并在必要的地方将碍眼的车库隐藏起来。

这类标准都将对街道环境造成极大的影响，我们已经可以尝到恶果，特别是在美国。例如，假如设计者把所有的停车位或其他停车设施安排到店铺的后面，则这些店铺都将会朝后街开门，而原来规划的前街则变得死气沉沉。帕萨迪纳的科罗拉多林荫大道是个很典型的例子。大量地面停车位稀释了街道的边界和活性。在街道两旁设置车库，一开始可能很难被大家接受，但可以强制推行。也许在真正繁忙的街道上，这个想法因为太昂贵而不太可行。总是有人不断地下结论道：假如不能提供充足的停车空间，人们就要去别的地方，去那些停车相对容易的地方。也许事实果真如此，但也许并不是这样。我们在此解决不了这个问题，也没必要作出这个尝试。

路边停车在很多最优秀的街道上并未受到禁止，也有很小的一部分街道不允许这么做。但几乎可以肯定，总的来说，路边停车的需求远没有那么大，甚至远低于现有标准所规定的数量。司机们往一个街区去，假如他们寄望于在目的地找到一个位置停车往往不会如愿，顶多是碰碰运气，如果不成，就会在旁边的街区找个停车位。这才是问题的关键：早晚会找到停车的地方。林荫道模式的街道在解决停车位的方式方面可谓别出机杼，但停车数量问题并没有得到有效解决。蒙田大道和格拉西亚大道就是显例：在这里，停车位总是位于相对狭窄的、步速较缓的分道上，由于树木和步道的关系，而成为人行空间的一部分。在伟大的街道上，从主路中延伸出来的入户车路及车库入口都非常罕见，即便是在像纪念碑大街这样的居住街区上都不例外。假如我们用今天的标准来看，尽管伟大的街道上都设有停车空间，但大半的情况下都不提供大量的车位。它们似乎更在乎停车的质量，而不是数量。

对比

设计上的对比，是一条街道不同于另一条街道的地方，也最终决定了哪一条可以成为伟大的街道，另一条因失之毫厘而不能加冕。形状、长度或尺寸上的对比，或与周边其他街道肌理上的不同，是另一个问题。对于很多街道来说，上述特征中的一点或几点让它们各个不同；香榭丽舍大街比巴黎其他街道都更宽更长；伦敦摄政街的形状和规则程度与苏豪区和梅费尔（Mayfair）地区的街道迥然不同；兰布拉斯大街与两端狭窄短小的街道相去很远，这一点一望可知；罗斯林街比雪迪赛地区（Shadyside）或匹兹堡地区（Pittsburgh）所有的街道都要短小；博洛尼亚通往双塔门广场的 5 条街道共同组成了一种肌理，让它们与众不同。假如在一张并没有标注地名的地图上查找，这些街道中的大部分都因为形状特异而较容易辨认。但事情并不总是如此。哥本哈根步行街和蒙田大道与周边道路之间无论是从形状上来说还是从尺寸上来说都差别不大。朱伯纳里大街尽管比旁边的道路都更规则且更长，但也很难从地图中一眼看出。罗斯林街则太短而不能被人注意到。

最后要说的是，城市肌理中一条街道的形状或尺寸或规则度，将使它有别于其他街道，可能会让它引人注目，可能会让它开始变得与众不同，但这并不足以使其变得完美，也不是塑造伟大的街道的必要条件。街道本身的设计上那些与众不同的地方才是关键。

时间

罗斯林街是一条建于 20 世纪的街道，而且除了街上的一栋建筑之外，是一次设计、一次建成的，跟 20 世纪后半叶美国郊外那些大尺度住宅区开发模式没什么两样。朱伯纳里大街在 2000 年的时光中以各种面貌呈现于世间，它当然发生过变化；而这个数字本身也说明它仍将一如既往地变化下去。在这两种极端情况之间，是大量新与旧、发展与停滞各不相同的街道。如果评判伟大街道的标准之一为是否通过了时间的考验并历久弥新，则我们所选择的样本中，古老的街道将远远超过新兴的街道。

有一种说法，认为时间对于一条伟大的街道的形成至关重要，只有岁月留痕，街道才能获致多样性与变迁的风貌，这样，一种历史感油然而生——需要的是饱经风霜，而不是污垢和破损；而且建筑本身较之街道上的公共生活更能突出地表现这一点。笔者认为这不是问题的关键。有很多非常不错的街道，两侧建筑在相当短的时间内开发建成，包括很多法国 19 世纪的大街，例如圣米歇尔大街和米拉博林荫大道。对另一些街道而言，例如纪念碑大街和格拉西亚大街，两侧建筑在 100 年间相继落成，而哥本哈根步行街就用了更长的时间。

对于公共地权的道路来说就不是这么回事了。道路的基本物质条件往往是在很短的时期内就确定下来；一条特定街道的建设与重建，往往只是一个决策的结果。当然有很多显而易见的例外，比方说哥本哈根步行街、朱伯纳里大街及柏林的库弗斯坦达姆大街，但纪念碑大街却是个典型。基本的设计部分告一段落，这些街道就要经历一些常规整修以及随便的改造，随着时间逐步完成。有报道称，香榭丽舍大街即将面临重大的改造，但看起来他们不会更改街道两旁的树木和建筑红线的位置。目前位于库弗斯坦达姆大街中心的树木为晚近栽植，但其他植被的配置却已经历时良久。[30] 人们总是给街道配上全新的照明系统，同时并不拆除原有的街灯。[31] 没有一条规则声称新的修缮措施将使街道更加美丽或恢复旧观，至少在旧金山市场街，他们果真并没有做到这一点。既然说建筑逐渐地添加、变化逐步地丰富会给街道的形体和内容带来多样性及历史感，那么我们可以据此认为，单体建筑的体型越小，就越能增进这种效果。这样，无论是开始阶段还是后来逐步丰富的过程都有更多的回旋余地，因为人们可以逐步去完善建造的决策。

假如我们希望在街道上阅读历史和风霜，那么，没有什么比时间的洗礼更加重要。可是，很多不那么动人的街道同样已经历时良久了。对于未来主义者和急性子来说，告诉他们我们立刻就可以造就一条伟大的街道总不会错。

罗斯林街

第 3 章　　结论　伟大的街道与城市规划

在 20 世纪，我们已经目睹两个主要的城市设计理论横空出世，并得到广泛地接受，其一是新城镇（new town）或"花园城市运动"（garden city movement）；其二为《雅典宪章》（*Charter of Athens*）。[32] 两者都是为了应对 19 世纪工业城市发展过程中的过度建造问题、以及随之而来的居住条件恶化。人们普遍认为必须改变这种状况，甚至欢迎戏剧性的变革。两种理论都表达了大同小异的乌托邦诉求，将关注的焦点集中于新的建筑类型上，并由此忽略了一直以来被人们看作城市生活中心、并对城市发生积极作用的街道。最后，以新城镇（花园城市）理想为出发点的居住理念演变为中密度或低密度的郊区新城开发项目，强调将中心绿化区域、而不是街道作为居民面对面交流的场所；而在可能的情况下，建筑总要从街道红线退后一段距离，从而造成了二者之间关联性的缺损。又在社区内设置很多车辆禁行区，这个概念中原本并不包含反街道的内容，当它被这两种设计理念吸收而成为新社区的一部分之时，也就成为了街道的敌人了。[33] 无独有偶，两个理论都呼吁土地使用性质的区别对待，并诋毁健康的综合开发方式，同时二者都不约而同地选择大规模的公共开发、高度集中的产权和专擅的规划设计模式，通过这种方式来达到各自的目标。

《雅典宪章》的城市理想在昌迪加尔和巴西利亚这样的新城中成为现实，也在世界上很多城市的旧城中心改造中大显身手。在后一种情况中，总会伴随着对大片不健康的城市环境的清扫工作，并以一种令人印象深刻的尺度进行重建。此时此地，人们抛弃了街道作为人类活动场所和社区活动发生器的观念，更加激进地转而追求起效率、技术、速度、公共卫生、利益等，并将这些内容看作街道设计的基本要素。[34] 建筑适应街道的说法被看成根本的谬误。关于此类城市建设，有两幅画面尤其令人印象深刻。其一为从高空俯瞰，由一群高耸入云且彼此雷同的建筑组成天际线的远景；其二为两人端坐于茶几前，无端朝下观望巨大的公共空间，只看到一片空旷，一个人影都没有。这幅景象令人触目之处，跟早年的花园城市理想已经背道而驰，特别是像在卫而温花园城（Welwyn Garden City）这样的例子中，建筑都面朝窄窄的街道，跟罗斯林街并没有什么两样。

这些理论和宣言如此动人、计划周密、承载着重大的社会责任，遗憾的是，20 世纪 60 年代初依据这些信条而呈现在公众面前的结果，却既不能鼓舞人心，也不能带来全新的公共生活。相反，新环境反倒似乎跟孤立和自省关联甚密——建筑和使用者孤零零地占据某处，四周一片空旷，如此一来，使用者岂能如正常生活中常常会发生的那样，与其他人发生接触、产生交流？这种环境与机动交通更加协调，却与人的肢体运动格格不入。人们需要的东西很少能在步行可达的距离之内找到。人们似乎忘记了，社区的成立完全有赖于人与人面对面的交往，而不是靠路上狂奔的汽车。

比上述两种设想都更合理的城市发展模式势在必行：不能再过度依赖大规模的公共开发、高度集中的产权和专擅的规划设计模式，而将逐步积累的物质环境建设和对话的机制看作正当合理，从而改变那种大规模拆除现有建筑环境的开发方式。这种发展态度建立在对城市生活的接受、热爱和期望的基础之上，鼓励人们生活在健康的公共环境中。这种改变业已到来，至少在简·雅各布斯（Jane Jacobs）出版于1960 年的名作《美国大城市的生与死》（*The Death and Life of Great American Cities*）有所流露，这本书向当时流行的城市－建筑实践提出挑战。[35] 紧接着，其他批评的声音和不同的见解纷至沓来。[36] 凯文·林奇（Kevin Lynch）所著《城市形态》（*Theory of Good City Form*）一书，不仅提出好城市应该努力具备的一系列特征，同时给出了作者本人的乌托邦理念。不仅如此，这本书的附录部分详尽列举了各种各样的城市发展模式和理论模型。[37] 1987 年，已故的唐纳德·阿普尔亚德（Donald Appleyard）和我在学生们的鞭策和协助下，将我们的想法变成文字，写成了《走向新城市设计的宣言》（*Toward a New Urban Design Manifesto*）一书。[38] 为了实现舒适、可识别性与控制力、更多的机会、想像力和快乐、真实性和意义、社区和公共生活、城市自立能力等社会价值和城市生活目标，我们以概括性的词语，提出了公共城市环境中的六种物质品质：可居住性；最小密度；多用途；限定空间、而不是占据空间的建筑；更多而不是更少的建筑；公共街道。当前的研究则转向另一个方面，细致描述那些至关重要的因素，它们在实现美好城市的一个重要组成部分方面不可或缺。这个部分就是优秀的街道。不，不只是优秀的，而是伟大的街道。

迄今，关于到底是什么因素造成了伟大的街道，依然存在相当可观的暧昧和可疑之处，这些问题今后大概也会一直存在下去。散步的场所、物质舒适性、清晰的边界、悦目的景观、协调性、良好的维护管理措施都是伟大街道所应具备的物质特征，但绝不是说只要具备了上述条件就能让一条街道跻身伟大之列。有一样至关重要的东西，我姑且将其称之为魔力。在某些方面，这个问题的起点在于街道多重的社会用途，假如我们可以这样说的话。这在评价一条街道方面相信会有它的作用。

除了让人们从一个地方到达另一个地方，以及方便进入某栋建筑之外，街道——更确切地说，那些伟大的街道——还应协助人们做更多的事情，比如：将人们带到一起，协助社区的建立，让人们行动起来、彼此交流，从而不再感到孤独。如此一来，街道将成为社会化的容器，让人们重新投入社区生活，并且成为表达公共见解的场所。人们在街道上，应该能够感觉到舒适和安全。最优秀的街道能给人带来强烈、持久、积极的印象；他们抓住你的眼睛和想像。这里是快乐的地带，让人们不知不觉希望故地重游。街道是活动的场所，当然也包括轻松的游戏。最优秀的街道长长久久，永不磨灭。

也许是街道的作用中跟运动、可达性相关的部分对于一个工业社会来说更容易想像，因为看上去这些指标清晰合理、容易理解、能够度量。舒适度固然可以测量，其他那些目标却显然不容易做到。公共参与和社会化，对于不同的人来说总是意味着不同的东西。想像力和快乐包含了太多具体的可能性。社会性既意味着大家一起工作，又意味着每人单独完成整体的某一个部分。人们为什么喜欢去这一条街而不喜欢去那一条街，并不总是能说得一清二楚。原因可能会发生变化，也很可能跟物质条件一点关系都没有。前文谈论了那么多关于街道物质条件的内容，它却不见得是社区生活中最重要的组成要素。好的物质条件可能会有帮助，但直接的贡献却迄未可知。无论如何，它很重要；人们花费时间和金钱去营造良好的环境以容纳社会生活，而这也是设计者惟一能控制的因素。

对于那些营造伟大街道的必要因素，研究者们现在已经获得很大的进展，能够将其中一些条目具体化为可操作的内容。很多东西比我们所设想的更加清楚、可以度量。对于边界、通透性、间距（例如树木间距）、人体尺度、以及特定环境中建筑如何融入环境等方面，我们知道得越来越多。可是，仍有那么多因素无法弄清楚，因此我们就无法确切地知道我们何时能够通过最佳的方式来获得一种期望的属性，或者，何时一栋建筑高到令人产生压抑的感觉。在街道设计的领域中，知道这些问题中相当一部分的确切答案并不是非常紧要的事情。只要了解最重要的因素是什么，我们已经作过了哪些尝试，哪些成功了，哪些失败了，都在哪些条件下进行过实验，这就足够了。街道设计，跟其他各种创造性的活动一样，总是需要容纳一些意外的东西，不妨把它想像成一个点，在这里，我们必须从已知世界起跳，纵身跃入希望的空间，不必知道最终会在那里着陆。

伟大的街道中蕴藏着一种魔力，我们把这看作它最不可思议的属性。简单地将所有必须的要素罗列在一起并不能解释这一切，把那些起作用的物质因素，或其他称心的条件统统拿来也还不行。这里想必包含着魔力和符咒、想像力和灵感，而这些甚至是伟大的街道中至关重要的东西。但社会作用也不可或缺。塑造一条伟大的街道并不是为了设计而设计，或设计者用来实现自己美好的概念而进行的操练。举个跟街道无关的例子，看来托马斯·杰斐逊（Thomas Jefferson）在弗吉尼亚大学的设计中所表现出来的社会和教育理想非常之清晰：社区感觉、师生共同生活并相互尊重隐私、由图书馆所表达出来的知识中心性、景观和花园的重要性，及其作为完整生命体验的组成部分的意义。他把这些愿望聚拢在一起，以一种看似直率简单的方式来完成，并未超越普通人的经验和常识。结果，魔力却由此产生。要知道，伟大的街道也是这么发生的，而且今后也是如此。前事不忘，后事之师。这些成功的例子教会我们如何把魔力带入设计当中。杰斐逊遵循那些古老的范例来设计他的大学校园。可是，有那么多设计者不肯遵循任何范例，这种情况太多了。原因在于，找到那些范例，指出它们的形状、辨别它们的面目、查证它们的前因后果和相互关系都殊非易事。这就是本书的宗旨所在——将伟大街道的知识呈现给诸位读者，以使蕴藏其间的看不见的魔力能够薪继火传，出现在来日的街道中。

不能低估了设计的力量！伟大的街道不会无中生有。无论如何，伟大的街道是用心推敲的结果，是将街道作为一个整体来思考的结果。那些决策者的双手和设计师的形象清晰可辨。在那些街道最初的设计蓝图和发展构想中，很容易发现当时的设计者表达在方案当中的一些蛛丝马迹，跟街道今天的样子两相印证，我们可以从哥本哈根步行街和兰布拉斯大道的例子中看到这种情形。与此形成对照的是，不少街道一路发展变化，并没有确定的方向，最典型的就是朱伯纳里大街，没有任何程序或政策将其限定在某一个固定的样子。那些中世纪城市中到处都是引人入胜的街道，而且都是同一种类型。设计的目标大概不会是营造伟大的街道，也许只是让它行使街道的基本功能。但是，也有那么多不好的或很糟糕的街道被设计出来。但是，无论如何，总会有好的街道被设计出来、被建造起来，并且得到细心地维护。

有人说，正如我们所知道的那样，技术让城市变得不再必要。发达的通讯手段和新的生产方式，让人与人之间近距离的居住模式和面对面的交往方式成为老生常谈。新的生产方式让城市成为剩余之物，它为我们提供的安全保障已经可有可无，城市本身迟早都会消失。也有证据表明，很多人，特别是在北美，假如有个机会的话，都会逃离城市——去拥抱乡下的生活方式，或低密度的、非城市的生活环境。可是，即便认可城市生活已经一无是处，很多人还是喜欢生活在这里。我们不断建造、并生活在城市环境中，不是因为我们不得不这样做，而是因为它为我们呈现出一派繁荣，让人心满意足。城市街道曾经在这个过程中扮演过极其重要的角色，今后也仍将如此。

我总是反复提醒自己，城市中有大量的已开发土地用于街道建设，而街道的功用并不仅仅是让人们能够方便地从一个地方到达另一个地方。街道是组成公共领域的最主要因素，其他任何城市空间都望尘莫及。它们是公共财产的重要组成部分，并受公共机构的直接管辖。有幸进行街道设计，通过这一过程满足公共需求并创造社区生活，不仅令人兴奋，也充满挑战。如果我们在一条街道上找到了正确的道路，我们将在整个城市的建设中走上正确的道路，这样，我们才能对得起城市里的居民，而这才是所有设计的根本宗旨。

新的街道不必非要像旧的街道一样才称得上伟大。但作为范例，那些从前的街道蕴含着很多道理。有意缔造完美、给人世间带来快乐的街道和城市，必将从前人的经验里学到很多东西。

兰布拉斯大街

列选街道步行人数的统计

街道	日期／时间	有效步行宽度	人数	每米宽度内每分钟通行的人数	备注
巴塞罗那购物街，加泰隆尼亚广场南端的东侧街道	1990 年 5 月 下午 8:25–8:30 星期一	5.5 米	240	8.7	大多数的行人都步履匆匆，有些人在散步并欣赏橱窗，但是并没有停下脚步。
	下午 6:15–6:20 星期一		358	13.0	街道中存在着许多不同的步行速度；有人驻足在橱窗前。感觉比较拥挤；有些行人溢到了街道上，在这种环境中不可能奔跑。
	下午 6:30–6:35 星期一		347	12.6	与上一个时段相同；当人潮汹涌的时候，计数已经变得很困难了。
科拉·迪·埃恩兹奥大街，罗马	1986 年 5 月 下午 4:31–4:41 星期六，南侧人行道	4.5 米	238	5.2	在 10 分钟内有 370 辆汽车与自行车通过。行人的数量比起 1991 年 2 月、3 月、4 月周六晚 7:00 的测算结果要高出许多。街道十分拥挤，不可能快速通行。
	下午 4:43–4:53 星期六，北侧人行道		469	10.4	
	下午 4:31–4:41 星期一，南侧人行道		124	5.5	
	下午 5:16–5:26 星期一，北侧人行道		383	8.5	
	下午 5:43–5:48 星期一，南侧人行道		157	6.9	
	下午 5:36–5:41 星期一，北侧人行道		249	11.1	
科索大街，罗马法拉蒂纳大道（Via Frattina）路口，东侧	1990 年 6 月 上午 11:25–11:30 星期日	3.0 米	202	13.5	行人不可能都在人行道上行走；有一部分人会走到街道中；多种不同的步速在这时都是可能的，但是不可能快速通行。
维多利亚大道（Via Vittoria）路口	上午 11:39–11:44 星期日	5.5 米	253	9.2	人行道的宽度不够；人流向外溢出；有许多人在逛街；人流会涌进停车场，人们在绕过车子行进，同时还会再进一步涌进街道；或许在有阳光的一侧步行人数会减少 80%；人们步行的速度有多种。
康多提大道（Via Condotti）南侧	下午 5:30–5:35 星期六	11 米	650	11.8	没有汽车；人流量很大，计数变得很困难；在这时步行是很令人愉快的；在沿街立面是实墙的部位可以快速通行。
	下午 6:20–6:25 星期六	11 米	678	12.3	
康多提大道北侧	下午 5:40–5:45 星期六	11 米	707	12.9	有一些汽车、出租车、摩托车；在车流高峰期很难计数；步行很愉快且在某些地段可以快速通行。
	下午 6:12–6:17 星期六	11 米	765	13.9	
	1986 年 4 月 26 日 下午 6:32–6:37 星期六	11 米	830	15.1	可能漏算了一些人次；可以快速通行。
	下午 12:00–12:10 星期六	11 米	537	4.9	不繁忙。

地点	日期/时间	宽度	人数	密度	描述
朱伯纳里大街，罗马	1990 年 6 月 下午 8:00-8:05 星期五	6.7 米	220	6.6	有一些汽车与摩托车；大多数的人们都走得很快，朝向同一个方向。没有拥挤的感觉，或许是因为向一个方向运动。逆行几乎不可能。
	1986 年 4 月 26 日 下午 5:59-6:09 星期六	5 米	840	16.8	拥挤；必须慢行；人们都在人行道上行走。
	1986 年 4 月 正午，10 分钟	5 米	377	7.5	步行很愉快；可以随心所欲地行走。
梅登巷（Maiden Lane）旧金山，联合广场（Union Square）东侧	1988 年 10 月 23 日 下午 12:22-12:32	11.2 米	252	2.3	大多数的行人都走在人行道上；不会感觉到拥挤；步行的速度介于漫步与有目的的行进之间。
	1989 年 1 月 21 日 下午 1:25-1:35	11.2 米	140	1.2	有时街道上会空无一人。
市场街，旧金山，鲍尔街口	1988 年 10 月 23 日 下午 1:00-1:10	11.9 米	1110	9.3	有目的的行进；随着交通信号灯的变化会产生人潮；只有在信号灯改变人流高峰的时候才会因过于拥挤而不能以正常的速度行走。
	1989 年 1 月 21 日 下午 12:50-1:00	11.9	390	3.3	不拥挤。
格拉西亚大道	1990 年 5 月 下午 12:30-12:35 星期一	4.3 米	188	8.8	快速的有目的的行进，有些人在漫步；人流会因交通信号灯的变化而交织在一起；通常是不拥挤的。
邮政街（Post Street），旧金山，251 号，越过甘珀斯（Gumps）专卖店	1988 年 12 月 21 日 下午 2:02-2:12	5.2 米	237	4.5	有目的的行进；人们三五成群；自由活动。
	1989 年 1 月 21 日 下午 1:25-1:35	5.2 米	126	2.4	通常都在有目的的行进，人们似乎在脑海中都有目标。
甘珀斯专卖店，250 号处	1988 年 12 月 21 日 下午 2:18-2:28	4.5 米	417	9.3	非常拥挤，经常会挤得无法移动；在橱窗前布置了警戒护栏。
555 号处	1988 年 12 月 21 日 下午 1:40-1:50 星期四	4.8 米	56	1.2	有目的的行进，人流的主要方向向东；不拥挤。
王子街，爱丁堡	1990 年 5 月 下午 2:15-2:20	5.5 米	310	11.3	大家都步履轻盈；没有慵懒闲逛的人；稍微感觉有些拥挤。
兰布拉斯大街，巴塞罗那	1990 年 5 月 下午 5:15-5:20 星期日	14 米	240	3.4	可以以各种步速行进；没有拥挤的感觉，但人流量的大小感觉刚好。
卡布辛克斯剧院（Theatre Caputxins）处	下午 5:00-5:05 星期一	7.3 米	252	6.9	可以以各种步速行进；想要奔跑很难；感觉上有很多人，但不会发生冲撞与拥堵。
	下午 5:30-5:35	7.3 米	327	8.9	有时会有大量的人潮；更加的拥挤；人流行进的速度有所加快，但差别不大。
摄政街，伦敦，牛津大街北侧的位置上	1990 年 5 月 上午 11:15-11:20 星期一	5.5 米	56	2.0	任何步速都是可以的；多数人走得都很快。
大万宝路街（Great Marlborough）街口	上午 11:45-11:50	4.6 米	190	8.3	多数人都在快速行走；任何步速都可以；感觉上有许多人，但并不拥塞。
哥本哈根步行街，哥本哈根 在从街道东侧起点开始算的第一个道路交叉口处	1990 年 7 月 下午 12:25-12:30	10 米	653	13.1	有许多散步的人；有些人走得很快；因为交通信号灯的变化会出现人潮；有许多婴儿车；在人行道上不能持续的快速行进；有时会出现堵塞。
尼古拉广场（Nikolaj Plads），伊录姆百货商店（Illums Department Store）	下午 12:45-12:50	11 米	792	14.4	多数都是散步的人；有时行进的速度很快，有时会出现人潮；是一条感觉上有些拥挤的街道，但不会令人感觉到不快；也不会妨碍到其他人的行进。

注　释

伟大街道引论

1　《韦氏新大学辞典》*Webster's New Collegiate Dictionary* (Springfield：G. and C. Merriam Co 1974)。

2　Marshall Berman，《一切坚固的都烟消云散了》*All That Is Solid Melts into air* (York：Viking Penguin，1988)，194，215，229。

3　同上。193 页，以及 "街道中的现代性（Modernism in the Streets）整章。

4　Carl E. Schorske. Fin-de-Sièle Vienna. Politics and Culture (New York Vintage Books，1981).

5　1985 年多尔夫·斯奈布利（Dolf Schnebli）对调查问卷的回应。

第一部分：伟大的街道

1　William Roger Greeley，"Some Definitions：Names of Streets，Ways，etc." City Planning3，no. 2 (April 1927). 108.

2　*Webster's New Collegiate Dictionary* (Springfield：G. and C. Merriam Co 1974).

3　Francois Loyer，*Paris Nineteenth Century:Achitecture and Urbanism*, trans Charles L. Clark(New York：Abbeville Press, 1988)，121.

4　同上，113。

5　巴塞罗那这次大规模的扩建活动的规划布局是由伊尔德方斯·塞尔达（Ildefons Cerda）于 1859 年完成的。在马德里，多数的区域也表现出同样的肌理。参见 David Mackay，*Modern Architecture in Barcelona*(1854—1939) (Sheffield：Anglo Catalan Society, 1985)。

6　Jacques Hillairet, *Dictionaire histroique des rues de Paris*，vol. 2 (Paris：Editions de Minuit，1963), 139.

7　交通工程师对于这个问题的常见反应是，"它们不好用"。

8　关于瑟巴斯托波大道（Boulevard Sébastopol）与许多其他林荫大道以及街道沿线的建筑讨论，参见 Loyer，*Paris Nineteenth Century*，113–124，233–237，263–265。

9　Bernard Bercnson，The Passionate Sightseer (London：Thames and Hudson 1960，1988)，54.

10　Stanley Milgrim. "Psychological Maps of Paris，" in *Environmenental Psychology: People and Their physical Settings*, 2d ed., ed. Harold M. Proshansky et a l. (New York：Holt, Rinehart and Winston，1976)，104–124. 在作者对于旧金山行人的调研中，将香榭丽舍大街作为世界上伟大街道的例证的人要明显多于其他任何的街道。

11 参见，例如，Alan Riding, "Patching Up a Boulevard's Broken Dream," *New, York Times*, 17 January 1990, or "A Plan to Spruce Up the Chalnps-Elysées," *San Francisco Chronicle*, 11 Jalmary 1990。

12 Johann Wolfgang von Goethe, *Italian Journey,* trans. W. H Auden aud Elizabeth Mayer (San Francisco：North Point Press，1982).

13 在 *strdale*：*elenco guida del lavoro*, 1988 ／ 89 中罗列了许多零售与服务商店，其中不包括办公用途，在 220 家商店中有 125 家是服装商店。

14 源自与杰克·肯特（Jack Kent）这个旧金山的本地人的一次轻松的长谈中的内容。

15 参见，例如，Robert O'Brien, *This Is San Francisco* (New York：McGraw-Hill, 1948); William Bronson, *The Earth Shook, the Sky Burned* (Garden City：Doubleday，1959)；Lucius Beebe and Charles Clegg, San Francisco's Golden Era (Berkeley：Howell-North, 1960)；Harold Gilliam, *The Face of San Francisco*(Garden City：Doubleday，1960)；Paul C. Johnson and Richard Reinhardt. *San Francisco: As It Was*(Garden City：Doubleday，1979)。

16 劳瑞·欧林（Laurie Olin），著名景观建筑师，在与作者就兰布拉斯大街进行讨论时说过的一段话，他对兰布拉斯大街的看法非常的中肯。

17 Samuel Packard, "The Porticoes of Bolona," *Landscape* 27, no. 1 (1983), 19–29.

18 与吉赛普·肯皮·范奴提（Giuseppe Campos Venuti），这位博洛尼亚的规划师曾经有过多年的讨论，另外还与第二次世界大战期间规划与地产界的重要人物进行过一些探讨，这些工作都使得我们对于这座城市能有更加深入的了解。

第三部分：街道与城市肌理：街道与人赖以存在的环境

1 参见，例如，John Reps, *Cities of the American West* (Princeton: Princeton University Press, 1979).

2 例如，在 1980 年，旧金山瀕水中心区的海湾规划任务（Mission Bay Plan）就有 315 英亩的面积，即大约二分之一平方英里。相当于威尼斯大部分的面积。1991 年 2 月在威尼斯召开了以"水上之城（Cities on Water）"为主题的会议，讨论的范围几乎包括了整个世界范围内的大项目，其中有许多项目比海湾规划任务还要庞大。

3 市长拉瑞·阿格兰（Larry Agran）在与作者会晤时的态度。

4 Anne Vernez Moudon, *Built for Change* (Cambridge：MIT Press，1986).

5 在巴比肯（Barbican）的综合剧院建筑开幕的时候，英国有一条为新档期而作的地下铁广告说得非常巧妙，它是这么说的：这是一个完美的场所，将会上演完美的剧目，"如果您能够找到它的入口的话。"

第四部分：创造伟大的街道

1 Marshall Berman, *All That Is Solid Melts into air* (New York：Viking Penguin，1982)，196.

2 参见 John J．Fruin，Pedestrian Planning and Design (New York: Metropolitan Association of Urban Designers and Environmental Planners, lnc., 1971)。在"服务水平（Level of service）"一章的描述，交通规划师经常使用这个词语来描述机动车道路的服务水平，这种概念与田野观察明显不同，例如作为本次研究中一部分、并最终以文字的形式表达出来的田野调查就与交通规划师的思维模式有着很大的差别。

3 行人的相关数据多是来自于作者的统计（除了旧金山的数据以外，旧金山的数据是由肯特·E·沃特森 Kent.Watson 提供的）这些数据统计都是本书针对街道的田野调查的组成部分。更为完整、翔实的数据信息会在附录中给出。

4 参见，例如，Donald Appleyard，*Livable Streets*（Berkeley：University of California Press，1981), 248–251; Brenda Eubank-Ahrens, "A Closer Look at the Uscrs of Woonerven," in Public Streets for Public Use, ed. Anne Vernez Moudon(New York：Van Nostrand Reinhold，1987)，63–79；W. Homberger et al., Residential Street Design and Traffic Control (Englewood cliffs: Prentice Hall，1989)，49–78。

5 Edward Arens and Peter Bosselmann，"Wind, Sun and Temperature-Predicting the Thermal Comfort of People in Outdoor Spaces," *Building and Environment* 24，no. 4(1989)，315-320; Peter Bosselmann et al., Sun, *Wind and Comfrort* (Berkeley：Institute of Urban and Regional Development，University of California，Berkeley，1984)；and Peter Bosselmann，"Experiencing Downtown Streets ln San Francisco," in Moudon，ed.，*Public Streets for Public Use*, 203–220.

6 参见，例如，W. H. Whyte, *The Social Life of Small Urban Spaces* (Washington，D C；Conservation Foun-dation，1980)。加利福尼亚大学伯克利分校（University of California, Bcrkeley）的学生在环境设计研讨课程中，对舒适性问题进行了研究，也取得了类似的发现。

7 在 1984 年 6 月，旧金山市的选民通过了 K 提案，即休闲与公园局（the Recreation and Parks Department）所管辖范围内的公园与广场都要提供全年的遮阳保护。旧金山规划条例第 146 条是城市中心区内公共人行道阳光照射量的相关规定，而第 148 条则是关于风的相关规定。

8 Hans Blumenfeld, *The Modern Metropolis: Its Origins, Growth, Characteristics, and Planning*, ed Paul. D. Spreiregan (Cambridge：MIT Press，1967).

9 Leon Battista Alberti, *Ten Books On Architecture*, trans C.Bartoli and I. Leoni (New York：
   Transatlantic Arts，1966); Andrea Palladio, *Four Books of Architecture* (New York：
   Dover Publications，1965).

10 Franqois Loyer, Paris Nineteenth Century：*Architecture and Urbanism*, transCharles. L.
   Clark (NewYork：Abbeville Press, 1988)，121.

11 Blumenfeld，*The Modern Metropolis*, 216−234.

12 同上，219。

13 James J. Gibson, *The Perception of the Visual World* (Boston: Houghton Mifflin, 1950).

14 参见，例如，Richard Hedman with Andrew Iaszewski, *Fundamentals of Urban Design*
   (Washington, D. C：Planners Press, American Planning Association, 1984)。

15 在1990年12月，彼德·波瑟曼（Peter Bosselmann）和我观察、拍摄并测量了一系
   列旧金山的街道，以探讨建筑的高度与街道的宽度之间的相对关系对街道界定感的
   影响，希望更能接近问题的答案。在进行实地调查之前，我们事先选择了一系列具
   有不同横剖面特征的街道：狭窄的街道或建筑尺度恰当的平坦小巷；沿线建筑低矮、
   中等或高耸的，典型的旧金山的街道；建筑的高度在一定范围内的不同宽度的街道；
   以及我们记忆中的非常宽阔的街道，两侧是低矮或尺度适当的建筑。我们试图选择
   没有树木的街道（或者是没有任何明显植物的街道），并且希望所选择的街道尽可
   能地平坦。但是实际中一些街道还是要有些许坡度；因为毕竟旧金山终究还是旧金
   山。在我们所调研的全部13条街道中与市场街中，都会因区位的不同而具有不同
   的特征，所以我们在每条街道上都选取了3个不同的地点进行测量。当时的天气是
   阳光明媚且寒冷的。
   对于每一条街道上的每一个地点来说，我们首先讨论的问题都是那里有没有界定感。
   如果那里界定的感觉很强烈的话，那么我们接下来要讨论的问题就会是在保证仍
   有限定感的条件下，建筑可以降至到多么低矮的程度。在每一个地方，我们都测
   量（用步测的方法）了街道整体的宽度以及从我们的站立点（通常是在人行道的
   中央，有时还会在道路边缘上）到远处建筑之间的距离。而后我们会拍摄三四张照
   片：直接朝向街道的拍摄；沿着街道、朝向远方、有轻微倾斜角度的拍摄；30°角
   （从正前方），朝向街道远处一侧的拍摄；或者垂直于街道的拍摄。当街道的两侧关
   系密切，尤其是在街道上有坡度的时候，我们会在相反的方向上再拍摄一组相同的
   照片。这样，照片与测量就可以与最初的观察以及最终有无限定感的的结论联系起
   来了。

16 这种现象在 Gibson, *The Perception of the Visual World*, 中曾经讨论过。

17 同上，40，155。

18 如此说来，或许南北走向的街道在一天当中能够更好的利用光影的运动，但是在这
   里的测验表明罗盘的指向与伟大的街道之间没有明确的关系。

19 在1989到1990年间，从旧金山的诸多街道中选择了四处不同的地点，对其中大约100多人进行的访谈，"整洁、维护良好"以及"路面平坦且没有坑坑注注"是人们谈及最好的街道时，通常将其排在第二位与第三位的两项物理特征。而树木则是人们最常提及的特征。

20 参见注释19。

21 例如，"街道树种选择（Street Tree Selection）"，这是由SWA小组与翰纳（Hanna）/欧林（Olin）有限公司以及坎贝尔与坎贝尔（Campbell and Campbell）小组合作在1988年为霍华德·修斯财团（Howard Hughes Properties）完成的一项研究，研究的地点选在在洛杉矶的普雷亚维斯塔（Plava Vista）；或者也可参见"绿色的街道（Green Streets）"，这是由城市树木设计组织（the Urban Trees Design Group）于1981年在加利福尼亚的奥克兰进行的研究。

22 虽然我不是街道上只能有一或两种树的鼓吹者，但是在大多数街道上都只有一、两种伦敦悬铃木（Platanus acerifolia）却是不争的事实。

23 以对奥克兰的研究为例，我们进行了多方面的假设研究，以使得问题的答案更趋合理，问题是关于为什么在主要的街道上树木的间距要是44或66英尺，最终的答案是依据停车空间的尺寸。

24 Hellry James, "The Grand Canal," in Richard Harding Davis et al., *The Great Streets of the world* (London: McIlvaine and Co., 1892), 164−165.

25 Loyer, *Paris Nineteeth Century*, 312.

26 参见，例如，关于怎样才能复兴旧金山的市场街，受罗马情形的启发，我曾提出过我自己的见解：Allan B. Jacobs, "Gianicolo Busts," *Places 5*, no. 1 (1988), 57−59。

27 在这些统计中，每一个出入口都被视为公共的道路交叉口，其中还包括那些街道的终点与起始点。

28 汤姆·埃达拉（Tom Aidala），在他与作者的通信中对于是什么造就了伟大的街道，这个问题提出了自己的见解，他说："在一天当中的某个时段，街道是伟大的，而在其他的时候则不然。对于我自己来说，我曾经在某种情形下——也就是说，在白天——经历过的任何繁忙的、界定良好的街道都是伟大的……而这些街道在上午的3点到4点则会变得冷冷清清。我发现那些街道在那种情形下是伟大的，是因为这种体验虽然是独自一个人的，但是在旁边通常却有成千上万的人在走来走去；是因为这种体验虽然是沉默的，但是在我周围却通常由众多杂乱的声音在环绕着，这些都使得在其中的体验变得伟大起来，而且就街道而言，其中的一切作为组成一系列体验的一部分也都因此变得伟大起来。"

29 Allan jacobs and Donald Appleyard, "*Toward a New Urban Design Manifesto*," Joumal of the American Plannig Association 53, no. 1(Winter 1987), 112−120.

30 J. Metzger and V. Dunker, *Der Kurfirstendamm* (Berlin: Konoplea, 1986).

31 例如，兰布拉斯大街，幸好在那里还保留了古老的街灯；在许多街道上新增的都是眼睛蛇头状的机动车照明灯。

32 Ebenezer Howard, *Garden Cities of Tomorrow* (London: Faber and Faber, 1946; first published 1898); Le Corbusier, The Athens Charter, trans Anthony Eardley (New York: Grossman, 1973; first published 1943, from a Conference of l933).

33 Clarence Stein, *Toward New Towns for America* (Liverpool: University Press of Liverpool, 1951). 尤其要关注其中关于"向阳一侧的公园（Sunnyside Gardens）"的描述，并可以将其与后面所提及的设计，例如雷特朋（Radburn）、新泽西以及马里兰州的格林贝尔特（Greenbelt）① 进行相互对照。

34 参见，例如，《雅典宪章》在"交通"一章中的论述。

35 Jane Jacobs, *The Death and Life of Great American Cities* (New York: Random House, 1961) .

36 例如，参见 Richard Sennett, *The Fall of Public Man* (New York: Alfred A. Knopf, 1974)。

37 Kevin Lynch, *A Theory of Good City Form* (Cambridge: MIT Press 1981).

38 Appleyard and Jacobs, "*Toward a New Urban Design Manifesto.*"

---

① 格林贝尔特美国马里兰州中部的城市，为华盛顿特区的一个住宅区。是联邦政府进行实验性现代社区规划和建设的试点。